햇빛의 과학

Chasing the Sun

CHASING THE SUN

햇빛의 과학

우리의 몸과 마음을 빛어내는 빛의 비밀

린다 게디스 지음 | 이한음 옮김

해나무
북리스

늘 기운을
북돋아 주는 정신으로
저녁을 길게 해준
엄마께

차례

머리말

뭔가 태양의 굉장한 힘을 상기시킬 만한 것을 찾는다면, 모하비 사막이 제격이다. 여름에 툭하면 한낮의 기온이 섭씨 49도에 달하곤 하는데, 이때 바깥으로 나가면 거대한 화로의 문을 연 것 같은 기분이 든다.

동식물들은 이 열기에 나름대로 대처하고 있다. 이를테면 조슈아나무는 수분 손실을 최소화하고 어쩌다가 조금 내리는 빗물은 줄기와 뿌리로 모이도록 하는 튼튼하고 오목한 바늘 모양의 잎을 갖추고 있다. 캘리포니아멧토끼는 체열이 빨리 증발할 수 있도록 혈관이 얇게 분포한 거대한 귀를 갖추고 있다. 다른 동물들은 태양의 열기를 피하려고 밤에만 움직이거나 새벽이나 해 질 녘에만 나온다. 사막거북 같은 동물들은 여름 내내 땅속에 굴을 파고 들어가서 잠을 잔다. 흰머리수리는 자기 발에 오줌을 누어서 몸을 식힌다.

사람은 그런 혹독한 조건을 잘 견뎌 내지 못한다. 그 바로 남쪽에 있는 소노라 사막에서는 미국 국경을 넘으려고 온 중앙아메리카 이주민 중 수백 명이 해마다 목숨을 잃는다. 태양에 체액이 마르면서 과열되기 때문이다.

그러나 태양력은 기회도 준다. 식물은 햇빛을 써서 양분을 만들고, 햇빛을 전기로 바꾸는 태양광 발전소들도 생겨나고 있다. 라스베이거스에서 남서쪽으로 약 70킬로미터 떨어진 곳에 있는 아이밴파 태양광 발전소가 가장 규모가 큰데, 태양을 따라 방향을 돌리는 반짝이는 수많은 거울이 햇빛을 모아서 3개의 보일러가 설치된 중앙탑으로 보낸다. 중앙탑에서는 터빈이 돌면서 수십만 가정에 공급할 전기를 생산한다. 때로 새들이 이 집중된 광선을 가로지르다가 불행한 운명을 맞이한다. 이런 새를 '띠streamer'라고 부르는데, 순식간에 타서 사라지면서 한 줄기 흰 연기만이 남기 때문이다. 인류 역사를 보면, 문명들은 육지나 바다를 사이에 두고 서로 수천 킬로미터 떨어져 있었음에도, 공통적으로 태양을 창조자이자 파괴자로 숭배했다. 그리고 오늘날까지도 이러한 관계는 이어지고 있다.

그러나 이 살풍경에 반항하듯 우뚝 솟아 있는 라스베이거스에서는 태양이 왕좌에서 쫓겨나 있다. 밤이 되면 중심가인 스트립에 네온등이 켜지면서 이곳은 지구상에서 가장 밝은 곳이 된다. 룩소르 리조트와 카지노의 유리와 강철 피라미드 꼭대기는 지구에서 가장 강력한 인공 불빛을 뿜어낸다. 매일 밤 가장 가까이 있는 별에 도전하기라도 하는 양, 강력한 '하늘 광선'이 위로 솟구친다. 맑은 밤이면, 여객기 탑승자들은 450킬로미터나 떨어진 먼 곳에서 그 광선을 볼 수 있고, 조종사들은 그 광선을 길을 찾는 데 이용하곤 한다. 이 인공조명은 곤충의 항법 체계에도 혼란을 불러일으키며 이들을 죽음으로 인도한다. 광선 주위로 몰려든 곤충들은 박쥐에게 진수성찬을 제공하며, 부엉이들은 그 박쥐들을 소리 없이 덮친다.

인공조명이 우리의 마음과 정신에 어떤 힘을 발휘하는지를 잘 아는 라스베이거스의 리조트 소유자들은 햇빛이 카지노 바닥을 비추지 못하게 의도적으로 차단한다. 빛과 어둠의 24시간 주기는 우리 체내의 시간 감각에 매우 중요한 역할을 한다. 그런데 실내에 창문이 없으면, 도박하는 사람들은 시간 감각을 쉽사리 잃으며, 본래 생각했던 것보다 몇 시간씩 더 카지노에 머물게 된다. 특히 인공조명은 그들을 계속 깨어 있는 상태로 만든다. 심지어 일부 카지노는 딜러에게 시계 착용을 금지한다. 그래서 손님이 몇 시냐고 물어도 그들은 대답할 수 없다. 의자는 사람들이 몇 시간 동안 편하게 앉아 있을 수 있도록 인체공학적으로 디자인되어 있으며, 각성도를 높이기 위해 실내로 산소가 계속 공급된다.

이 어슴푸레한 세계에서는 인공조명이 지배하며, 이 조명은 사람들에게 지대한 영향을 미칠 수 있다. 전략적으로 배치된 집중조명은 고객들의 정신을 차르륵 소리를 내면서 반짝거리는 슬롯머신 쪽으로 향하게 만든다. 조명의 색깔도 사람들의 행동을 조작하는 쪽으로 교묘하게 조정할 수 있다. 청백색광은 낮의 햇빛을 모사하여, 사람들을 더 각성 상태로 만든다. 그래서 탁자와 슬롯머신 앞에 더 오래 머물게 할 수 있다. 한편, 적색광은 우리의 생리적 각성도를 높일 수 있다. 그래서 청색광에 비해 적색광 아래에서 사람들이 더 많은 돈을 걸고, 베팅을 더 자주하고, 위험이 더 큰 쪽을 택한다는 연구 결과가 있다. 또 적색광과 빠른 음악을 조합하면, 사람들이 룰렛에 더 빨리 돈을 건다는 연구도 있다.

나는 몇 년 전에 이 혼란스러운 세계에 가보았다. 『뉴사이언티스트』에 실을 어느 학술 대회 기사를 취재하기 위해서였다. 시차증 때문에 몽롱한 상태에서 창문 없는 회의실에서 온종일 보내고 있자니, 쉬는 시간에 햇빛을 좀 쬐고 싶은 생각이 간절해졌다. 때는 10월이었고 — 태양의 지독한 열기가 얼마간 가셨다는 뜻이다 — 사막의 하늘에는 구름 한 점 없었지만, 도시 전체는 그 사실을 감추려는 듯했다. 절대로 밖으로 나가지 말라는 양 호텔들은 지하통로의 상점가들로 죽 이어져 있었다.

시저스팰리스의 미로 같은 상점가에서 그레코로만 양식을 흉내 낸 건물 한가운데로 오자, 마침내 위쪽에서 햇빛이 비치는 듯했다. 하지만 더 가까이 다가가 올려다 보고는, 흥분했던 마음이 금세 식었다. 머리 위로 인상적으로 솟구쳐 있는 하늘은 인공적인 하늘에 지나지 않았다. 나는 절망하여 로마 트레비 분수의 모조품 옆에 주저앉았다. 나는 우리와 자연광의 관계가 얼마나 일그러질 수 있는지 실감했다.

☼

생물학적으로 우리는 태양과 협력 관계를 맺어 왔다. 생명 자체는 태양과 맺은 특별한 관계 덕분에 지구에 출현했다. 지구는 태양에서 너무 가깝지도 너무 멀지도 않은 곳에 있다. 그 덕분에 지표면의 물이 액체 상태로 있을 수 있었다. 그에 비하면 금성은 너무 바짝 구워졌고, 화성은 얼음처럼 꽁꽁 얼어붙었다. 햇빛으로 추진되는 반응들은 이 초창기 바다에서 생명이 진화하는 데 필요한 원료 분자들도 제공했을 것이다. 약 14억 년 뒤, 남세균이라는 미세한 단세포 생물이 진화했다. 그것들은 모여서 부유하는 밝은 청록색 덩어리를 형성한다. 하나하나는 아주 작지만, 남세균은 놀라운 업적을 이루었다. 광합성을 통해서 햇빛을 화학 에너지로 전환하여 당으로 저장한 것이다. 그리하여 햇빛을 자기 자신의 일부로 만들었다. 그 과정에서 그들은 산소를 생산했고, 산소는 지구 대기에 쌓여서 지구를 오늘날 우리가 아는 살기 좋은 장소로 변모시켰다.

생명은 번성하면서 점점 더 다양하게 진화하고 변화를 거듭해 왔으며, 24억 년이 더 흐른 뒤에 인간 종이 출현했다. 풍부한 동식물을 먹으면서 햇빛 아래 돌아다니던 시절에는 별빛도 우리의 일부가 되었다. 우리가 먹는 모든 식물은 태양의 에너지에 의지하여 자라며, 모든 동물도 마찬가지다. 이런 동물들은 식물을 먹지 않으면, 또는 식물을 먹는 동물을 먹지 않으면 생존할 수가 없었다.

그리고 햇빛은 우리 눈으로 들어올 때, 우리 내면의 시간 감각을 조절하는 경로를 살짝 조정함으로써 우리 뇌의 화학에도 변화를 일으켰다. 그렇게 태양은 우리 조상들의 생화학적 반응과 행동에 질서를 가져왔다. 그들은 태양과 하늘에 점점이 흩뿌려진 빛을 올려다보며, 태양이 자신들의 삶에 영적인 질서도 가져온다는 것을 알았다.

따라서 인류가 기나긴 세월 동안 가장 가까이에 있는 별을 숭배하고 찬미한 것도 놀랄 일이 아니다. 영국과 아일랜드에서 석기 시대에 지점(至點. 하지점과 동지점을 통틀어 일컫는 말 — 옮긴이)을 숭배했던 이들에서부터 자신들이 태양신 인티Inti의 후손이라고 믿은 잉카인들에 이르기까지, 인류의 역사와 종교와 신화는 태양의 상징으로 가득 차 있다. 전차를 타고 하늘을 가로지르는 그리스 신 헬리오스든, 호주 북부 원주민 신화에 등장하는 횃불을 들고 하늘을 가로지르는 황토색의 태양 여신이든, 기독교에서 빛과 부활이 지닌 의미든 간에 말이다.

여기에는 그럴 만한 이유가 있다. 인류가 출현할 때부터, 태양은 우리의 몸과 세계 경험을 전부 통제해 왔기 때문이다. 우리 조상들에게 매일의 일출과 일몰, 열과 빛과 식량의 계절적인 변동은 삶에 변화를 가져옴은 물론이고, 그들에게 그러한 현상들 자체는 틀림없이 범상치 않게 보였을 것이다.

잠시 우리가 석기 시대의 남성이나 여성이라고 생각해 보자. 석기 시대에 지금이 한 해 중 언제쯤이라고 알려 줄 달력 같은 게 있었을 리 없다. 과거에 무슨 일이 있었는지 설명해 주는 연감 같은 것도 없다. 이 세계가 둥글고 기울어져 있고 회전하고 있다는 것, 그리고 그것이 태양 주위를 돌고 있으며, 그 태양이라는 것 또한 우주라 불리는 진공 속에 떠 있는 상태로 광대하게 불타오르고 있는 수십억 개의 구체球體 중 단 하나에 불과하다는 것도 모른다. 그뿐만이 아니다. 태양은 아침마다 떴다가 지고 계절이 바뀌다가 약 50억 년이 지나고 나면 완전히 불타 없어지고, 그러기도 전에 엄청나게 팽창하면서 지구의 물을 다 날려 버려서 지구를 헐벗은 죽은 행성으로 만들어 버릴 것이라는 생각은 꿈에도 하지 못할 것이다.

그 대신 우리는 천체를 보면서 움직이는 존재들을 상상할 것이다. 각각 들려줄 이야기가 있는 존재들이다. 큰곰과 사슬에 묶인 부인, 영웅, 물뱀 등등. 그러나 무엇보다 우리는 이 천체들 중에서 가장 크고 가장 밝은 것을 경배한다. 태양과 그 차갑고 창백한 동반자인 달이다. 우리의 감각은 태양이 언제 가까이 다가오고, 식물이 언제 자라고, 동물이 언제 번식하고, 언제 따뜻함과 행복함이 느껴지는지 알려 준다. 태양이 사라지면, 모든 사람과 사물이 고통을 겪는다.

우리에게는 태양이 스스로 의지를 지닌 양 비칠 것이 틀림없다. 또한 태양은 우리의 행동에 영향을 받을 수도 있는 존재다. 때문에 우리는 태양의 움직임을 추적한다. 이 강력한 존재가 매일 언제 뜨고 지는지를 지켜본다. 규칙적으로 사라졌다가 마법처럼 매일 아침 다시 출현하는 태양의 행동은 사람들이 죽고 태어나고 하는 양상과 조화를 이룬다. 아마 태양의 주기적인 움직임을 보면서 우리는 언젠가는 비슷한 방식으로 다시 태어날 것이라는 희망을 품게 될 것이다.

특히 북유럽 같은 곳에서는 마치 떠나는 것처럼 해가 매일 지평선을 따라 조금씩 멀어지고 그에 따라서 점점 추워지고 빛이 약해지고 작물이 시들어서 더는 자라지 않는다는 것도 알아차릴 것이다. 마침내, 가장 춥고 가장 어둡고 가장 치명적인 시기의 며칠 동안, 태양은 어디로 갈지 고민하는 양 가던 길을 멈춘다(지점 solstice이라는 단어는 '태양이 멈춰 있다'는 뜻이다). 태양이 돌아오면 씨앗은 싹이 틀 것이고, 소, 돼지, 양은 새로운 새끼를 낳아 우리가 먹고 쓰며 살찌게 할 것이다. 그렇게 우리의 아이들은 살아남을 것이다. 이런 일은 전에도 일어났다. 하지만 다시 일어나리라는 보장은 어디에도 없다.

우리는 망설이지 않는다. 여기저기서 사람들이 모여들고, 동물들은 도살되고, 우리는 성대한 잔치를 벌인다. 나이 든 이들은 태양을 섬기는 복잡한 의식을 거행한다. 어둠 속에도 봄이 오리라는 희망이 있다. 빛이 돌아오리라는, 버려진 땅에서 생명이 다시 움트리라는 희망이 있다.

우리 조상들이 지점, 특히 동지점에 몰두했다는 고고학적 증거는 많은 유적에서 발견되어 왔다. 아일랜드의 뉴그레인지, 영국 남부의 스톤헨지, 페루의 마추피추, 뉴멕시코의 차코 협곡 등이 대표적이다.

그러나 우리 조상들은 영적인 관점에서만 태양을 숭배한 것이 아니다. 그들은 건강을 증진시키는 쪽으로 태양을 다스릴 수 있다는 것을 알았다. 로마인, 그리스인, 이집트인, 바빌로니아인 모두 태양이 강력한 치료 효과를 발휘한다는 것을 알았다.

거의 4,000년 전, 바빌로니아의 왕 함무라비는 사제들에게 햇빛을 질병 치료에 쓰라고 조언했다. 고대 이집트와 인도에서도 비슷한 믿음이 있었다. 피부의 색소 세포가 파괴되어 생기는 백반증 같은 피부병은 해당 부위에 식물 추출물을 바른 뒤 햇빛을 쬐어 치료했다. 우리의 선조들은 잘게 부순 식물 잎 같은 평범해 보이는 물질을 햇빛이 치료할 수 있는 약으로 바꿀 수 있는 힘을 지녔음을 뚜렷이 인식했다.

그런 '광역학 요법photodynamic therapy'은 최근에 다시 발견되어, 현재 몇몇 피부암은 해당 부위에 빛에 민감한 물질을 바르고 빛을 쬐어 치료를 한다. 빛을 쬐면, 암세포를 죽이는 화학 물질이 생성된다. 광역학 요법은 여드름을 치료하는 데에도 점점 쓰이고 있다. 한편, 현대 피부과 의원은 빛에 민감한 물질을 쓰지 않은 채 자외선으로 습진과 건선 같은 증상들을 치료한다. 자외선이 염증을 억제하기 때문이다.

우리 조상들은 햇빛을 강장제로도 썼다. 피부와 무관한 증상들에도 햇빛을 사용한 것이다. 기원전 1550년경에 쓰인 이집트 의학 문서인 『에베르스 파피루스Ebers Papyrus』는 몸의 아픈 부위에 연고를 바르고 햇빛을 쬐라고 조언하고 있다. 이 말은 햇빛이 우리에게 어떻게 영향을 미치는지를 말해 주는 현대의 연구들과 조화를 이룬다. 태양은 자외선뿐 아니라, 햇빛이 빗방울에 부딪힐 때 가장 두드러지게 드러나는 가시광선 영역들, 적외선에 이르기까지 빛스펙트럼의 전체에 걸쳐서 빛을 뿜어낸다. 그 스펙트럼의 양 끝에 있는 빛은 통증 지각에 영향을 미칠 수 있다. 적외선은 현재 다양한 급성 및 만성 통증 치료에 쓰이며, 상처 치유를 촉진할 수 있는지에 대해서도 연구가 이루어지고 있다. 또 자외선은 통증의 지각을 무디게 해주는 물질인 엔도르핀 생산을 자극한다.

종종 현대 의학의 아버지라고 불리곤 하는 고대 그리스의 의사 히포크라테스도 햇빛이 건강 회복에 도움이 된다며 권했다. 그는 일광욕을 추천했으며, 그리스의 코스섬에 있는 진료소에 커다란 일광욕장도 지었다. 히포크라테스는 햇빛이 대부분의 질병을 치료하는 데 도움을 줄 수 있다고 믿었다. 지나치게 쬐진 말고, 적당히 쬐라는 경고도 덧붙였다. 히포크라테스의 말은 오늘날에도 유효한 지혜이다. 사실 치명적인 피부암인 흑색종melanoma을 처음으로 기술한 것은 히포크라테스로, melanoma라는 이름은 그리스어에서 어둠을 뜻하는 멜라스melas와 종양을 뜻하는 오마oma에서 유래했다.

또 히포크라테스는 '임상 관찰'의 토대도 마련했다. 환자를 면밀하게 관찰하면서 증상을 기록하는 것이 의료의 중요한 부분이라고 믿었기 때문이다. 그가 수면 이외의 사람의 일상 리듬을 최초로 기록한 연유도 의료 활동은 세부에 주의를 기울여야 한다는 그의 신념에서 나온 것이었다. 그는 열병에서 열이 24시간에 걸쳐서 높아졌다 낮아졌다 하는 현상을 기록으로 남겼다.[1]

인도와 중국의 고대 의사들처럼, 히포크라테스도 계절의 변화가 사람의 건강에 중요하다고 보았다. 그는 "의학 연구에 직접 뛰어들고 싶은 사람은 누구든 간에 먼저 계절별로 어떤 일이 일어나는지를 조사해야 한다"고 적었다.[2]

히포크라테스는 질병이 점액, 혈액, 황담즙, 흑담즙 네 가지 체액의 과다나 결핍 때문에 생긴다고 믿고서, 한 해의 시기에 따라서 다양한 질병들의 발병 빈도가 주기적으로 달라지는 것을 이런 '체액'의 계절 변화로 설명할 수 있다고 주장했다. 그는 사람들에게 계절 변화에 따라서 먹고 마시는 것, 운동의 종류, 심지어 성관계를 맺는 횟수까지 조정하라고 조언했다. 그래야 체액의 균형을 맞출 수 있다고 했다.[3]

또 다른 저명한 고대 그리스 의사인 카파도키아의 아레타이오스는 '무력감'에 시달릴 때는 햇볕을 쬐라고 권했고, 로마 의사 카일리우스 아우렐리아누스는 증상에 따라서 빛뿐 아니라 어둠도 치료에 쓸 수 있다고 했다. 일광욕장은 로마의 많은 가정과 신전에 있었으며, 특히 간질, 빈혈, 마비, 천식, 황달, 영양결핍, 비만에 효과가 있다고 했다.

비록 그런 방법들이 효과가 있음을 밝혀낸 임상 시험을 했다는 기록은 전혀 없지만, 오늘날 우리는 햇빛 노출이 치료 효과를 발휘했을 법한 메커니즘을 몇 가지 알아볼 수 있다. 예를 들어, 우리는 햇빛을 쬐면 피부에서 비타민 D가 만들어진다는 것과 비타민 D의 농도가 계절에 따라서 오르내린다는 것도 안다. 비타민 D 결핍증이 간질 발작 및 빈혈과 관련이 있다는 연구 결과도 몇 편 나와 있다. 뼈 질환인 구루병도 비타민 D 부족으로 생기며, 비타민 D 보충제는 상기도上氣道 감염을 예방하고 천식 악화를 줄이는 데에도 도움을 준다는 것이 드러났다.

광선 요법phototherapy은 신생아의 황달 치료에 널리 쓰인다. 빛 스펙트럼의 청록색 파장은 황달을 일으키는 혈액의 빌리루빈 색소를 분해한다. 한편, 불면증과 우울증처럼 무력감과 관련된 증상들과 비만은 생체 시계의 교란과 관련이 있다는 것이 드러났으며, 햇빛을 규칙적으로 접하는 것 — 특히 아침이 시작될 때 — 이 이런 일상 리듬을 강화하는 데 도움이 될 수 있다. 또 햇빛에 노출되면 뇌에서 감정을 조절하는 물질인 세로토닌의 양이 늘어난다. 한편, 어둠은 조증 치료에 이용하는 방안이 연구되고 있다.

⁂

계절에 따라 그리고 하루 동안 일어나는 빛과 어둠의 변화와 그런 변화가 우리 몸에 미치는 영향에 대해 현대 과학자들 사이에서도 관심은 갈수록 더 높아지며 이를 연구 대상으로 삼는 경우가 많아지고 있다. 우리는 선조들이 살던 세상과는 전혀 다른 세상에서 살고 있으며, 그래서 우리의 삶의 질에 중대한 영향을 미치는 압력을 받으면서 삶을 살아가고 있다. 인간은 밖이 어두컴컴할 때 잠을 자도록 진화했으며, 대개 우리는 해가 높이 떠 있을 때 가장 활동적이다. 야간 근무조로 일하거나 비행기를 타고 멀리 가서 시차증를 겪어 본 사람이라면 이미 다 알고 있는 사실이겠지만, 이 체계는 쉽게 바꿀 수 없다. 몸이 깨어 있어야 한다고 생각할 때에 잠을 자는 것, 또는 반대로 몸이 자야 한다고 생각할 때 깨어 있는 것은 무척이나 어려운 일이다. 그러나 수면은 단지 빙산의 일각일 뿐이다. 몸은 낮 동안 밤과 비교해 전혀 다른 곳이 된다. 밤에는 콩팥의 활동이 줄어드는데, 이는 소변이 덜 생기고 따라서 화장실에 갈 필요가 그만큼 줄어든다는 뜻이다. 심부 체온도 더 낮아지고, 반응 속도도 느려진다. 면역계도 침입자에게 다르게 반응한다. 그러다가 해가 뜨고 낮이 시작되면, 혈압과 체온이 올라간다. 호르몬이 허기를 자극한다. 뇌와 근육도 더 활기를 띤다.

우리 몸에서 매일 일어나는 이런 생물학적 변동을 하루 주기 리듬circadian rhythm이라고 한다. 이 리듬은 하늘에서 해가 낮아지거나 완전히 사라진 후에야 활동을 시작하는 사막의 코요테와 방울뱀에게만큼이나 우리에게도 중요하다. 우리가 시차증을 겪을 때 몹시 괴롭거나 일단 해가 지고 나면 하품이 절로 나오기 시작하는 이유는 바로 이 리듬 때문이다. 그 리듬은 우리의 충동, 행동, 생화학을 조절함으로써, 식사 시간이나 아침에 일어나는 것 등 우리가 환경에서 규칙적으로 접하는 사건들에 대처할 수 있도록 준비시킨다. 매일 되풀이되는 빛과 어둠의 주기에 따라서 정해지는 사건들이다. 햇빛, 그리고 밤에 햇빛의 부재는 우리가 이런 체내 리듬을 하루의 바깥 시간과 동조시키는 데 쓰는 주된 메커니즘이다. 햇빛을 충분히 받지 못하거나, 밤에 인공조명에 너무 많이 노출되면, 우리 몸은 혼동을 일으킴으로써 더 이상 효율적으로 움직이지 못한다.

하루 주기 리듬은 자궁에서 발달하기 시작하지만, 잠을 통제하는 리듬은 생후 몇 달 뒤에야 완전히 발달한다. 거기에는 이유가 있다. 신생아는 조금씩 자주 먹어야 하는데, 깨지 않고 계속 잠을 자다가는 제대로 먹지 못할 것이기 때문이다. 그렇긴 해도, 아기는 엄마의 젖을 통해서 화학적으로 시간 단서를 받는다. 밤에는 잠을 더 자게끔 하는 단서다. 또 아기는 낮에 더 밝은 빛에 노출되면 밤에 잠을 더 잘 잔다.

어른에게서도 체온, 체력, 주의력, 다양한 호르몬의 분비 등 많은 것들에서 하루 주기 리듬이 나타난다.

햇빛은 생체 시계에만 영향을 미치는 것이 아니다. 햇빛은 다른 방식으로도 신체와 정신 건강에 영향을 미친다. 뼈대를 건강하게 유지하는 데 필수적인 비타민 D가 만들어지도록 규칙적으로 햇빛을 쬐야 한다는 것을 모르는 사람은 거의 없겠지만, 과학자들은 현재 야외 활동이 건강에 가져다주는 전혀 새롭고 놀라운 혜택들을 발견하고 있다. 평생에 걸쳐 — 심지어 세상에 태어나기 전부터 — 태양에 노출되는 정도가 우울증에서 당뇨병에 이르기까지 다양한 질병의 발생과 진행에 영향을 미칠 수 있다고 말하는 증거들이 쌓여 가고 있다. 최근에는 햇빛 노출이 다발성 경화증과 아동 근시를 막아 주는 효과가 있다는 연구 결과도 나왔다. 우리는 햇빛을 쬐면 혈압이 낮아지고, 면역계가 차분해지고, 심지어 기분도 바뀔 수 있다는 것을 이해하기 시작했다. 설령 그런 지식을 갖고 있지 않더라도, 우리 대다수는 본능적으로 햇빛에 끌린다. 그냥 앉아서 햇빛을 쬐고 있으면 기분이 좋아지기 때문이다. 그리고 거기에는 타당한 이유가 있다. 햇빛이 피부에 닿을 때, 우리 몸은 엔도르핀을 분비한다. 마라톤 선수에게 러너스 하이runner's high를 일으키는 바로 그 '도취감을 주는' 호르몬이다.

햇빛을 쬐지 못할 때 우울해지거나 불안해지는 데도 다 이유가 있다. 내가 드넓은 카지노 내부와 지하 쇼핑몰을 혼란에 빠진 나방처럼 비틀거리면서 헤매고 다닐 때, 내 시간 감각은 점점 더 뒤틀렸고, 나는 우리가 한겨울에 있거나 실내에 너무 오래 있으면 태양을 몹시 갈망한다는 생각이 떠올랐다. 어두침침한 날에도 바깥으로 산책을 나가는 것만으로도 기운이 나곤 하지 않던가. 이어서 나는 햇빛과의 관계가 왜곡될 때 그것이 우리의 건강에 어떤 영향이 미칠지, 더 나아가 어떤 해를 끼칠지에 생각이 미쳤다.

라스베이거스는 극단적인 사례다. 하지만 우리 대다수는 선조들에 비하면 태양과 훨씬 더 약한 관계를 맺고 있다. 우리 조상들은 태양이 촉발한 극단적인 빛과 어둠, 열기와 추위, 풍족함과 기근에 노출되곤 했던 반면, 우리는 낮에는 햇빛을 피하려고 몸을 가리고, 저녁에는 햇빛의 인공적인 형태인 전구와 스크린, 중앙 난방의 도움으로 인공조명을 쬔다. 그 결과 우리의 몸은 자러 갈 시간이라고 알려 주는 자연적인 단서들 중 상당수를 접하지 못하게 된다. 그리고 저녁에 더 활동적으로 살게 되면서, 하루 중 가장 많은 양의 음식을 저녁에 먹곤 한다. 생리적으로 몸이 대처할 준비가 가장 덜 되어 있는 시간대에 말이다. 그런 한편으로 알람 시계와 9시에서 5시까지의 근무 시간은 몸이 반드시 준비가 되었다고 할 수 없는 시간에 우리를 깨운다. 만성 수면 부족은 우리를 피곤하고 짜증 나게 할 뿐 아니라, 건강을 잃게 하는 주된 원인임이 드러나고 있다. 일상생활의 피로로부터 정신적으로 육체적으로 회복되려면 잠을 자야 한다. 그런데 밤에 어디에나 있는 인공조명은 우리의 최고의 예방약 중 하나를 앗아가고 있다.

그런 한편으로, 조명이 흐릿한 사무실, 자외선 차단제, 주로 실내에서 이루어지는 활동 때문에 우리는 피부가 비타민 D를 합성하기 위해 필요로 하고, 또 과학자들이 갈수록 더 많은 사실을 밝혀내고 있듯이 면역계를 조절하고 혈압을 조정하는 데도 도움을 주는 자외선을 접하지 못하고 있다. 또 그런 생활 습관 탓에 기운을 북돋아 주는 햇빛의 혜택도 못 보고 있다.

그러나 적어도 9시부터 5시까지의 근무 시간은 낮/밤의 주기와 대체로 동조를 이룬다. 내가 라스베이거스로 출장을 갔던 2007년에 국제암연구기관International Agency for Research on Cancer은 야간 근무를 발암 '가능probable' 물질 항목에 공식 등록했다. 야간 근무조와 카지노 고객 모두 밤에 밝은 빛에 노출됨으로써, 몸이 자야 할 시간에 말짱하다고 느끼도록 강요를 받게 된다. 그럴 때 해로운 효과들이 연쇄적으로 나타나게 된다. 야간 근무, 그리고 밤에 점점 더 밝은 빛에 노출되는 것은 심장병, 제2형 당뇨병, 비만과 우울증 등 여러 증상과 관련이 있음이 드러나 왔다. 더 나아가 인공조명이 현대에 이런 질병들이 유행병 수준으로 늘어난 이유라고 보는 연구자들도 있다. 야간 근무가 그토록 많은 질병과 관련이 있는 이유를 다른 식으로 설명하는 이론도 있다. 우리 몸이 잠을 자야 한다고 생각하는 바로 그 시간에 음식을 먹도록 부추김으로써, 체내 리듬을 더욱 혼란스럽게 만들기 때문이라는 것이다.

지난 20년 동안 우리 몸의 이런 주기적인 변화를 연구하는 학문인 시간생물학chronobiology 분야에서는 혁신적인 발견들이 이루어져, 우리가 생물학적으로 가장 가까이 있는 별과 맺고 있는 관계가 대단히 중요하다는 사실이 더욱 명확해졌다. 2017년 노벨 생리의학상은 하루 주기 리듬을 연구한 생물학자들에게 수여되었다. 이 관계가 인간의 건강에 대단히 중요하다는 사실을 인정해서였다. 우리 유전자 중 거의 절반은 하루 주기 리듬의 통제를 받는다. 암, 알츠하이머병, 제2형 당뇨병, 관상 동맥 질환, 조현병, 비만 등 지금까지 조사한 모든 주요 질병의 관련 유전자들도 거기에 포함된다. 부적절한 시간에 자거나 먹거나 운동하는 식으로 이 리듬을 교란하면, 이런 질병들 중 상당수의 발생 위험이 높아지거나 관련 증상들이 악화될 가능성이 높아진다. 게다가 현대 의학에서 쓰는 약물 중 상당수는 생체 시계에 조절되는 생물학적 경로들을 표적으로 삼는다. 이 말은 그런 약물을 언제 투여하느냐에 따라서 약효가 더 잘 또는 덜 나타날 수 있다는 뜻이다. 한편, 암 치료에 쓰이는 방사선 요법이나 몇몇 화학 요법은 부작용도 일으키는데, 건강한 세포가 휴식을 취하는 시간에 그런 치료를 하면 부작용을 상당히 줄일 수 있다. 건강한 세포가 활동을 덜 하는 시간이라서 피해를 덜 입기 때문이다.

가장 튼튼하고 건강한 사람들도 몸이 태양과 맺는 관계로부터 영향을 받는다. 세계적인 운동선수들은 신체 능력을 최적화하기 위해 시간생물학자들의 조언을 받고 있으며, NASA와 미 해군도 이 놀라운 과학을 우주 비행사와 잠수함 승조원들에게 적용하고 있다. 교대 근무를 할 때도 정신을 최적 상태로 유지하고 시차증을 더 빨리 극복하도록 돕기 위해서다.

그리고 햇빛만이 아니다. 우리는 인공조명을 우리의 건강을 해치는 쪽이 아니라 주의력과 신체 건강을 북돋는 쪽으로 이용할 수 있는 방법을 계속 알아내고 있다. 나이를 먹을수록, 우리의 하루 주기 리듬은 높낮이의 폭이 줄어들면서 더 밋밋해진다. 그래서 연구자들은 요양소에서 인공조명을 써서 사람들을 낮에 더 밝은 빛에 노출하는 방안을 살펴보고 있다. 하루 주기 리듬을 강화하고 치매 증상을 완화하기 위해서다. 병원에서는 조명을 하루 주기 리듬에 맞춤으로써 뇌졸중 등 중병에 걸린 환자들의 회복을 돕는 방법이 쓰이고 있다. 몇몇 학교에서는 그런 조명을 써서 학생의 수면, 낮 시간의 주의력과 시험 성적을 증진하려 시도하고 있다.

우리가 빛과 맺는 관계를 더 잘 이해하게 되면, 우리는 정신적으로나 신체적으로나 건강의 다양한 측면을 점점 개선할 수 있게 될 것이다. 이 책은 자신의 하루 주기 리듬을 강화하고, 수면과 활동 능력을 최적화하고, 시차증에서 더 빨리 회복되려면 무엇을 알아야 하고, 무엇을 할 수 있는지를 알려 줄 것이다. 또 햇빛이 그 밖에도 다양한 방식으로 건강을 증진하는 특성을 가지고 있다는 것과 햇빛의 해로운 효과를 막으면서 그런 혜택을 보려면 어떻게 해야 하는지도 알려 줄 것이다.

빛과 더 건강한 관계를 맺는다는 것이 전자기기를 다 내버리고 암흑기로 돌아가야 한다는 뜻은 아니다. 그렇지만 밤에 지나치게 빛에 노출되고 낮에 환한 빛을 피하는 습관이 해로우며, 그런 습관을 바로잡는 방향으로 나아가야 한다는 점을 우리는 받아들일 필요가 있다. 우리는 자전하는 행성, 즉 낮은 낮이었고 밤은 밤이었던 행성에서 진화했다. 그런 양극단과 다시금 연결을 이루어야 할 때가 되었다.

수천 년 동안 인류는 태양을 우리의 건강에 중요하다고 여겨 왔고, 태양의 하루 주기와 연간 주기가 우주를 이해하는 열쇠라고 보았다. 하지만 오늘날 매일 바쁘게 살아가는 우리는 그런 사실을

무시하거나 잊고 있는 듯하다.

히포크라테스라면 우리에게 기분이나 활력이 계절이 따라 변화하는 양상을 살펴보고, 그에 맞추어서 행동을 조정해 보라고 권했을 것이다. 오늘날 우리는 일 년 내내 동일한 시간표에 따라서 생활한다. 상대적으로 안락한 가정과 사무실도, 우리 경제 체제의 요구 사항들도 그런 생활을 하게끔 부추긴다. 사회적 활동도 일 년 내내 비슷한 수준을 유지하라는 식이다. 현대 생활은 우리에게 겨울은 침울하고 불편한 계절이므로 바깥에 나가서 얼마 안 되는 햇빛을 쬐기보다는 조명을 켜고 난방을 하라고 권한다. 하지만 그런 생활 습관은 우리의 정신 건강에 해로울 수 있다. 환한 빛에, 특히 이른 아침에 환한 빛에 몸을 드러내는 것이야말로 겨울의 우울한 기분을 없애는 확실하게 검증된 방법이다. 또 많은 이들은 해가 지고 한참이 지난 뒤에도 조명과 난방을 계속 켜 놓고 가뜩이나 환하게 만든 저녁 시간을 더욱 밝게 빛나게 하는 전자기기를 쳐다보면서 보낸다. 이러한 생활방식은 밤에 잠을 푹 자는 우리의 능력을 망가뜨릴지 모른다.

태양을 자기 세계의 중심에 놓았다는 점에서 고대인들은 옳았다. 햇빛은 지구 생명의 진화에 필수적이었고, 지금도 우리의 건강에 계속 영향을 미치고 있다. 그러나 어둠도 중요하다. 태양이 주재하는 밤과 낮의 자연적인 주기는 우리의 수면 패턴에서 혈압, 수명에 이르기까지 모든 것에 관여한다. 실내에 틀어박혀 저녁 시간을 환한 인공조명 아래에서 보내며 이 주기에 따르는 것을 거부할 때, 엄청난 파급 효과가 빚어질 수 있다. 더욱이 문제는 우리가 어떤 해로운 영향들이 미칠지를 이제야 겨우 이해하기 시작했을 뿐이라는 것이다.

1장

생체 시계

태양 망원경의 렌즈를 통해 바라다보면, 태양은 검은 바탕 위의 진홍색 원반처럼 보인다. 해적의 깃발 같은 느낌이다. 계속 들여다보자. 눈이 적응하면, 태양의 표면이 얼룩덜룩하고 물집이 가득한 양 보인다. 좀 거무튀튀한 잡티 같은 것도 보인다. 이게 흑점이다. 주변보다 온도가 낮아 더 어둡게 보이는 부분인데, 그 하나하나의 크기는 적어도 지구만 하다. 일주일쯤 지켜보면, 이 잡티가 원반의 표면을 가로질러서 한쪽 끝으로 사라지는 것이 보인다. 지구처럼 태양도 계속 자전을 하기 때문이다. 하지만 지구는 한 바퀴 도는 데 24시간이 걸리지만, 태양은 27일이 걸린다.

진홍색 원반 자체는 폭이 지구 109개를 늘어세운 것만 하다. 광자, 즉 우리 눈에 태양의 상이 맺히게 하는 빛 알갱이는 이 끓는 플라스마 덩어리의 중심에서 바깥 가장자리로 올라오는 데 약 17만 년이 걸렸다. 그로부터 우주 공간을 지나서 우리 눈에 도달하는 데까지는 단지 8분 20초밖에 걸리지 않는다. 이를 관점을 바꿔 다시 말하자면, 방금 우리 눈에 다다른 광자가 태양의 중심부에서 여행을 시작했을 무렵, 인류는 광자로부터 피부를 가리고 있는 옷을 막 발명해 내던 참이었다.

마크 갤빈은 천문학의 이런 점에 늘 매료되어 있었다. 천체를 관측할 때, 우리가 먼 과거를 보고 있다는 사실 말이다. 맑은 여름밤에 별들을 올려다볼 때, 우리는 그 별들의 현재 모습이 아니라, 수백만 년 전까지는 아니더라도, 수십만 년 전의 모습을 보고 있는 중이다. 달도 1.3초 전의 모습이다. 달 표면에서 반사된 햇빛이 약 40만 킬로미터의 우주 공간을 지나서 우리 눈에 도달하는 데 그만큼의 시간이 걸리기 때문이다. 마크는 어릴 때부터 그런 사실들을 떠올리면서 상상의 나래를 펼쳤다. 수면 장애에 시달리지 않았더라면, 마크는 대학교에서 신나게 천문학과 우주론을 공부했을 것이다.

마크가 태양에 관심이 많다는 사실은, 그가 우리와는 달리 태양과의 생물학적 관계를 상실한 상태라는 점 때문에 더욱 흥미롭다. 태양과의 관계를 상실했기에, 그는 매일 전날 깨었던 시간보다 약 한 시간 반 더 늦게 깬다. 그렇게 일주일이 지나면, 마크의 친구들이 일터로 출근하고 있는 시간에 마크의 몸은 이제 그에게 집으로 돌아갈 시간이라고 말한다. 12일이 지나면, 마크의 침실 창을 통해 아침 햇살이 쏟아질 때, 그의 몸은 지금이 한밤중이라고 말한다. 그렇게 죽 이어지다가 이윽고 한 주기가 다 채워지면,

마크의 시간은 다시 정상적인 사회에 들어맞게 된다. 그러고 나서 또다시 한 주기가 시작된다.

이마저도 마크의 생체 시계가 일관성 있게 째깍거릴 때의 이야기다. 때로 마크의 생체 시계는 거꾸로 간다. 때로 마크는 72시간 동안 계속 깨어 있거나 24시간을 꼬박 잠들어 있다. 한번은 그가 사는 동네에서 폭발물이 터졌는데, 동네 사람들은 폭발을 피해 다 안전한 곳으로 대피한 사이 그만 깊은 잠에 빠져 있었다. 경찰은 그를 도저히 깨울 수가 없었다.

내가 리버풀 외곽에 있는 그의 집 근처에서 만나 같이 점심을 먹기로 했을 때, 그는 아주 드물게 나타나는 안정기에 들어서 있었다. 그런데도, 그는 늦을 것이라고 내게 문자 메시지를 보냈다. 자신의 생체 시계가 내 것에 비해 아주 늦어서 이제 막 잠에서 깼다고 했다. 도착한 그는 영국식 아침 요리와 홍차를 주문했고, 나는 점심용 샌드위치를 택했다.

마크의 증상, 즉 비24시간 수면-각성 장애non-24-hour sleep-wake disorder라는 하루 주기 리듬 장애가 그의 직업과 사회생활을 엉망으로 만들 거라는 것은 굳이 말하지 않아도 알 수 있다. 그는 시간을 끔찍할 만치 못 지키기 때문에 거의 모든 직장에서 퇴짜를 맞았다. 친구들은 그를 "언제나 늦는 마크"라고 부른다. 연애를 지속하기도 힘들다. 여자 친구의 생일, 밸런타인데이 같은 기념일을 잠을 자다가 그냥 넘기는 일이 부지기수이기 때문이다. 마지막 애인과는 그 스스로 끝냈다. "여자 친구의 얼굴에서 실망한 표정을 더는 보고 싶지 않았어요. 그런 표정을 볼 때마다 기분이 몹시 안 좋더라고요." 게다가 기분이 동한다고 오전 3시에 누군가를 깨운다는 것도 사실 할 짓이 아니기에 성관계도 맺기 어렵다.

사람들 대부분은 굳이 알람 시계를 맞추어 놓지 않더라도 매일 거의 같은 시간에 일어난다. 몸 안에 시계태엽 장치가 내장되어 있어 그에 따라 움직이는 것처럼 느껴지더라도 별로 신기해할 필요는 없다. 어느 정도는 사실이 그렇기 때문이다. 일종의 생체 시계가 우리 몸 안의 모든 세포에서 째깍거리고 있다. 이 시계들은 모두 동일한 단백질 집합이 상호작용하면서 움직인다. 그 단백질들은 '시계 유전자들'의 산물이다. 이 단백질 집합을, 함께 작동하면서 바늘을 움직이게 하는 기계식 시계의 추와 톱니바퀴라고 생각할 수도 있다. 여기서는 수백 가지의 세포 내 반응들을 추진한다는 점이 다를 뿐이다. 이 과정을 통해 몸의 세포들은 서로 시간을 맞출 수 있고, 바깥세상에서 일어나리라고 예상하는 일들에 활동을 동조시킬 수 있다.

이 비유는 더 확장할 수 있다. 괘종시계의 추가 길면 짧은 추보다 더 느리게 움직이는 것처럼, 사람마다 시계가 움직이는 속도가 조금씩 다르다. 어떤 이들은 추가 짧아서 더 빨리 움직인다. 그런 이들은 일찍 잠자리에 들고 일찍 일어나는 '종달새형' 경향을 보인다. 추가 길어서 더 느리게 움직이는 시계를 지닌 사람들은 대개 '올빼미형'이다. 그들은 늦게 자고 늦게 일어나는 경향이 있다.

우리의 생체 시계는 늘 한결같은 속도로 움직이도록 유전적으로 미리 정해져 있지만, 그 시계는 외부 요인들에 의해 교란되기 쉽다. 식사 시간, 운동 시간, 약 먹는 시간 등이 그러하며, 심지어 장내 미생물의 활동에도 영향을 받을 가능성이 있다.

그리고 비록 모든 세포에 시계가 들어 있긴 하지만, 세포의 종류에 따라서 이런 외부 요인들에 영향을 받는 정도는 제각각이다. 간 세포의 시계는 식사 시간에 더 예민하게 반응하는 반면, 근육 세포의 시계는 운동 시간에 더 민감하게 반응할 수도 있다.

그렇더라도 이 시계들은 한 가지 아주 중요한 공통점을 지닌다. 이 시계들 모두가 뇌의 한 영역에서 나오는 신호에 반응한다는 것이다. 이 뇌 영역은 이 시계들을 서로 동조시키는 일을 하며, 또한 바깥의 시간과도 동조시킨다. 이 영역은 시교차 상핵suprachiasmatic nucleus, SCN이라고 불리우며, 시상하부라는 곳의 아주 깊숙이 들어 있는 작은 세포 덩어리로 이루어져 있다. 양쪽 눈썹 사이의 한가운데에 구멍을 뚫으면, 이윽고 이 덩어리에 닿게 된다. 시교차 상핵은 송과샘과 밀접한 관계가 있으며, 송과샘은 '제3의 눈'이라고 불리곤 한다. 사실 이 이름은 마스터 시계master clock인 시교차 상핵에 더 어울리지만 말이다.

시교차 상핵은 겨우 2만 개의 세포로 이루어지며, 크기가 쌀알만 하다. 이 놀라운 조직 덩어리는 생물판 그리니치 자오선이라 할 만하다. 몸 안의 수없이 많은 세포 내 시계들이 시간을 정확히 맞추는 데 쓰는 기준점이기 때문이다.

쥐와 햄스터 연구를 통해 밝혀졌듯이, 이 마스터 시계를 제거하면 신체 조직들의 일상 리듬은 서서히 깨지기 시작한다. 그리고 새 시계를 이식하면, 리듬이 복원되곤 한다. 비록 '시계추'의 길이가 기증자의 시계에 맞게 새로 맞추어지긴 하지만 말이다. 따라서 시교차 상핵이야말로 사실 제3의 눈이라고 할 수 있다. 몸의 안팎을 지켜보면서 내부와 외부의 시간을 동조시키는 일을 하기 때문이다.

이 세포 내 시계들이 생성하는 체내 리듬이 바로 하루 주기 리듬circadian rhythm이다. circadian(하루 주기)이라는 단어는 '주위'라는 뜻의 라틴어 키르카circa와 '하루'라는 뜻의 디엠diēm에서 유래한 것이다. 하루 주기 리듬은 환경에서 규칙적으로 일어나는 사건들에 대비하도록 돕는다. 지구의 자전과 연관이 있는 사건들이다. 가장 뚜렷한 사례는 밤이 되면 졸음이 오는 것이다. 하지만 세상을 탐사하러 나가는 낮 시간에 더 힘이 세지고, 더 빨리 반응하고, 몸이 더 조화롭게 움직이는 것도 이러한 사건에 해당한다. 또 낮에는 우리 면역계가 세균과 바이러스에 더 잘 대응하는 것으로 보이고,[1] 피부의 상처도 더 빨리 낫는다. 우리의 기분과 각성 수준, 기억도, 심지어 수학 문제를 푸는 능력도 하루 주기 리듬을 보인다.

하루 주기 리듬은 하루의 빛과 어둠의 주기에 맞추어서 활동할 때 생존 기회가 높아지기 때문에 진화해 온 것으로 보인다. 이러한 점은 남조류라고도 불리는 남세균 실험을 통해 입증된 바 있는데, 남세균은 지구에서 생명의 진화에 대단히 중요한 역할을 했다(머리말 참조). 연구자들은 자연에 있는 것보다 체내 시계가 훨씬 더 길거나 짧은 돌연변이 남세균 균주를 만들었다. 그 균주들을 따로 분리해서 키울 때는 모두 동일한 속도로 성장을 했다. 그런데 균주들을 뒤섞어서 키우자, 즉 자원을 놓고 경쟁해야 하는 상황에 놓자, 흥미로운 일이 벌어졌다. 빛과 어둠의 주기를 어떻게 설정하느냐에 따라, 그 주기에 맞는 균주가 우세해졌다. '하루'를 22시간으로 설정했을 때, 즉 11시간을 밝게 한 뒤에 11시간을 컴컴하게 하는 환경에서 키울 때는 생체 시계의 주기가 더 짧은 돌연변이체가 다른 균주들보다 더 잘 자랐다. 반면에 '하루'를 30시간으로 정한 환경에서는 시계의 주기가 더 긴 돌연변이체가 우세해졌다. 연구진은 하루 주기 리듬이 아예 없는 돌연변이체는 얼마나 잘 자라는지도 조사했다. 그 균주는 리듬을 지닌 균주들과의 경쟁에서 밀렸다. 조명이 계속 켜져 있는 환경에서만 달랐다.

남세균의 시계는 지금까지 찾아낸 하루 주기 리듬의 최초 조상뻘이다. 한 이론은 그런 시계가 햇빛으로부터 DNA를 보호하기 위해서 진화했다고 본다. DNA는 자외선에 손상을 입기가 매우 쉽다. 일광욕을 4시간만 해도 모든 피부 세포의 DNA에 약 10개씩 돌연변이가 생긴다. 그리고 비록 우리 세포에 이런 손상을 수선하는 효소가 들어 있긴 하지만, 수십억 년 전의 초기 생명체에 그런 효소가 있었을 가능성은 매우 적다. DNA는 특히 합성될 때 취약하기 때문에, 태양이 가장 이글거리는 낮에는 합성을 피하는 것도 타당성이 있다. 실제로 남세균은 한낮에 3~6시간 동안

DNA 합성을 멈춘다.

또 한 이론은 남세균이 빛으로 추진되는 광합성을 언제 시작할지 예상하기 위해 이런 리듬을 진화시켰다고 본다. 광합성은 엄청난 혜택을 주긴 하지만, 활성 산소도 만든다. '자유 라디컬free radical'이라고도 알려진 활성 산소는 세포를 손상시킨다. 남세균은 광합성을 시작할 때를 예상함으로써, 활성 산소를 제거하는 물질을 분비할 시점을 맞출 수 있다.

어떤 이유로 진화했든 간에, 하루 주기 시계는 오늘날 남세균에게서 또 한 가지 중요한 기능을 한다. 서로 경쟁하는 생화학 과정들 — 그중에는 빛에 의지하는 것들도 있다 — 을 서로 분리한 다음, 낮이나 밤의 가장 적절한 시기에 그 과정이 이루어지도록 시간을 맞추는 것이다. 이런 사건들의 타이밍을 잘 맞추지 못하는 경우 — 자신이 살아가는 빛과 어둠의 주기보다 하루 주기 리듬이 훨씬 길거나 훨씬 짧으면 일어나듯이 — 이런 생화학 과정은 효과적으로 이루어지지 못할 것이다. 그것이 바로 유달리 긴 시계를 지닌 남세균이 긴 빛-어둠 주기에서 번성하는 반면, 유달리 짧은 시계를 지닌 남세균이 짧은 주기에서 번성하는 이유일 수 있다.

하루 주기 리듬은 사람의 세포에서도 비슷한 기능을 수행하는 것으로 보인다. 다양한 생화학 반응이 하루의 서로 다른 시기에 일어나는 걸 선호하는 것이다. 그럼으로써 몸의 기관들은 임무 교대를 하고 회복 시간을 가질 수 있다. 예를 들어, 우리가 잠들어 있는 사이 뇌에서 체액을 빼내 낮 동안 쌓인 베타아밀로이드 단백질 — 이 단백질은 알츠하이머병의 진행과 관련되어 있다 — 같은 독소를 배출하는 체계가 최근에 발견된 바 있다. 또 수면은 새로운 기억을 굳히는 데에도 중요하다. 이 과정은 깨어 있을 때는 효율적으로 진행되지 않는다. 따라서 잠을 자고 있는 동안 기억의 응고가 활발히 일어나도록 함으로써, 우리의 하루 주기 리듬은 학습하고 기억하는 능력을 최적화한다.

또 우리가 모여서 사회를 이루어 사는 동물이 될 수 있었던 것도 그 덕분일지 모른다. 거의 동일한 시간에 허기를 느끼거나 어울리고 싶어 하거나 졸리거나 한다면, 끈끈한 집단을 이루어서 서로 협력할 가능성이 더 커진다. 또 마크의 경험이 잘 보여 주듯이, 성욕이 동하는 시간도 서로 들어맞을 때 번식에 성공할 가능성도 그만큼 커질 것이다.

식물도 하루 주기 리듬을 지닌다. 꽃식물이 꽃잎을 여닫는 시간은 종마다 다르다. 18세기 스위스 분류학자 카를 폰 린네는 이런 꽃들이 꽃잎을 벌리는 시간을 관찰하여 꽃시계를 고안했다. 오전 5~6시에는 나팔꽃과 들장미가 피었고, 오전 7~8시에는 민들레가, 오전 8~9시에는 아프리카데이지가 활짝 꽃잎을 펼쳤다…….

정원사들은 식물마다 하루 중 향기를 가장 강하게 풍기는 시간대가 다르다는 것도 눈치채 왔을 것이다. 장미 품종인 프레이그런트 클라우드는 아침에 가장 향기롭다. 레몬 꽃은 한낮에 더 향긋하다. 스톡과 밤에 꽃이 피는 재스민은 저녁에 향기를 풍긴다.

나방을 통해 꽃가루를 옮기는 페튜니아는 밤에 더 향기가 강해진다. 자신의 주된 꽃가루 매개자가 가장 활발하게 돌아다니는 시간대에 맞추어 향기를 내뿜음으로써, 식물은 자원을 절약하고 엉뚱한 곤충이 꽃꿀을 빠는 일을 막는다.

이 게임에 참가하는 것이 식물만은 아니다. 꿀벌은 낮에 시각 자극에 더 민감하게 반응한다. 꽃을 찾아 나설 때 꿀벌은 어떤 꽃이 언제 꽃잎을 여닫을지를 파악하여 적절한 꿀 채취 경로를 계획한다.[2] 게다가 꿀벌은 시차증도 겪을 수 있다. 1955년에 프랑스 꿀벌 40마리가 비행기로 파리에서 뉴욕으로 왔을 때, 이 꿀벌들은 자신들이 꿀을 빨 꽃들이 아직 피지 않은 시간대에 꿀을 찾아 나섰다.[3]

사실, 하루 주기 리듬은 미세 조류에서 땅속에 사는 설치류, 캥거루에 이르기까지 지금까지 조사한 거의 모든 생물에서 발견되었다.

몇 가지 예외가 있긴 하다. 남세균과 우리 창자에 사는 몇몇 세균 종은 하루 주기 리듬을 지니지만, 많은 세균은 그렇지 않다. 동굴이나 극지에서 살아가는 쪽으로 진화한 소수의 생물도 거기에 속한다. 앞에서 말한 하루 주기 리듬이 없는 남세균처럼, 이런 생물들은 생명 활동이 일정하게 유지되기 때문에 그런 한결같은 환경 조건에서 더 잘 사는 것일 수 있다. 북극 지방의 순록도 흥미로운 사례다. 이들은 어둠이나 빛이 24시간 동안 지속되는 시기인 겨울과 여름에는 하루 주기 시계를 끄는 듯하다. 순록은 여러 동물처럼 연간 주기circannual 시계도 지닌다. 즉 계절에 따라서 생물학적으로 변화가 일어난다는 뜻이다. 자기 환경에 규칙적으로 일어나는 변화를 예견하고 대비하는 또 한 가지 방법이다. 예를 들어, 순록을 비롯한 많은 종은 봄에만 새끼를 낳는다. 새끼가 살아남을 가능성이 가장 큰 계절이기 때문이다. 또 순록은 그 계절에만 새로 뿔이 난다.

그런데 이런 하루 주기 리듬은 어떻게 생성되는 것일까? 그 답은 우리 DNA의 깊숙한 곳에 놓여 있다. 나는 이 사실을 뉴욕 록펠러 대학교에 있는 마이클 영Michael Young의 연구실을 방문했을 때 발견했다. 그 연구실의 원뿔형 용기 안에서는 초파리들의 미시 세계가 펼쳐져 있다. 플라스크 바닥에 깔린 시큼한 갈색 찌끼에 투명한 작은 구더기 두 마리가 꾸물거리고 있다. 위쪽에서 우글거리면서 서로 날아올랐다가 벽에 부딪히곤 하는 성체들의 모습에 개의치 않는 듯하다. 또 쌀알 모양의 고치들이 이 혼란 속에서 무심하게 플라스크 벽에 착 달라붙어 있다. 또 그 주변으로 많은 성체가 꼼짝하지 않고 붙어 있다. 이 낯선 세계로 나를 안내한 연구원인 데니즈 톱은 그 초파리들이 자고 있다고 말해 준다. 깨어 있을 때보다 다리를 좀 더 구부리고 있고 머리와 몸이 더 바닥에 더 달라붙어 있어서 구별할 수 있다고 한다. 이들은 작은 막대로 건드려도 움직이지 않는다. 좀 세게 밀어야 움직인다.

초파리는 대개 틀에 박힌 행동을 하는 동물이다. 아침에 알을 낳고, 오후가 시작될 무렵에 낮잠을 자고, 낮에 온종일 먹어대는데, 해뜨기 직전과 해지기 직전에 가장 활발하게 움직인다. 또 애벌레는 대개 새벽에 부화한다.

하지만 이 플라스크의 초파리들에게는 '시간 감각이 없다'. 유전자 돌연변이 때문에, 하루 주기 시계가 없어서다. 이 시간 감각이 없는 초파리들을 관찰하고 있자니, 플라스크 안의 혼란이 만약 우리에게 하루 주기 리듬이 없다면 인간 사회에서도 벌어질 거라는 생각이 문득 든다. 톱은 시계를 본다. 오후 2시 45분이다. "초파리들은 대개 이 시간에는 낮잠을 자요." 그는 정상적인, 즉 유전자 돌연변이체가 아닌 초파리들이 들어 있는 시험관을 건넨다. 정말로 그 안의 초파리들은 대개 가만히 있고, 몇 마리만이 아주 느릿느릿 움직이고 있다.

마이클 영은 하루 주기 리듬 시계의 분자 메커니즘을 밝혀낸 공로로 2017년에 노벨상을 공동 수상한 세 명 중 한 명이다. 그들은 이런 돌연변이 초파리를 연구함으로써 그 메커니즘을 밝혀낸 것이다.

그들의 연구는 1970년대에 캘리포니아 공대에서 시모어 벤저Seymour Benzer가 제자인 로널드 코놉카Ronald Konopka와 함께한 연구를 토대로 했다.[4] 벤저는 초파리들이 충실히 지키는 하루 주기 행동들에 흥미를 느꼈고, 그런 행동들이 유전적으로 결정된 것이 아닐까 생각했다. 그래서 그는 코놉카와 함께 초파리 수컷들을 돌연변이 유발 화학 물질에 노출시키기 시작했다. 정자의 DNA에 돌연변이를 일으킨 뒤, 시간 감각에 변화가 일어난 징후를 보이는 자손들을 찾을 생각이었다. 이윽고 그들은 한 돌연변이 계통을 찾아냈다. 그 계통의 애벌레는 낮이든 밤이든 아무 때나 부화했다. 곧이어 그들은 새벽이 오기 직전 또는 직후에만 부화하는 두 혈통을 더 발견했다. 이 세 혈통의 행동들은 모두 '피리어드period' 유전자에 서로 다른 돌연변이가 일어난 결과였다.

이 발견은 하루 주기 시계가 유전적인 토대를 지닌다는 것을 뜻했지만, 그 시계가 어떻게 작동하는지를 밝혀낸 것은 아니었다. 그 일을 넘겨받은 이들은 매사추세츠주 보스턴에 있는 브랜다이스 대학교의 마이클 영, 제프리 홀Jeffrey Hall, 마이클 로스배시Michael Rosbash였다. 1980년대에 그들은 '타임리스timeless'라는 유전자를 비롯하여 초파리의 하루 주기 리듬에 영향을 미치는 몇몇 유전자들을 더 찾아냈다. 또 그들은 이 유전자들이 만드는 단백질들이 어떻게 끼워져서 하루 주기 시계를 작동시키는지도 알아냈다. 모든 세포 안에서 매일 자족적인 주기가 일어난다. 이 단백질들이 쌓이고 하나로 결합되었다가, 이어서 생산이 중단되고, 그 뒤에 분해된다. 그리고 이 전체 과정이 다시 시작된다.

그 뒤로 우리를 포함하여 포유동물의 세포들에서도 비슷한 체계가 작동한다는 것이 밝혀졌다. 그리고 이 유전자들 중 상당수는 초파리의 생체 시계를 작동시키는 단백질들과 놀라울 만치 유사했다.

하루 주기 시계는 생물학적 호기심 차원을 훌쩍 넘어서 있다. 노벨상을 안겨 주게 될 이 발견이 이루어진 뒤로 20년 동안, 연구자들이 어느 생물학적 과정을 살펴보든 간에 거의 다 이 시계가 관여한다는 것이 드러나 왔다. 체온도 강한 하루 주기 리듬을 보인다. 혈압도 그렇고, 각성도를 높이는 호르몬(비록 스트레스 호르몬이라고 더 잘 알려져 있긴 하지만)인 코르티솔 농도도 그렇다. 이 호르몬 농도는 아침에 일어날 때 최대에 달했다가 그 뒤로 계속 줄어든다. 하루 주기 리듬은 기분을 조절하는 뇌 화학 물질들의 분비도 관장한다. 병원체에 맞서 싸우는 면역계의 활성도 제어한다. 우리 몸이 음식에 보이는 반응도 마찬가지다.

게다가 하루 주기 리듬의 교란은 우울증에서 암과 심장병에 이르기까지, 현대 사회에 만연한 모든 주요 질병들의 한 특징임이 드러나 왔다. 그리고 이 리듬을 더 잘 이해하면 더 잘 치료될 수 있는 것은 단지 부유한 서구 국가들의 질병들만이 아니다. 이를테면 치명적인 말라리아를 일으키는 기생충은 자신의 전파 확률을 최대로 높이기 위해 그 출현과 발달이 숙주의 생체 시계와 일치하도록 시간을 맞추어 놓고 있기 때문이다.

스스로 째깍거리도록 놔둔다면, 이 세포 내 시계들은 유전적으로 결정된 리듬에 따라서 마냥 행복하게 째깍거릴 것이다. 그러나 누군가는 시계추가 짧고 누군가는 길지라도, 우리 대다수는 하루가 24시간인 이 행성에서 생존하고 번성해야 한다. 어떻게든 간에 지구의 자전 주기와 계속 연결되어 있어야 한다. 그렇게 하지 못한다면, 우리는 시간 감각을 잃어버린 초파리처럼 된다. 즉 서로 행위를 동기화하지 못하고 서로에게서 갈수록 멀리 벗어나 버리게 된다. 그렇다면 우리는 어떻게 그런 일을 해내고 있는 걸까?

1960년대에 위르겐 아쇼프Jürgen Aschoff와 뤼트거 베버Rütger Wever가 이끄는 독일 연구자들은 바이에른에 있는 전통 맥주를 빚는 안덱스 수도원 근처에 지하 벙커를 짓고, 그 안에서 지낼 사람들을 모집했다. 외부의 시간 단서들을 차단하고 아무 때나 먹고 자고 조명을 켜고 끌 수 있게 했을 때, 사람들의 하루 주기 리듬에 무슨 일이 일어나는지를 알아보고 싶었기 때문이다. 벙커에는 창문이 전혀 없었고, 완전 방음에 차량의 진동 같은 것도 철저히 차단했다. 심지어 전자기가 시간을 감지하는 능력에 영향을 미칠 수도 있다는 생각에 연구진은 벙커를 구리선으로 칭칭 감싸기까지 했다.

벙커 안에는 가구가 완비된 두 개의 방이 있었고, 자원자들은 몇 주 동안 그 안에서 생활했다. 자원자들이 시간을 추측할 수 없도록, 음식과 기타 물품들은 불규칙한 간격으로 제공하고 수거했다. 자원자들이 쉬고 활동하는 패턴을 지켜보기 위해, 각 방의 바닥에는 전기 감지기를 깔았고, 체온은 곧창자에 넣은 더듬자로 계속 쟀고, 소변 시료도 일정한 간격으로 채취했다. 자원자들이 원하는 물품 목록은 이때 전달되었다. 또 자원자들은 이 '시간 감각을 잃은' 생활을 하는 동안 자신이 받는 느낌을 일지에 상세히 기록했다.

머물기 시작한 처음 9일 동안은 바깥세상에서 일어나는 일에 맞추어서 활동이 이루어지도록 실내의 조명, 온도, 소음을 조절했다. 그런 뒤에 이런 외부 단서들을 차단하고서, 자원자들이 원하는 시간에 먹고 자고 활동하도록 했다.

바깥의 시간 단서들로부터 단절된 상태에서 자원자들은 자기 시간의 약 3분의 1은 잠을 자고, 3분의 2는 깨어 있었다. 그러나 잠을 자고 활동하는 하루 주기는 사람마다 편차를 보였다. 하루 주기가 24시간에 조금 못 미치는 사람들도 일부 있었다. 하지만 대다수는 거의 25시간마다 새로운 하루를 시작했다. 바깥세상과 차단되자, 자원자들의 체내 리듬이 '자유 가동하기' 시작했다.[5] 처음에 아쇼프와 베버는 24시간 세계에 우리를 동기화하는 것은 주로 다른 사람들과의 사회적 상호작용이라고 가정했다. 하지만 원인은 훨씬 더 단순하다는 것이 드러났다. 바로 빛이었다.

빛은 스톱워치의 리셋 버튼처럼 기능하는 것으로 드러나고 있다. 마스터 시계(시교차 상핵)의 시간을 정밀 조정함으로써, 해가 뜨고 지는 시간에 계속 맞추어지도록 하는 것이다. 당신의 시계추가 길다면, 낮 시간에 환한 빛을 쬐면 시계의 바늘이 좀 더 앞으로 당겨질 것이다. 해의 움직임을 따라잡기 위해서다. 당신의 시계추가 짧다면, 바늘이 좀 더 뒤로 되감길 것이다. 그런 식으로 모든 사람의 시간은 동기화를 유지한다.

또 시간대를 가로질러서 여행할 때 해가 더 일찍 뜨거나 늦게 뜨는 시간에 맞추어서 우리가 체내 시계를 조정할 수 있는 것도 빛 덕분이다. 우리는 밤에, 그리고 동이 튼 직후에 빛에 유달리 민감해진다. 초저녁과 밤의 빛은 우리 시계를 늦춘다. 그래서 졸음을 느끼는 시간이 더 늦어진다. 반면에 아침의 빛은 시계를 앞당겨서 저녁에 더 일찍 졸음이 찾아오도록 한다.

비24시간 수면-각성 장애가 있는 사람들을 혼란에 빠뜨리는 것도 바로 이 메커니즘이다. 마크와 달리, 이 장애가 있는 사람들은 대부분 맹인이다.

해리 케넷은 열세 살에 시력을 잃었다. 당시 그는 친구와 함께 켄트의 민스터 인근의 한 밭에서 작은 모래주머니들에 둘러싸인 특이한 금속 물체를 발견했다. 알고 보니 그것은 대공포의 불발탄이었는데, 그들이 막대기로 쿡쿡 찔러대자 폭발해 버리고 말았다. 친구는 사망했고, 케넷은 두 눈과 한쪽 다리를 잃었다. 그때부터 케넷은 이 사고로 인한 정신적 외상까지 더해져 잠을 자는 데 어려움을 겪게 되었다.[6]

수면 장애는 맹인들에게 흔히 있는 일이지만, 케넷처럼 빛을 의식적으로 전혀 지각하지 못하는 사람들에게서 가장 많이 그리고 더 심각하게 나타난다.[7] 때로 그런 사람들은 어떤 때에는 잠을 잘 자다가도 잠을 지독히 설치는 시기를 겪곤 한다. 그런 시기에는 낮에 꾸벅꾸벅 졸곤 한다.

잠자는 시각은 두 체계를 통해 조절된다. 뇌에서 수면을 유도하는 물질을 분비함으로써 수면 압력을 서서히 쌓아 가면서 — 모래시계의 바닥에 쌓여 가는 모래처럼 — 얼마나 오랫동안 깨어 있었는지를 추적하는 '항상성' 체계와, 낮 동안 각성 신호를 계속 보내고 밤에 최적의 수면 구간을 정하는 하루 주기 체계다.

하루 주기 체계가 어떻게 작동하는지에 대해서는 맹인들을 통해 많은 것이 알려져 왔다. 그들이 하루 24시간에 동기화하는 데 눈이 얼마나 중요한 역할을 하는지를 실증해 왔기 때문이다. 누군가가 시력을 잃으면, 수면 압력은 여전히 쌓이지만 하루 주기 체계가 설정하는 수면 구간은 체내 시계의 길이에 맞추어서 끊임없이 변동한다. 몇 주 동안은 밤에 자다가도, 몇 주 동안은 한낮에 졸음을 느낄 것이다.

현재 우리는 눈이 우리의 생체 시계에 그토록 중요한 이유가 아주 특수한 종류의 세포가 눈에 있기 때문이라는 점을 안다. 이 세포는 2002년에야 발견되었다. 그전까지 눈에는 두 종류의 감광 세포가 있다고 생각했다. 빛이 약한 상태에서 흑백을 감지하는 막대 세포와 더 밝은 빛에서 색깔을 감지하는 원뿔 세포다.

이 생각은 1990년대에 막대 세포와 원뿔 세포가 퇴화하는 유전적 장애를 지닌 생쥐들이 바뀌는 빛-어둠 주기에 맞추어서 여전히 하루 주기 리듬 체계를 조정할 수 있는 반면에, 눈을 아예 제거한 생쥐들은 그렇지 않다는 것이 밝혀지면서 무너졌다. 이윽고 그 수수께끼의 빛을 감지하는 파수꾼이 밝혀졌다. 눈 뒤쪽에, 막대 세포와 원뿔 세포로 뒤덮인 층 뒤쪽에 마스터 시계가 세상을 내다보는 창이 있었다. 내인성 광수용 망막 신경절 세포intrinsically photosensitive retinal ganglion cell, ipRGC라는 이 감광 세포 집단은 바깥의 시간을 지각할 수 있게 해 준다. 폭탄에 눈을 다치거나 해서 이런 세포를 잃으면, 몸은 시간을 태양의 움직임에 맞추는 능력을 잃는다.

빛이 눈에 닿으면 ipRGC는 뇌의 마스터 시계로 신호를 보낸다. 그 신호에 맞추어서 시계 유전자의 발현 양상이 변하면서 마스터 시계의 시간이 재설정된다. 이 망막 세포는 햇빛을 이루는 빛스펙트럼의 청색광에 유달리 민감하다.

햇빛은 흰색으로 보일 때가 많지만, 청색광을 비롯한 여러 파장의 폭넓은 스펙트럼으로 이루어진다. 많은 인공 광원은 그렇지 않다. 주로 특정한 파장의 빛으로 이루어지고 다른 파장들은 빠져 있는 경향을 보인다. 이 점은 중요하다. 어떤 종류의 빛이든 간에 충분히 밝으면 마스터 시계의 시각을 변경할 테지만, 그 효과가 유달리 강한 빛이 있을 것이기 때문이다.

수천 년 동안 밤의 광원은 오로지 달빛과 별빛뿐이었다. 그런 빛은 폭넓은 색깔 스펙트럼을 이루고 있지만, 아주 흐릿하다. 또는 불타는 나무나 왁스나 기름에서 나오는 불빛도 있긴 했다. 난로 불빛은 빛스펙트럼 중 빨간 영역은 풍부한 반면 청색 영역은 거의 없다. 또 비교적 흐릿하다. 즉 하루 주기 체계에 미치는 영향이 미미하다는 뜻이다.

반면에 전구, 특히 컴퓨터 화면에도 들어 있고 천장의 등과 가로등에도 점점 더 쓰이고 있는 LED 전구는 훨씬 더 밝으며, 빛스펙트럼 중 청색 영역의 빛이 훨씬 더 많이 포함되어 있다. 이 말은 LED 전구가 마스터 시계의 시각을 재설정하기가 훨씬 쉽다는 뜻이다. 이 점이 바로 최근에 과학자들과 의학자들이 밤에 인공조명에 노출되는 것에 우려를 표하는 이유 중 하나다. 밝은 빛이 우리에게 어떤 영향을 끼치는가라는 주제는 이 책의 3장 '교대근무'에서 더 자세히 다루기로 하자.

빛 외에 몸의 마스터 시계의 시각을 조정할 수 있는 것이 적어도 하나 더 있다. 바로 멜라토닌 보충제다.

멜라토닌은 밤에 뇌하수체에서 마스터 시계(시교차 상핵)의 신호에 반응하여 분비되는 호르몬이다. 이 때문에 과학자들은 멜라토닌을 마스터 시계가 지금이 몇 시라고 생각하는지를 파악하는 표지로 삼곤 한다. 또 멜라토닌은 마스터 시계가 몸의 다른 부위들로 밤이 되었다고 알리는 주요 전령 중 하나로 여겨진다. 이 전령은 잠을 촉발하는 뇌의 다른 영역들로도 향한다.

멜라토닌은 마스터 시계의 통제를 받는 한편으로, 빛을 쬐면 분비가 억제된다. 청색광이 특히 강하게 억제한다. 따라서 밤에 인공조명에 노출되면 생물학적 밤의 기간이 짧아지고, 그 결과 수면에 영향이 미친다. 아울러 근육 회복과 피부 재생 등 밤에 이루어지는 다른 중요한 과정들에도 영향이 미친다.

또 마스터 시계 자체는 멜라토닌 농도에 반응한다. 1987년 영국 연구자 조 아렌트Jo Arendt는 멜라토닌 보충제를 써서 마스터 시계의 시간을 재설정하여 시차증을 더 빨리 극복하도록 도울 수 있다는 논문을 발표했다.[8] 이 연구는 언론의 관심을 불러일으켰다. 이때를 회상하며 아렌트는 말한다. "기자들을 피해 도망 다닐 정도였어요." 하지만 언론이 이렇게 소란을 떤 덕분에 이 소식은 해리 케넷의 귀에까지 들어가게 되었다.

자신의 수면 문제가 시차증과 공통점이 많다고 여긴 그는 아렌트에게 전화를 걸어 멜라토닌이 자신에게 도움이 될 수 있을지 물었다.

흥미를 느낀 아렌트는 한번 알아보자고 했다. 그들은 멜라토닌 보충제와 속임약을 한 달씩 번갈아 투여하기로 정했다. 물론 어느 쪽이 투여되는지를 케넷이 모르게 한 상태에서였다. 케넷은 진짜 멜라토닌 알약을 먹기 시작한 지 겨우 이틀 뒤에 아렌트에게 전화를 걸었다. "밤과 낮이 구별되는 것 같아요." 폭발 사고 이후로 처음으로 그는 다시 정상적으로 잠을 잘 수 있었다.

마크 갤빈처럼 시력이 정상이면서 비24시 장애가 있는 사람들은 상황이 다르다. 마크는 어릴 적에는 잠을 잘 잤지만, 사춘기에 들어서면서부터 문제가 생기기 시작했다. 처음에는 그저 밤에 잠이 잘 안 오는 수준이었다. "오후 10시에 잠이 드는 대신에 10시 15분에 잠이 드는 식이었어요." 그러나 아주 서서히 잠드는 시간이 점점 늦어졌다. 12세 무렵에는 자정이 되어서야 잠이 들 수 있었다. 그리고 15세 무렵에는 약 오전 2시로 늦추어졌다. 이 점은 문제를 일으켰다. 아침에 학교에 가야 했기 때문이다. 그래서 그는 점점 잠을 덜 잘 수밖에 없었다. 설상가상으로 마크는 새 학교로 전학을 갔는데, 지각하지 않으려면 오전 6시 45분에 버스를 타야 했다.

그는 점점 늦게까지 잠을 자게 되면서 지각하는 일이 잦아지기 시작했고, 늘 피곤에 찌든 탓에 성적도 내리막을 타기 시작했다. "이런 말을 수도 없이 들었죠. '더 잘할 수 있는데, 왜 노력을 안 하는 거니?' '모두 다 일찍 일어나는데, 너만 왜 그러니?'"

GCSE(영국 중등교육 자격시험)는 어려웠지만, 그는 A등급을 받기 위해 열심히 공부하기 시작했다. 그는 아직 천체물리학을 전공할 마음을 품고 있었다. 이 무렵에 마크는 오전 5시 전에 자기 위해 무척 애를 쓰고 있었고, 2시간도 못 자고 일어나야 할 때가 많았다. "이 무렵부터 잠을 아예 자지 않기 시작했어요. 아침에 못 일어날 것 같아서요."

사춘기에는 잠드는 시간이 점점 늦어지기 마련이지만(그리고 중년의 끝자락부터 노년에는 거꾸로 잠드는 시간이 점점 더 앞당겨진다) 마크의 사례는 극단적이었다. 사춘기는 청소년의 수면 시각에 변화를 촉발하는 듯하며, 대개 약 2시간까지 늦추어진다. 따라서 정상적인 청소년에게 오전 7시에 일어나라는 것은 중년의 어른에게 새벽 5시에 일어나라는 것과 비슷하다.

스마트폰과 컴퓨터 화면의 빛에 노출되면 문제가 더 악화될 수 있다. 저녁에 빛에 노출되면 마스터 시계가 더욱 늦추어질 것이기 때문이다. 청소년들이 더 늦게까지 졸음을 느끼지 못한다는 뜻이다. 그러나 청소년의 이 야행성은 전 세계적으로 관찰된다. 전기가 아예 들어오지 않는 동네에서도 정도가 약하긴 하지만 야행성은 분명히 나타난다. 청소년은 최적 수면 구간이 더 늦추어질 뿐 아니라, 잠을 유도하는 항상성 압력(뇌에서 수면 유도 물질이 쌓이는 것)도 더 서서히 쌓이기 때문에 더 멀뚱멀뚱한 상태를 유지하기 쉽다.

청소년기는 뇌 발달에 매우 중요한 시기로 알려져 있다. 따라서 청소년은 어른보다 잠을 더 많이 자야 한다. 적정하다고 생각되는 수면 시간은 8시간 30분에서 9시간 30분 사이이다. 그런데 최근 미국국립수면재단의 여론 조사 결과를 보면, 십대 전반기에 있는 청소년 중 59퍼센트, 후반기에 있는 청소년 중 87퍼센트가 이보다 상당히 더 적게 자고 있었다. 적어도 등교해야 하는 전날 밤에는 그러했다.

수면 부족이 끼치는 해로운 효과들은 잘 규명되어 있다. 각성 수준, 작업 기억, 체계적인 사고, 시간 관리, 주의 집중 시간이 모두 지장을 받는다. 추상적인 추론과 창의성도 떨어진다. 만성 수면 부족에 시달리는 청소년은 성적이 나쁘고, 학교 출석률도 떨어지며, 도중에 탈락할 가능성이 큰 것으로 드러났다. 우울증, 불안, 자살 생각에 빠질 위험도 더 컸다. 게다가 마약이나 술을 가까이하는 등의 위험한 행동을 할 가능성도 컸다. 부모가 청소년에게 더 일찍 잠자리에 들도록 준비하고 — 그리고 어떻게든 재우면 — 그 자녀는 우울증과 자살 생각에 빠질 위험이 더 낮아진다는 연구 결과도 있다.

마크는 학교생활에 잘 적응하지 못했다. 결국 그는 대학에 진학하겠다는 생각을 아예 접고서, IT 분야에서 직장을 구했다. 그러나 지각하는 일이 잦아서 한 직장에서 오래 버티기가 어려웠다. 그러다가 20대 초에 수면 패턴이 다시 변했다. 이제는 단순히 늦추어지는 것이 아니라, 수면 구간이 매일 바뀌기 시작했다.

마크는 전화기를 꺼내어 수면 패턴을 기록하는 데 쓰는 앱을 켠다. 최근 몇 주와 몇 달에 걸쳐 어떻게 잠을 잤는지가 도표로 나와 있다. 대부분의 사람들은 매일 밤 대체로 동일한 시간에 잠을 자므로 수면 구간들이 거의 산뜻하게 줄지어 있는 반면, 마크의 수면 구간은 마치 계단처럼 화면 전체에 걸쳐서 대각선으로 펼쳐져 있다. 그는 매일 전날보다 한 시간쯤 더 늦게 자고 더 늦게 일어난다. 그는 자기 증상을 나머지 사회 전체와 자신이 다른 궤도에서 돌고 있다고 비유하곤 한다. 매달 양쪽 궤도가 나란히 정렬되는 며칠을 제외하고, 자신은 외로이 딴 궤도를 돈다는 것이다.

마크에게 마침내 해결의 돌파구가 찾아온 것은 스물여덟 살 때로, 그는 동네 병원의 접수대에서 일하고 있었다. 내과에 있는 친구가 학술 대회에 갔다가 수면무호흡증에 관한 발표를 들었다. 수면무호흡증은 잠자는 동안 호흡이 짧게 멈추곤 하는 증상이다. 그때 청중 한 명이 발표자에게 매일 밤 잠드는 시간이 늦추어지는 증상에 관해 물었다. 그러자 발표자가 비24시간 수면-각성 장애라고 대답했다.

그녀는 그 이야기를 마크에게 했고, 마크는 즉시 구글에서 그 용어를 검색했다. 일련의 관련 증상들이 죽 나왔다. "책을 펼치고서 주인공을 묘사한 대목을 죽 읽는다고 상상해 보세요. 머리카락은 어떻고, 무슨 옷을 입고 있고, 아침은 뭘 먹었는지 등등을 말이에요. 지난 15년 동안 내가 살면서 경험한 모든 것이 묘사되어 있었어요. 문제가 어떤 식으로 점점 악화되는지부터 오진 사례들에 이르기까지 다 나와 있었어요." 이 정보를 갖고서 마크는 일반의를 찾아갔다. 의사는 놀라더니 그를 전문의에게 보냈고, 전문의는 그를 수면 클리닉으로 보냈다. 30세의 나이에 마크는 비로소 비24시간 수면-각성 장애라는 진단을 받았다. "'넌 그냥 일어나기 싫은 거야', '넌 자러 가기 싫은 거야' 같은 말을 20년 동안 들은 뒤에야, 신경학자로부터 '이 병이 진짜 있네요'라는 말을 들으니까, 정말로 가슴을 꽉 막고 있던 것이 싹 내려가는 기분이었어요. 내가 미친 것도 아니고, 게으른 것도 아니라는 뜻이었으니까요."

시력이 정상인 사람에게 비24시간 수면-각성 장애가 나타나는 이유를 확실히 아는 사람은 아무도 없다. 어느 정도는 자초한 것일 수도 있다. 이 장애의 전문가인 매사추세츠주 보스턴의 브리검 여성병원의 신경과학자 스티븐 로클리Steven Lockley는 이렇게 말한다. "늦게까지 깨어 있고, 늦게까지 빛을 보고, 생체 시계를 점점 더 늦추다 보니 이런 무동조 행동이 촉발되는 거지요." 그러나 그들이 아직 알려지지 않은 어떤 특이한 생물학적 방식으로 빛에 민감할, 즉 마스터 시계가 빛에 유달리 민감할 가능성도 있다. 머리에 외상을 입거나, 고통이 심한 암 치료를 받은 뒤에 이런 증상이 나타났다는 사례도 몇 건 있다. 이는 비24시간 수면-각성 장애가 신체적인 원인에서 비롯될 가능성이 있음을 시사한다.

마크 같은 이들이 유달리 긴 시계추를 지니기 때문이라고 보는 이론도 있다. 시력이 정상이면서 비24시간 수면-각성 장애를 지닌 사람들을 조사했더니, 그들의 생체 시계가 24.5~25.5시간으로 작동하거나 이보다 더 긴 주기를 갖고 있는 듯했다. 비록 빛이 마스터 시계를 어느 정도까지 앞당기거나 늦출 수 있을지라도, 거기에는 한계가 있다. 긴 체내 리듬을 지닌 남세균이 22시간 주기에 적응하지 못하는 이유가 바로 그 때문이다.

☼

추 길이의 개인차는 사람들의 '크로노 타입chronotype', 즉 특정한 시간에 잠이 드는 타고난 성향과 관련되어 있다. 대개 사람들은 자신을 '종달새형'이나 '올빼미형'이라고 정의한다. 하지만 사실 크로노 타입은 그렇게 딱 부러지게 둘로 나뉘는 것이 아니다. 스펙트럼을 이루고 있기 때문이다. 극단적인 종달새형은 스스로 선택하도록 하면, 대개 오후 9시에서 9시 반 사이에 잠이 들어서 오전 5시 반에서 6시 사이에 일어날 것이다. 반면에 극단적인 올빼미형은 오전 3시에서 3시 반 사이에 잠이 들어서 오전 약 11시에서 11시 반 사이에 깰 것이다. 대다수의 사람들은 사실 '중간형'에 속한다. 오후 10시에서 자정 사이에 잠이 들고 오전 6시에서 8시 사이에 일어나는 쪽을 선호한다.

이런 선호 양상은 생애 초기에 발달한다고 알려져 있다. 최근에 만 두 살에서 네 살 사이의 아이들 중 27퍼센트가 아침형이고, 54퍼센트가 중간형이고, 19퍼센트가 저녁형이며, 어른들도 비율이 거의 비슷하다는 연구 결과가 나왔다.[9] 또 유전적 요소도 강하게 작용한다. 그래서 부모가 새벽까지 잠자리에 들고 싶어 하지 않는다면, 자녀가 저녁에 잠을 잘 자지 않으려 하더라도 그리 놀랄 필요가 없다.

한쪽 극단으로 훨씬 더 멀리까지 나아간 이들도 소수 있다. 수잰 밀른이 바로 그런 사람이다. 그녀는 수면 위상 지연 장애delayed sleep phase disorder, DSPD를 겪고 있다. 그녀는 오전 4시 이전에 잠이 든 기억이 거의 없다. 그래서 학창 시절과 성년기 초까지 그녀의 삶은 엉망진창이었다. 마크 갤빈처럼 그녀도 제시간에 일어나지 못할까 봐 너무 걱정한 나머지 아예 자지 않을 때가 많았다.

DSPD는 어떤 진단 기준을 사용하느냐에 따라서 인구의 0.2~10퍼센트에게 나타나며, 이 장애로 생기는 수면 부족은 심각한 결과를 일으킬 수 있다. 수잰은 여러 해 동안 일주일에 약 15~20시간밖에 못 잤다. 16세에 미혼모가 된 그녀는 아침 늦게까지 누워서 모자란 잠을 보충할 여유가 없었다. 아들 코너를 챙겨 학교에 보내고, 자신도 대학에 가거나 직장에 가야 했기 때문이다.

결국 만성 수면 부족 때문에 탈이 나고 말았다. 2012년에 일련의 감염 증세를 겪고 난 뒤에, 다리의 감각이 사라지기 시작했다. 의사들은 신경 장애라고 추측하긴 했지만, 원인을 콕 집어낼 수가 없었다. 그녀가 수면 문제가 있다고 말해 주기 전까지 말이다. 이윽고 그녀는 수면신경과 의사를 찾아가게 되었고, 의사는 진찰을 하자마자 DSPD라는 진단을 내렸다. 의사는 그녀의 몸이 더는 수면 부족을 감당할 수 없는 상태에 이르렀다고 했다.

이 스펙트럼의 반대쪽 끝에는 전진 수면 위상 장애advanced sleep phase disorder가 있다. 수잰 같은 사람들이 이제 졸음을 느끼기 시작하는 시간인 오전 4~5시에 잠에서 깨어나도록 프로그램화되어 있는 듯한 장애다. 이런 수면 패턴 성향을 부여하는 유전자 변이 중 일부가 밝혀져 왔는데, 초파리의 생체 리듬을 변형시킨 돌연변이들과 놀라울 만치 유사하다. 마이클 영의 연구실에서는 최근에 DSPD 환자들에게서 CRY1이라는 유전자 — 초파리와 사람 양쪽에게서 빛에 반응하여 생체 시계를 재설정하는 데 관여한다 — 의 특정한 돌연변이가 그 증상을 앓고 있는 사람들에게 공통적으로 나타난다는 것을 밝혀냈다. 그리고 그 돌연변이는 밤의 수면 시각을 2시간에서 2시간 반까지 늦춘다. 다른 돌연변이들도 있을 가능성이 높다. 그리고 극단적인 종달새형의 사례에서는 초파리를 일찍 깨어나게 하는 유전자의 돌연변이와 밀접한 유연관계에 있는 유전자의 돌연변이가 관여한다는 것이 드러났다.

어느 한쪽 극단에 놓여 있는 것 — 아니면 사실상 나이를 먹으면서 점점 더 일찍 일어나는 것 — 이 짜증을 불러일으킬지 모르지만, 사실 크로노 타입의 그런 다양성은 넓은 인간 사회 안에서는 유익할 수 있다. 데이비드 샘슨David Samson은 침팬지와 오랑우탄의 수면을 연구하다가 인간의 수면을 연구하는 쪽으로 방향을 튼 토론토 대학교의 인류학자다. 2016년에 그는 내셔널 지오그래픽의 연구비 지원을 받아서 탄자니아 북부에 사는 수렵채집 부족인 하드자족의 수면을 연구했다.

하드자족은 풀줄기로 지은 오두막 바닥에 동물의 가죽이나 천을 깔고 잠을 잔다. 오두막에서는 어른 한두 명과 자녀 몇 명이 함께 지낸다. 한 야영지에 어른 약 30명이 머물며, 그런 야영지가 대개 서너 개씩 가까이 붙어 있다.

그들의 야영지에 갔을 때 샘슨은 모두가 잠들어 있을 때 보초를 서는 사람이 아무도 없다는 사실을 알고 의아했다. 숲속에는 온갖 위험이 가득한 데도 말이다. 그는 개인마다 수면 선호 양상이 다르기 때문에, 보초를 설 필요가 없는 것이 아닐까 생각했다. 밤의 어느 시점에든 간에 적어도 누군가는 깨어 있다면, 경고를 보낼 수 있을 것이다. 이 가설을 검증하기 위해, 샘슨은 하드자족 어른 33명을 설득하여, 20일 동안 손목에 동작 감지기를 장착했다. 감지기를 통해서 그들이 자고 있는지 깨어 있는지를 추론할 수 있을 것이고, 그러면 그 집단의 수면 구조를 어느 정도 상세히 파악할 수 있을 터였다.

샘슨은 그래도 매일 몇 시간씩은 모두가 동시에 잠들어 있을 것이라고 예상했지만, 이 작은 공동체에서조차 그런 일은 매우 드물다는 것이 드러났다. 그는 그러한 사실에 큰 충격을 받았다고 고백한다. 확대 가족의 구성원이 함께 살아가기 때문에 야영지에서 나이의 범위가 넓었고, 그만큼 사람들의 수면 타이밍도 넓게 퍼져 있었다. 그래서 거의 언제나 누군가는 망을 서는 셈이었다.[10]

샘슨은 인간의 수명이 아주 긴 이유도 이 현상으로 설명할 수 있다고 본다. "잠이 거의 없는 조부모 가설이라고 부르죠." 과거에 연구자들은 사람이 생식 가능 연령이 지나고 나서도 꽤 오래 더 사는 이유가 조부모가 양육을 거들면서 집단의 생존에 이점을 제공하기 때문이라고 주장했다. 이제 여기에 이점을 하나 더 추가해야 할 것 같다. 조부모는 망까지 봐 준다고.

샘슨의 연구는 수면 장애가 있는 사람들에게 시사하는 바가 크다. 이 세상의 수잰 밀른과 마크 갤빈 같은 사람들 — 그리고 매일 새벽 네다섯 시에 어김없이 잠에서 깨고 마는 수없이 많은 노년의 사람들 — 이 실은 정상이라는 걸 의미하기 때문이다. 비정상은커녕 옛날이었다면 그들은 전체 사회 집단의 대단히 귀중한 일원으로 대우받았을 것이다.

2장

몸과 전기

✹

한나 킹과 벤 킹은 맞춤 주방과 욕실, 편안한 침대와 온수가 나오는 수도꼭지가 달린 커다란 현대적인 집에 산다. 차고에 말이 끄는 마차가 있고 그들의 옷차림이 좀 색다르긴 하지만, 미국의 여느 중산층 가정집과 크게 달라 보이지는 않는다. 해가 진 뒤에 그들의 집을 찾아가지만 않는다면 말이다.

구아미시파Old Order Amish의 일원인 한나와 벤은 '오르트눙Ordnung'이라는 율법을 따른다. 오르트눙은 '질서와 규율'을 가리키는 펜실베이니아 네덜란드계 용어로, 삶을 살아가는 방식을 개괄적으로 규정하고 있다. 오르트눙이 금지하는 것 중 하나는 전력망에 접속하는 것이다. 아미시파가 전기 자체에 반대해서가 아니다. 배터리를 써서 작업장에서 전동 공구를 작동시키거나, 재봉틀 같은 가정용품을 작동시키는 것은 허용된다. 한나는 그 재봉틀로 전통 조각보와 식구들의 옷을 짓는다. 옷은 모두 무늬가 없는 소박한 천으로 지으며, 단추도 달지 않는다. 너무 '현란하다'고 생각하기 때문이다. 또 그들은 태양전지판으로 배터리를 충전하며, 가스로 작동시키는 대형 냉장고도 있다.

아미시 가정이 전력망과 단절한 채 살아가는 이유는 그것이 현대의 '영국식' 세계와 거리를 두는 효과적인 방법이기 때문이다. 전력망에 연결되어 있지 않으므로, TV도 인터넷도 없다. 스마트폰 같은 전자기기도 없다. 아미시파는 그런 것들이 공동체를 조각내고 변화시킬 것이며, 신앙을 약화시킬 것이라고 우려한다.

또 그것은 밤에 전등이 없다는 의미이기도 하다. 대신에 한나의 집에서는 받침대에 올린 커다란 프로판 가스등을 쓴다. 바퀴를 굴려서 널찍한 주방과 거실 사이를 옮기면서 쓴다. 등에는 무늬가 나 있는 유리 갓이 씌워져 있고, 기린 인형이 하나 매달려 있다. 바깥이 어두워지면 식구들은 이 등의 불빛 아래서 요리를 하고 식사를 하며, 책을 읽거나 대화를 할 수 있다. 몇 년 전부터는 배터리로 작동하는 LED 랜턴도 쓰고 있다. 욕실에 가거나 침실처럼 집안의 불빛이 없는 곳에 들어갈 때 쓴다. 그전에는 호롱불이나 기름 램프를 썼다. 그렇긴 해도 일단 해가 지면, 대부분의 아미시 가정집은 미국의 평균 가정집보다 훨씬 어둡다.

다른 차이점들도 있다. 아미시파는 차량을 운전해서는 안 된다. 이 또한 공동체를 파괴할 수 있다고 우려하기 때문이다. 대신에 그들은 걷거나, 스쿠터를 발로 밀면서 타거나, 더 멀리 갈 때는 말을 마차에 맨 뒤 타고 간다. 많은 아미시 남성들은 야외에서 일한다. 31~50세의 남성 중 약 절반은 농사를 짓는다. 아내들은 대개 넓은 채소밭을 가꾼다. 또 에어컨이 없기에 여름에는 찌는 실내에 머무르기보다는 그늘을 찾아서 바깥으로 나온다. 그래서 아미시 사람들은 평균적으로 현대의 다른 사람들보다 훨씬 더 많은 시간을 실외에서 보낸다. 따라서 우리가 태양과 더 직접적인 관계를 맺을 때 삶이 어떤 모습일지를 알고 싶다면, 그들을 살펴보면 된다.

1800년대 초는 우리와 빛의 관계가 전환점을 맞이한 시기다. 그전까지 사람들은 밤을 전통적인 방식으로 경험했다. 난로 불빛 외에는 동물 기름 양초나 고래기름 램프의 깜박거리는 흐릿한 불빛만이 유일한 실내 광원이었다. 게다가 그런 광원을 쓸 여력이 없는 사람들이 많았기에, 널리 쓰이지도 못했다. 사람들은 어둠과 맞서고 이 미약한 광원을 보완할 혁신적인 해결책들을 제시했다. 레이스를 짜는 사람들은 불빛을 '키우기 위해' 물이 담긴 그릇 한가운데에 초를 놓았고, 영국 타인사이드 지역의 광부들은 광산에 들어갈 때 썩어 가는 생선이 담긴 양동이를 들고 갔다. 생물 발광 현상으로 생선에서 약하게 나는 빛을 이용하기 위해서였다.[1] 그렇게 해도, 그런 흐릿한 불빛 아래서 정밀 작업은 하기가 어려웠다. 겨울 몇 달 동안은 더욱 그러했다. 게다가 불 때문에 화재가 자주 일어났다. 볼 수 있을 만큼 환한 불빛을 얻기 위해 램프 수천 개를 켜놓아야 하는 공장에서는 특히 더 그랬다. 또 초기의 양초와 기름 램프는 냄새와 검댕이 많이 생겼고, 램프는 정기적으로 닦고 수리해야 계속 쓸 수 있었다.

첫 번째로 일어난 중대한 변화는 가스등의 도입이었다. 가스등의 연료는 코크스를 생산할 때 부산물로 나오는 것이었다. 코크스는 가정과 공장에서 널리 쓰이는 연료였는데, 커다란 화덕에서 석탄을 가열하여 휘발 성분을 날린 뒤 남은 덩어리였다.

1802년 혁신적인 개발 및 제조 기업인 볼턴 앤 와트Boulton and Watt는 버밍엄에 세운 증기 기관차를 만드는 소호 공장에 가스등을 설치했다. 가스등은 곧 다른 공장들에도 설치되면서 낮의 길이를 늘이고, 교대 근무제를 낳았다. 그럼으로써 생산성이 비약적으로 향상되었다. 가스등은 양초나 기름 램프보다 더 밝았고, 비용도 상당히 더 저렴했다.

1807년에 런던의 팰맬가에 최초의 가스 가로등이 설치되었다. 1820년경에는 런던에만 가스 가로등의 수가 4만 개가 넘었고, 그 가로등에 가스를 공급하기 위해 지하에 수백 킬로미터에 이르는 가스관이 깔렸고, 가스를 저장하는 대형 탱크도 50개가 설치되었다. 그리고 가로등을 점등하는 일을 하는 사람들도 고용되었다. 그들은 긴 장대에 달린 기름 램프를 써서 가로등에 불을 붙였다.

가스등이 점점 널리 쓰이면서, 저녁도 달라졌다. 적어도 가스관이 깔린 도시에서는. '나이트라이프nightlife'라는 단어는 1852년부터 쓰였다. 저녁이 환해지면서 카페와 극장이 성황을 이루었고, 윈도쇼핑이 신흥 중산층의 인기 있는 저녁 여가 활동이 되었다. 또 가스등 덕분에 밤에 거리를 돌아다니는 것이 더 안전해졌으며, 범죄율을 줄이는 데에도 기여했다.

로버트 루이스 스티븐슨은 1878년 「가스등 청원A Plea for Gas Lamps」이라는 글에서 이렇게 썼다.

> 가스등이 예리한 새들의 눈앞에 펼쳐지는 황혼을 내몰면서 도시에 처음으로 퍼져 나갈 때, 사교 활동과 육체적 쾌락 추구의 새로운 시대가 열렸다. ……인류와 그 저녁 모임은 더 이상 몇 킬로미터에 걸쳐 펼쳐지는 바다 안개에 휘둘리지 않았다. 해가 져도 더 이상 산책길은 텅 비지 않았다. 낮은 모두가 즐길 수 있도록 길어졌다. 도시인은 자체 별을 지니게 되었다. 유순하고 길들어진 별이었다.[2]

이런 가스등은 런던의 세인트제임스 공원이나 매사추세츠주 보스턴의 비콘힐처럼 대도시의 몇몇 구석에 아직도 서 있다. 가스등의 깜박거리는 따스한 불빛은 현대 LED 가로등의 차디찬 청백색광과 전혀 다르다.

1850년대에 등유가 발명되기 전까지, 시골의 소도시, 마을, 농가는 밤이면 깊은 어둠에 잠겨 있었다. 원유에서 증류한 등유의 수요 증가는 석유의 시대를 앞당기는 데 기여했다. 커다란 등유 램프는 양초 5~15개만큼 밝았고, 곧 등유 램프는 시골 가정에서 가을과 겨울에 저녁에 식구들이 옹기종기 모이는 구심점이 되었다. 사람들은 더 이상 저녁 시간을 어둠 속에서 보낼 필요가 없게 되었다. 이 값싸면서 더 밝은 불빛에 힘입어서 사람들은 늦게까지 책을 읽거나 바느질을 하거나 사교 활동을 하면서 시간을 보낼 수 있었었다. 그러나 이 불빛도 곧 나올 불빛에 비하면 약했다.

전기가 역사에 최초로 기록된 것은 고대 그리스까지 거슬러 올라간다. 기원전 585년경, 철학자 밀레투스의 탈레스는 호박을 털가죽으로 문지르면, 호박이 깃털 같은 가벼운 물체를 끌어당기기 시작한다는 것을 발견했다. 식초나 포도주 같은 산성 물질을 담은 토기 항아리와 쇠막대를 감싼 구리관으로 이루어진, 기원전 약 200년에 만들어진 원시적인 축전지가 바그다드 인근에서 발견되기도 했다. 이 축전지의 용도는 아직도 수수께끼로 남아 있다. 고고학자들은 전기 도금, 침술, 종교 상징물에 연결하여 건드리면 약간의 충격과 불빛을 반짝이는 용도로 쓰였을 수 있다는 가설들을 내놓았다.

이 수수께끼의 힘을 불빛을 만들어 내는 데 쓰게 된 것은 19세기에 들어서였다. 1802년 험프리 데이비Humphry Davy 경은 백금 필라멘트에 전류를 흐르게 하자 필라멘트가 잠시 불빛을 내뿜는 것을 발견했다. 그는 1809년에는 최초의 탄소아크등을 선보였다. 두 숯 막대 사이에 전류를 통과시키는 방식이었다. 두 숯 막대를 당겨서 떼어내면 그 사이에서 아크방전이 일어나면서 밝은 청백색광이 생겨났다. 가스등보다 훨씬 밝았다. 막대도 새하얗게 달아오르면서 불빛을 더했다.

하지만 숯 막대는 너무 빨리 타서 사라졌기에, 더 오래 가는 전도체 막대와 더 작고 신뢰할 수 있는 축전지를 만들 필요가 있었다. 1820년대에 데이비의 조수인 마이클 패러데이Michael Faraday의 발견으로 새로운 돌파구가 열렸다. 그는 쇠막대의 주위로 전류를 지나가게 하면 쇠막대가 자석으로 바뀔 수 있고, 자석을 전선 코일 주위로 움직이면 코일에서 전류가 생길 수 있다는 것을 발견했다. 발전기가 탄생한 것이다.

그러나 모든 사람이 탄소아크등에 열광한 것은 아니었다. 스티븐슨은 1878년 글에 이렇게도 썼다.

> 지금 파리에서는…… 새로운 종류의 도시 별이 밤에 빛나고 있다, 끔찍하고 섬뜩하면서 인간의 눈에 아주 불쾌한 별이. 바로 악몽의 램프다! 그런 불빛은 살인 사건과 공중 범죄 현장만을 비추거나, 정신병원의 복도만을 비추면서, 공포를 고조시키는 공포가 되어야 한다. 반면에 가스등은 한 번 보면 사랑에 빠지게 된다. 식사하기에 알맞은 따스하고 가정적인 불빛을 발한다.[3]

아크등은 가정에서 조명으로 쓰기에는 너무 강하다고 생각되었다. 그러나 데이비가 전류를 통과시키면 백금 필라멘트가 빛을 뿜어낸다는 것을 보인 이래로, 사람들은 이 '백열' 광원을 더 오래 유지할 방법을 찾아내려는 시도를 계속했다. 해결해야 할 문제가 기술적인 것만은 아니었다. 전등이 가정에 널리 쓰일 수 있으려면, 비용 대비 효율이 높고 사용하기 쉬워야 했다.

1878년 토머스 에디슨이 이 문제에 달려들었다. "천재는 1퍼센트의 영감과 99퍼센트의 노력으로 이루어진다"고 말한 것은 에디슨이었다. 또 그는 하룻밤에 3시간만 자도 충분하다고 자랑한 것으로 유명했다. 종종 낮잠을 자는 모습이 목격되곤 했지만. 한 지인은 그를 이렇게 평했다. "그의 잠자는 재능은 발명의 재능에 맞먹었다. 그는 어디든 언제든 무엇에 기대서든 잠을 잘 수 있었다."[4] 그가 밤에 3시간만 잤다고 해도 전혀 놀랄 일이 아닌 것이다.

현재 미국국립수면재단은 18~64세의 성인이 하룻밤에 7~9시간(65세 이상은 7~8시간)을 자야 한다고 조언하며, 으레 7시간(65세 이상은 5시간) 미만으로 자는 사람들은 건강과 안녕에 문제가 생길 위험이 있다고 말한다.

그러고 보면 에디슨의 가장 유명한 발명이 우리가 밤낮으로 일하고 사회 활동을 할 수 있도록 함으로써 우리가 자연적인 빛-어둠 주기와 맺은 관계를 훼손하는 데 핵심적인 기여를 했다고 해도 일리가 있어 보인다. 1879년 에디슨은 최초로 실용적인 백열전구를 시험하여 성공했고, 궁극적으로 값싼 전구를 대중에게 안긴 책임을 지게 되었다.

에디슨이 이 업적을 혼자서 이룬 것은 아니었다. 뉴욕 인근 멘로파크에 있던 그의 '발명 공장'에는 대장장이, 전기공, 기술자들이 우글거렸다. 수학자와 유리공도 있었다. 탄화시킨 면화 실을 꼬아서 만든 필라멘트를 유리관에 넣고 진공 상태로 만든 그의 전구는 마침내 불꽃을 지필 필요가 없이, 스위치를 올리는 것만으로 가정에 불빛을 안겨 줄 수 있었다. 또 조명이 켜진 방에서는 아이를 혼자 두어도 안전했고, 전구는 등유등이나 가스등보다 더 저렴했다.

에디슨이 발명한 뒤로 140년이 흐르는 동안, 전구는 전 세계로 퍼져 나가며 우리 삶의 방식을 바꾸어 왔다. 그리고 세계는 지금도 점점 더 밝아지고 있다. 최근의 인공위성 영상을 보면, 지구에서 인공조명을 받는 면적이 해마다 2퍼센트 이상씩 증가하고 있음을 알 수 있다.

우주에서 보면, 거미집처럼 뻗어가면서 군데군데 성운처럼 모여 있는 인공조명의 불빛은 천체의 거울상이라고 할 만하다. 하지만 이렇게 환하게 빛나는 지역에서는 진짜 별이 보이지 않는다. 오늘날 유럽인의 3분의 2와 미국인의 80퍼센트는 자기 동네에서 은하수를 볼 수 없다.

"어느 날 일어나니 웨일스의 푸른 들판과 언덕…… 아마존의 숲, 네팔의 산맥, 세계의 장엄한 강들을 볼 수 없다고 상상해 보라." 우주론과 문화를 연구하는 영국의 교수 니콜라스 캠피언Nicholas Campion의 말이다. "그런데 우리는 하늘을 바로 그렇게 해 왔고, 지금도 계속 그렇게 하면서 우리 삶을 빈곤하게 만들고 있다."[5]

전기 조명이 많은 혜택을 주는 것은 분명하지만, 거기엔 대가가 따른다. 밤하늘을 잃어버린 것도 그중 하나다. 그리고 우리 수면의 질이 떨어진 것도.

✺

도널드 페팃Donald Pettit은 국제우주정거장의 둥근 천장 아래 앉아 있다. 그의 카메라는 해넘이를 찍을 준비를 하고 있다. 어두컴컴한 대양 위를 지날 때 그는 뇌우의 번쩍이는 불빛과 아름답게 물결치는 북극광도 찍는다. 그러나 진짜 불빛 쇼는 대륙이 모습을 드러낼 때 시작된다. 잭슨 폴록이 형광색으로 칠한 캔버스마냥, 흩뿌려지고 죽죽 그어진 듯이 불빛들이 보이기 시작한다. 오렌지색 얼룩은 나트륨등이고, 청색 반점은 수은등이다. 더 백색에 가까운 청색의 빛 그물은 더 나중에 나온 LED등이다.

페팃은 국제우주정거장에서 1년 넘게 지내면서 지구 사진을 수천 장씩 찍어 왔다.[6] 지금은 그 사진들을 이어 붙여서 '밤의 도시들'이라는 전시 행사를 열 계획이다.[7] 빛 오염이 얼마나 심한지, 그리고 점점 늘어가는 LED 가로등 때문에 빛 오염이 얼마나 심해지고 있는지를 보여 주는 것이 목적이다.

도시의 전등은 원치 않는 방향으로도 광자를 흩뿌리며, 그중 일부는 우주로 향한다. 이 흩뿌려지는 빛은 운전자의 시야를 가리고, 야생 생물에게 재앙을 가져온다. 밤하늘에서 낮의 햇빛처럼 밝은 이 불빛에 홀려서, 곤충의 한살이는 교란되고, 철새는 이주 경로를 벗어나고, 나무는 더 늦은 가을까지 잎을 떨구지 않는다. 그리하여 그들의 수명은 더 짧아지기 십상이다.[8] 이런 인공태양은 꽃식물의 번식에도 영향을 미친다. 꽃가루를 옮기는 곤충들의 행동을 교란함으로써, 꽃봉오리가 벌어지고 닫히는 시간에 맞추지 못하게 만든다.[9]

인공 불빛은 우리의 수면에도 영향을 미친다. 2016년의 한 연구에 따르면, 빛 오염이 심한 지역에 사는 사람들은 밤에 더 어두컴컴한 지역에 사는 사람들보다 더 늦게 잠들고 더 늦게 일어난다고 한다. 또한 잠을 덜 자고, 낮에 더 피곤하고, 낮잠을 자도 개운치 않다고 느낀다.[10]

수세기 동안 잠은 수동적인 것이고 대체로 불필요한 것으로 여겨졌고, 사실 이런 태도는 지금까지 이어지고 있다. 2005년에 내놓은 책 『억만장자처럼 생각하라Think Like a Billionaire』에서 도널드 트럼프는 이렇게 조언한다. "필요 이상으로 자지 마라."[11] 자기는 하룻밤에 단지 서너 시간만 잔다면서 말이다.

하지만 수면 과학자들은 충분한 잠이 학습 능력, 문제 해결 능력, 감정 조절 능력에 대단히 중요하다는 데 점점 더 의견이 일치하고 있다. 거기에 타인의 감정을 읽는 능력도 포함된다. 사실 우리가 잠을 자는 방식이야말로 종으로서 우리가 성공을 거둔 근본 이유일지 모른다.[12] 우리는 정서적 능력에 힘입어서 협력하고 사회를 꾸려 나갈 수 있으며, 창의성과 학습 능력과 지식 습득 능력은 우리의 기술적 성취의 토대를 이룬다. 그리고 이 모든 능력은 잠이라는 토대 위에 서 있다.

사람의 잠은 90분 주기를 보이며, 각 주기 내에서 잠은 비렘non-REM, NREM수면과 렘REM수면으로 나뉜다. 밤의 전반기에는 비렘수면이 우세하며(비렘수면 자체는 또 얕은 비렘수면과 깊은 비렘수면으로 나뉜다), 후반기에는 렘수면이 대부분을 차지한다. 그래도 90분 주기마다 양쪽 수면이 다 나타나긴 한다.

수면의 정확한 목적이 무엇인지는 아직도 집중적으로 연구가 이루어지는 주제이지만, 비렘수면의 핵심 기능 중 하나는 뇌세포들 사이에 불필요한 연결을 솎아내는 것인 듯하다. 그리고 렘수면은 남은 연결을 강화하는 것으로 여겨진다.

신경과학자 매슈 워커Matthew Walker는 저서 『우리는 왜 잠을 자야 할까Why We Sleep』에서 이 두 수면 상태의 상호작용을 점토를 빚어서 조각상을 만드는 과정에 비유한다. 먼저 전혀 다듬지 않은 점토 덩어리에서 시작한다. 매일 밤 뇌가 처리해야 하는 기존 기억과 새 기억이 뒤섞인 덩어리에 해당한다. 밤의 전반기에는 비렘수면이 이 점토에서 한 움큼씩 큼지막하게 떼어낸다. 그사이에 짧게 나타나는 비렘수면은 남은 점토를 다듬으면서 기본 형태를 빚어낸다. 밤의 후반기에는 렘수면이 기본 모양을 더욱 뚜렷하게 다듬고 두드러지게 한다. 비렘수면은 조금씩만 손을 댈 뿐이다.

이 과정을 통해 우리의 기억은 조각되어 저장된다. 수면, 특히 밤의 전반기를 주도하는 깊은 비렘수면은 새로 습득한 기억을 굳히는 데 기여한다. 따라서 시험 기간에 집중적으로 공부를 할 때, 머릿속에 욱여넣은 지식을 간직하려면 비렘수면이 필요하다.

한편 밤의 후반기에는 자주 짧게 얕은 비렘수면이 강렬하게 왈칵 찾아오곤 한다. 길게 이어지는 렘수면을 중단시키곤 하는 이 파형을 수면 방추spindle라고 하는데, 최근에 습득한 기억을 장기 기억 저장소로 옮기는 데 관여하는 듯하다. 그럼으로써 학습 능력을 회복시키고 다음 날 새 지식을 받아들일 수 있도록 한다. 나이를 먹을수록 수면 방추가 나타나는 횟수는 점점 줄어든다. 나이를 먹을수록 새로운 것을 기억하는 능력이 떨어지는 이유를 설명하는 데 이 점이 도움이 될 수도 있다. 잠자는 동안 저장되는 것은 사실적인 지식만이 아니라, 공을 다루거나 자전거로 묘기를 부리는 법 등 신체 기술도 포함된다. 따라서 잠을 충분히 자는 것이야말로 운동선수들에게는 대단히 중요한 일이다. 이 주제는 9장에서 다시 다루기로 하자.

렘수면은 어떤 일을 할까? 렘수면은 꿈과 관련이 있는 수면 상태다. 여러 동물 연구는 렘수면 때 우리가 낮에 습득한 기억을 재연하는 것일 수도 있다고 본다. 렘수면의 기능 중 하나는 감정을 세밀하게 조율하는 것인 듯하다. 렘수면이 부족하면, 타인의 얼굴 표정과 몸짓 언어를 읽는 능력이 떨어지며, 공감하고 의사소통을 하는 능력도 줄어든다. 또 자기 자신의 감정을 조절하는 능력도 줄어든다. 연구자들이 건강한 젊은 성인들에게 비렘수면 때에는 푹 자도록 하고 렘수면 때에는 깨우는 식으로 렘수면을 선택적으로 없애자, 3일이 채 되기 전에 정신질환의 증후를 보이는 이들이 나타났다. 실제로는 없는 것들을 보고 듣기 시작했다. 또 그들은 편집증과 불안 증세도 보였다. 가뜩이나 올빼미형인 청소년들이 등교하러 아침 일찍 일어나야 해서 수면이 단축된다는 점을 생각하면 우려스러운 일이다(10장 '사회를 위한 시계' 참조). 그런 상황에서 가장 줄어드는 것은 렘수면이다.

렘수면은 기존에 저장된 기억의 목록과 새로 습득한 기억을 대조하는 일도 하고 있다. 창의적인 깨달음과 추상적인 연결은 렘수면 때 이루어지는 경향이 있으며, 그것이 바로 때로 잠을 잘 때 문제의 해결책이 떠오르곤 하는 이유다.

지적으로도 감정적으로도 적절히 능력을 발휘하면서 살아가려면, 이 모든 수면 유형들이 다 필요하다. 그리고 남들보다 잠을 좀 덜 자도 괜찮은 사람들이 있다는 것은 분명하지만, 늘 6시간 이내로 자도 충분하다고 생각한다면 자신을 속이는 것이다. 잠을 줄이면, 렘수면이 더 많이 줄어드는 경향이 있다. 그러나 잠이 얕게 들고 자주 깨는 식으로 잠이 토막 나면, 밤이 시작될 때 더 주류를 이루는 비렘수면도 줄어든다.

✹

빛 오염이 우리 수면에 안 좋은 영향을 미칠 수 있다는 점을 받아들여서, 미국의학협회는 기존의 수은등이나 나트륨등을 점점 대체하고 있는 LED 가로등에 관한 지침을 최근에 내놓았다. 기존의 가로등보다 사람들의 하루 주기 리듬에 5배나 더 큰 영향을 미친다고 추정되는 표준 청백색광 LED 가로등 대신에 더 따뜻한 색깔의 등을 설치하라고 조언한다. 또 침실로 반사되어 들어가는 빛을 줄일 수 있도록 갓을 씌우고, 가능하면 밝기를 조절할 수 있는 장치를 달라고도 제안한다.

이런 점들을 유념하기 시작한 시 당국도 있다. 뉴욕과 몬트리올은 표준 청백색 가로등을 설치하려는 계획을 바꾸어서 더 따뜻한 색조의 등을 택했다. 심지어 미네소타의 세인트폴은 시간, 날씨, 교통 상황 등에 맞추어서 색깔이나 밝기를 조절할 수 있는 가로등을 시험하고 있다.

한편 예전에 잉글랜드에서 에든버러로 가는 마차가 쉬어 가는 곳이었던 아담한 모팻Moffat 같은 소도시는 불빛이 아래로만 향하도록 가로등에 갓을 씌웠다. 그 덕분에 모팻은 유럽 최초로 '하늘이 컴컴한 도시'라는 별명을 얻었다.

나는 새로운 가로등이 어떻게 작동하는지 직접 보고자 모팻을 방문했다. 서리가 내린 10월 밤에 길을 걷고 있자니, 가로등이 빛을 뿜어내는 등대가 아니라 바늘구멍처럼 보였다. 그리고 큰길에서 벗어나자마자 금세 어두해졌다. 맑은 밤(스코틀랜드 남부에서는 아주 드물긴 하지만)에는 새까만 하늘에 은하수가 장엄하게 펼쳐진 광경이 보인다.

이런 조치들은 환영을 받지만, 우리 실내 공간의 조명을 어떻게 할 것인가라는 더 사적인 문제를 다루지는 않는다. 에디슨이 전구를 발명하기 전, 가정에서 가장 밝은 빛은 가스등이었다. 아미시 가정에서 쓰는 것과 같다. 그전에는 기름 램프와 초였다. 그렇다면 우리의 실내조명은 수면에 어떤 영향을 미칠까?

✺

내가 한나와 벤의 집에 도착한 것은 메모리얼 데이를 앞둔 금요일이었다. 또 한 명의 '영국인' 소녀 소냐가 함께 갔다(소냐는 미국인이지만, 아미시파는 모든 외부인을 '영국인'이라고 부른다). 소냐는 이 공동체를 대상으로 의학 연구를 하고 있는 정신의학 교수의 딸이다. 소냐는 나를 태워 주겠다고 아빠로부터 대형 픽업트럭의 차 열쇠를 받아내는 데 성공했다. 고등학교를 막 졸업한 그녀로서는 처음으로 독자적으로 장거리 자동차 여행을 할 기회였다. 우리는 도중에 실내 농산물 시장에 들러 한나를 태웠다. 한나는 그곳에서 치즈를 판다.

아미시파는 직접 운전하는 것을 금하지만, 얻어 타는 것은 허용한다. 한나는 트럭을 보자 기뻐했다. 주말을 더 생산적으로 보낼 수 있었기 때문이다. 그녀는 다음 날 아침에 열릴 알뜰시장에 가고 싶어서 미리 일정을 빼둔 상태였다. "같이 갈래요?"

한나는 알뜰시장에 가려면 아주 일찍 일어나야 한다고 했다. 적어도 우리 기준에서는 말이다. 그녀는 매일 아침 알람시계도 없이 오전 4시 45분에 일어난다. 밤에는 약 9시면 잠을 청한다.

아미시파의 기준으로 볼 때, 한나가 유달리 일찍 일어나는 것은 결코 아니다. 평균적으로 아미시파는 전기를 자유롭게 접할 수 있는 미국인들보다 잠들고 깨어나는 시각이 약 2시간 더 빠르다. 그들이 깨어서 활동하는 시간이 태양일에 더 맞추어져 있다는 의미다.

우리는 달걀 샌드위치로 후다닥 아침 식사를 한 뒤, 집을 떠나서 오전 5시 반에 알뜰시장이 열리는 주차장에 들어섰다. 말이 이끄는 검은 마차가 이미 몇 대 와 있었다. 밀짚모자에 무늬 없는 셔츠와 멜빵바지라는 아미시파 특유의 옷차림을 한 턱수염을 기른 남자는 벌써 불을 피워서 바비큐를 하고 있었다. 연기와 지글거리는 닭고기 냄새가 뒤섞여서 달콤하게 입맛을 자극했다. 발목까지 가린 드레스에, 검은 앞치마, 이마 한가운데로 가르마를 타고 말끔하게 핀을 꽂은 머리를 덮은 하얀 쓰개 차림의 여자들은 탁자에 놓인 헌 옷과 장신구를 뒤적거리고 있었다. 아미시파는 대개 대가족이므로 — 한나는 형제자매가 6명이지만, 10명인 가정도 드물지 않다 — 장난감, 아기 옷, 유모차, 세발자전거가 많이 보인다. 테두리가 넓은 검은 남성용 헌 모자는 5달러라고 적혀 있고, 플라스틱 식기도 많이 보인다.

장이 이렇게 일찍 서는 것은 어느 정도는 문화적인 관습일 수도 있다. 물론 아미시파 중에서도 늦게 자는 쪽을 선호할 이들이 분명히 있다. 플라스틱 식기를 잔뜩 늘어놓은 케이티 베일러도 그런 축에 속한다. 케이티는 남편이 5시에 일하러 나가기 때문에 매일 4시 반에 일어나지만, 그렇지 않을 때는 6시 반까지 누워 있다. "일찍 일어날 수 없어서가 아니에요. 그냥 늦잠 자는 걸 좋아해요." 6시 반까지 자는 것을 늦잠이라고 하다니 좀 어색하긴 하지만, 모든 것은 상대적이다. 최근의 한 조사에 따르면, 구아미시파 사람들 중에서는 이른 크로노 타입, 즉 '종달새형'이 3분의 2를 넘는다고 한다. 다른 일반 집단에서는 그 비율이 10~15퍼센트에 불과하다.[13]

일찍 잠자리에 들고 동이 트기 직전에 일어나는 이런 풍습은 역사가 깊다. 불교 승려는 아침에 해가 뜨는 쪽을 향해 손바닥을 들어 올려서 정맥이 비쳐 보이면, 일어날 때가 되었음을 알았다고 했다. 전등 없이 사는 사회들에서도 비슷한 패턴을 찾아볼 수 있다. 탄자니아의 하드자족, 나미비아의 산족, 볼리비아의 치마네족도 해가 진 뒤 몇 시간은 깨어 있지만, 비교적 일찍 잠자리에 들고 동이 트기 직전에 일어난다. 하룻밤 수면 시간은 평균 7.7시간이었다.[14]

이런 연구들은 흥미로운데, 빛과 우리의 달라진 관계가 수면에 어떻게 영향을 미치는지를 알려 줄 단서를 제공하기 때문이다. 산업화가 안 된 사회에 사는 이들은 우리보다 더 일찍 잠을 잘 뿐 아니라, 잠도 더 푹 자는 듯하다. 서양 국가들에서는 인구 중 10~30퍼센트가 만성 불면증에 시달리는 반면, 인터뷰에 참여한 하드자족 중에서는 겨우 1.5퍼센트, 산족 중에서는 2.5퍼센트만이 만성적으로 잠을 설치거나 제대로 못 잔다고 답했다. 두 집단의 언어에는 '불면증'에 해당하는 단어가 아예 없다.

소냐의 부친인 시어도어 포스톨래치와 그의 동료들은 구아미시파 가정의 조도 수준을 연구해 왔다. 조도는 어떤 표면에 닿는 빛의 양을 가리키는 럭스lux로 측정한다. 맑은 밤에 보름달의 조도는 대체로 0.1럭스에서 0.3럭스이며, 열대에서는 1럭스까지 나오기도 한다. 이 정도면 촛불과 비슷한 수준이다. 대다수의 아미시 가정은 저녁 시간의 평균 조도가 약 10럭스로, 전등을 켜는 집보다 조도가 적어도 3~5배 낮다.

또 연구진은 아미시파가 서양 국가들에 사는 대다수보다 낮에 햇빛에 노출되는 시간이 훨씬 더 많다는 것도 알았다. 우리는 낮 시간의 거의 90퍼센트를 실내에서 생활한다. 이 점은 중요한데, 밤과 낮 사이에 더 일정한 조명 조건에 노출될수록 하루 주기 리듬의 진폭 — 즉 우리 몸의 다양한 리듬들의 골과 마루 사이의 높이 차이 — 이 줄어들기 때문이다. 하루 주기 리듬의 그런 '편평화'는 수면 질 저하와 관련이 있으며, 우울증에서 치매에 이르기까지 다양한 질병들에서도 관찰된다(8장 '빛 치료' 참조).

여름에 아미시파는 낮에 평균 4,000럭스의 빛에 노출되는 반면, 영국인은 평균 587럭스에 노출된다. 아미시파도 겨울에는 낮에 밝기가 덜한 약 1,500럭스의 빛에 노출되지만, 주로 실내에서 생활하는 우리 영국인은 평균적으로 겨우 210럭스에 노출된다. 다시 말해, 깨어 있는 시간에 우리는 아미시파 사람들보다 약 7배 더 음침하게 지낸다.

그렇다고 해서 우리가 반드시 더 침울한 느낌을 받는 것은 아니다. 사람의 시각계는 그 자체로 놀랍긴 하지만, 조도를 판단하는 능력은 비교적 떨어지기 때문이다. 우리 사무실의 조명은 충분히 밝아 보일지 모르지만, 그것은 우리 시각계가 주변 환경에 적응해 있기 때문이다. 밤에 침실의 조명을 끄면 처음에는 아무것도 안 보이다가 곧 사물들을 명확히 구분할 수 있게 되는 것과 마찬가지다.

전형적인 사무실의 조도는 낮에 100~300럭스인 반면, 바깥은 설령 가장 흐리고 침울한 겨울날이라고 해도 그보다 10배는 더 밝다. 여름에 하늘에 해가 더 짱짱하고 구름이 전혀 없을 때는 100,000럭스까지 달하기도 한다.

서양의 우리는 낮에 해 질 녘에 해당하는 빛을 받으면서 지내다가, 해가 진 뒤에 조명을 켜서 그 수준의 빛을 유지한다. 심지어 밤에 조명을 켜 놓고 잠을 자는 사람도 있다. 또 도시민은 가로등에서 나오는 빛 오염에도 대처해야 하는 상황을 종종 접한다. 이는 인류가 진화한 명확히 정해진 빛과 어둠의 하루 주기로부터 크게 벗어난다.

밤에 더 밝은 빛에 노출되면 몇 가지 일이 일어난다. 생체 시계의 바늘이 늦추어지고 멜라토닌이 억제된다. 그 말은 더 늦게 피곤함을 느낀다는 뜻이다. 또 다음 날 아침에 알람시계가 우리를 깨울 때, 우리는 여전히 수면 상태에 있다. 그리고 전체적으로 우리는 잠을 덜 자게 된다. 또 이 말은 하루에 기분과 각성도가 가장 낮은 상태가 깨어 있을 때 나타난다는 의미다. 본래는 생물학적으로 동트기 직전인 잠을 자고 있을 때 나타나야 하는데 말이다.

밤의 조명이 하루 주기 리듬과 멜라토닌 억제에만 문제를 일으키는 것은 아니다. 우리의 하루 주기 리듬을 동조시키는 눈의 감광 세포는 각성도를 조절하는 뇌 영역과도 연결되어 있다. 밝은 빛은 뇌를 더 활동적인 상태로 놓는다. 말 그대로 우리를 깨어 있게 한다. 최근 한 연구에 따르면, 약한 청색광에 한 시간 동안 노출시키자, 사람들의 반응 시간(각성도의 척도)이 커피 2잔을 마셨을 때보다 더 높아졌다고 한다. 카페인과 빛을 조합하면, 반응 시간은 더 빨라졌다. 이는 낮에 밝은 빛에 노출시키기 위해서라면 희소식이 될 수 있겠지만, 밤에는 잠을 더욱 방해할 수 있다.

이것이 바로 잠자기 직전까지 전자 화면을 들여다보는 행동이 안 좋은 이유 중 하나다. 또 다른 연구에서는 종이책을 읽는 것에 비해, 전자책을 읽으면 잠이 드는 데 걸리는 시간이 더 늘어나고, 렘수면의 양이 줄어들고, 다음 날 아침에 더 피곤함을 느낀다는 결과가 나왔다.

해가 진 뒤 청색광을 자동적으로 걸러내는 앱을 설치하거나, 휴대전화나 태블릿의 밝기를 조정하면 도움이 될 수 있다. 그렇다고 해도, 대다수 수면 연구자는 잠들기 30분 전에 화면을 아예 치워 두라고 권한다. 그리고 할 수만 있다면 아예 몇 시간 전부터 치워 두는 편이 가장 낫다. 상대적으로 흐릿한 광원이라도 눈에 가까이 대고 있으면 멜라토닌을 억제할 수 있고, 따라서 수면에 지장을 줄 수 있기 때문이다.

밝은 빛은 다른 방식으로도 우리 몸에 영향을 미친다. 우리의 심장 박동수와 심부 체온을 높인다. 대개 이 둘은 밤에 가장 낮다. 빛에 노출됨으로써 이것들에 일어나는 변화가 비교적 짧고 작다고 할지라도, 밤마다 이 수치가 반복하여 솟구칠 때 장기적으로 어떤 결과가 나타날지는 아직 알지 못한다.

✹

빛, 특히 청색광이 멜라토닌을 억제하고 우리의 하루 주기 시계의 바늘을 옮길 수 있다는 것이 밝혀진 이래로, 저녁과 이른 밤에 아주 약한 빛에 노출되는 것만으로도 수면의 질이 영향을 받을 수 있음을 시사하는 증거들이 쌓여 왔다. 그러나 빛이 언제나 나쁜 것은 아니다. 낮에 밝은 빛을 쬐면 밤에 빛의 해로운 효과 중 일부를 상쇄시킬 수 있음을 — 또 더 직접적으로 우리의 기분과 각성도를 개선함을 — 시사하는 증거들도 늘어나고 있다.

그렇다면 아미시파를 본받아서 빛과의 더 전통적인 관계를 복원한다면 어떻게 될까?

콜로라도 볼더 대학교의 케네스 라이트Kenneth Wright는 현대의 조명 환경이 우리의 체내 시계에 어떻게 영향을 미치는지를 오래전부터 연구해 왔다. 2013년 여름에 그는 로키산맥에서 실험 대상자 8명을 일주일 동안 야영시키면서 수면에 어떤 변화가 일어나는지를 측정했다.[15] "야영은 이 현대의 조명 환경에서 벗어나서 자연광을 접하게 하는 확실한 방법이지요." 야영을 떠나기 전에 실험 참가자들은 평균 12시 반에 잠자리에 들어서 아침 8시에 일어났다. 그런데 야영을 끝낼 무렵에는 이 두 시각이 약 1.2시간 앞당겨졌다. 올빼미형인 사람들도 마찬가지였다. 그들은 일주일 동안 야영을 한 뒤에는 자신이 본래는 종달새형이었음이 분명하다고 생각하기 시작했다. 그들의 수면 시간은 의미 있다고 할 만큼 늘어나지 않았지만 — 적어도 여름에 그 실험을 하는 기간에는 그랬다 — 수면 패턴은 야외의 자연적인 빛-어둠 주기와 더 들어맞게 되었다. 또 저녁의 인공조명을 접하지 않게 되자 멜라토닌이 약 2시간 더 일찍 분비되기 시작했고, 깨어날 무렵에는 멜라토닌 생산이 멈춰 있었다. 원래 집에서는 깨어난 뒤로도 몇 시간 동안 더 생산되고 있었다. 라이트는 이 멜라토닌 잔류가 아침에 몽롱한 느낌에 기여하는 것이 아닐까 추측한다.

최근에 그는 겨울에 이 실험을 되풀이했다.[16] 이번 참가자들은 일주일 동안 야영한 뒤에 약 2.5시간 더 일찍 잠자리에 들었다. 그런데 깨어나는 시간은 거의 변화가 없었다. 즉 약 2.3시간을 더 잤다는 의미였다. 겨울 여행에 동행한 라이트는 이렇게 말한다. "사람들이 온기를 찾아서 더 일찍 텐트로 돌아가는 바람에, 잠잘 기회가 더 늘어난 것이라고 생각해요. 하루는 너무 추워서 캠프파이어조차 못했어요."

그러나 아미시파 사람들도 여름보다 겨울에 한 시간 더 자는 듯하다. 수면의 이 계절 차이가 왜 나타나는지, 아니 현대 사회에서 하듯이 그 차이를 무시할 때 어떤 일이 일어날지는 아직 불분명하다.

✹

라이트의 연구와 더 전통적인 사회를 관찰한 결과들에 영감을 얻어서, 나도 밤에 인공조명을 끊고 낮에 야외에서 더 많은 시간을 보내기로 결심했다. 그렇게 했을 때 내 건강과 안녕에 어떤 더 폭넓은 혜택이 있을지 알아보고 싶었다.

우리는 서리 대학교의 수면 연구자 데르크얀 데이크Derk-Jan Dijk와 나얀타라 산티Nayantara Santhi와 함께 이런 빛 노출 변화가 내 기분, 각성도와 수면에 미치는 효과를 어떤 식으로 측정할지 구상했다. 라이트의 야영 실험과 좀 비슷할 터였다. 브리스틀 중심가에서 업무를 보고 집안일도 하면서 바쁘게 지내면서 그렇게 해야 한다는 점이 다를 뿐이었다.

이 실험 전에 내 수면 패턴은 영국인에게 꽤 전형적인 형태였다. 나는 대개 오후 11시 반에서 자정 사이에 잠자리에 들었고, 아침 7시 반에 아이들이 깨워서 일어났다. 아이들은 인간 알람시계나 다름없었다. 다른 평균적인 영국인들에 비하면 꽤 푹 자는 편이었지만 — 영국 성인은 평균 11시 15분에 잠자리에 들고, 하룻밤에 겨우 6시간 35분을 잔다 — 아침에는 좀 몽롱하고 더 자고 싶은 기분을 느낄 때가 종종 있었다.

또 영국 성인들의 4분의 3이 그렇듯이, 잠자기 직전까지 으레 스마트폰을 살펴보는 안 좋은 습관을 지니고 있었다. 그럼으로써 청색광의 세례를 받음으로써 — 앞서 설명했듯이 — 멜라토닌을 억제하고 마스터 시계의 바늘을 더 늦춤으로써 스스로 잠들기 더 어렵게 하는 상황을 초래했다.

수면 연구실이라는 더 통제된 환경에서 더 큰 규모로 이루어진 실험들은 내 빛 노출 패턴을 바꾸면 더 이른 시간에 졸음을 느끼고 아침에 더 맑은 정신으로 깨어날 수 있을 거라고 시사했지만, 그런 혜택이 반드시 실제 삶에서 나타날 것이라는 의미는 아니었다. 네덜란드 흐로닝언 대학교의 시간생물학자 마레이케 호르데인Marijke Gordijn은 이렇게 말한다. "우리는 빛의 양을 달리하면서 이것이 생체 시계에 어떤 영향을 미치는지 살펴보는 실험을 많이 해 왔습니다. 그렇게 발견한 사항들을 사람들을 돕는 방향으로 적용하려면, 더 다양한 환경에서도 동일한 효과가 나타나는지 조사해야 합니다."

잠을 더 잘 자고 더 행복해질 거라고 미끼를 던졌지만, 식구들을 설득하는 데는 시간이 좀 걸렸다. 남편은 웬만하면 하지 말지 하는 표정이었고, 여섯 살 딸아이는 야영하는 것이나 다를 바 없다고 약속하며 마시멜로까지 주면서 꼬드기자 비로소 넘어왔다.

첫 주에는 낮에 가능한 햇빛에 최대한 노출될 수 있도록 모든 방법을 다 썼다. 책상을 남향으로 난 커다란 유리창 앞으로 옮겼고, 아이를 학교에 내려 준 뒤에는 주차장에서 걸었고, 점심은 야외에서 먹었고, 실내 운동을 실외 운동으로 바꾸었다. 다음 주에는 오후 6시 정각에 조명을 껐는데, 이건 요리를 어둠 속에서 해야 한다는 것을 뜻했다. 한겨울에 이 실험을 시작한 탓이었다. 저녁에는 컴퓨터와 스마트폰을 금했다. 부득이 필요할 때면 어쩔 수 없이 썼지만, 그럴 때도 청색광을 줄이기 위해서 '야간 모드' 상태로만 썼다. 셋째 주에는 첫째 주와 둘째 주의 조치를 하나로 합쳤다. 낮에는 최대한 밝은 빛 아래서, 밤에는 어둠 속에서 생활했다.

반응을 추적하기 위해, 나는 손목에 빛 노출, 활동, 수면에 관한 정보를 수집하는 장치를 찼다. 내 기분과 각성도를 기록하기 위해 일지를 쓰고 설문지를 채웠다. 또 반응 속도, 각성도, 기억력을 측정하는 여러 가지 온라인 검사도 했다. 그리고 각 주의 마지막 밤에는 어둠 속에 앉아서 시험관에 침을 뱉었다. 체내 시계의 표지인 멜라토닌 분비 시점을 파악하기 위해서였다. 이런 것이 바로 과학자답게 살아가는 방식이다.

매일 촛불 아래서 요리를 한다는 것은 정말 쉽지 않았다. 새해 전날 저녁, 우리는 촛불을 켜고 저녁 파티를 열었다. 친구들은 설익은 버거를 대접받았고, 당근을 잘게 써는 일은 위험천만했다. 업무 시간을 희생하면서까지 좀 일찍부터 음식을 준비하기 시작했고, 혹시 성냥을 엉뚱한 곳에 넣었을까 봐 걱정이 되어 계속 주머니를 뒤지기도 했다. 인공조명을 피하겠다는 다짐 때문에 사교 활동도 좀 힘들어지긴 했다.

어려운 문제들이 있었음에도, 나는 해가 진 뒤에 노출되는 불빛의 양을 상당히 줄였고, 그 결과 몇 가지 흥미로운 발견을 했다. '암흑 주간' 동안, 오후 6시에서 자정까지 우리 집의 평균 조도는 0.5럭스였다. 달빛보다 조금 더 밝은 수준이다. 촛불은 책을 읽고, 크리스마스 카드를 쓰고 사교 활동을 하는 데 충분했다. 그리고 저녁 식사 준비를 좀 더 수월하게 하기 위해서, 우리는 결국 조리대 옆에 밝기와 색깔을 조절할 수 있는 전구를 하나 설치했다.

그리고 일단 적응하고 나자, 우리는 인공조명 없이 살아가는 것이 매우 즐겁다는 사실을 알아차렸다. 촛불은 컴컴한 겨울 저녁에 더 아늑한 느낌을 주었고, 대화도 더 자유롭게 흐르는 듯했다. 그전까지는 습관적으로 텔레비전을 켜곤 했지만, 이제는 보드게임 같은 사교 활동으로 관심을 돌렸다. 이 새로운 생활방식에 우리가 열광하는 것을 보고는 친구들도 한번 접해 보고 싶어서 저녁에 우리 집에 들르기 시작했다. 그들은 따스한 흐린 불빛 아래 있으니까 정말로 편한 느낌이라고 했다. 새해 전날 밤에 우리는 먹고 마시고 떠들며 요란을 떠는 대신, 어둠 속에 앉아서 보드게임을 하며 놀았다. 아이들도 저녁에 이전보다 더 차분해지는 것 같았다.

낮에 야외에서 더 많은 시간을 보내다 보니 또 한 가지 깨달음을 얻었다. 처음에는 겨울이라서 바깥이 춥고 괴로울 것이라는 생각에서 벗어나기가 어려웠지만, 한 스웨덴 친구가 늘 하던 말이 떠올랐다. "나쁜 날씨 같은 건 없어. 옷을 제대로 안 입은 게 문제지." 그리고 곧 나는 야외가 겉보기만큼 나쁘지 않다는 것을 깨달았다. 사실 바깥으로 더 나갈수록, 겨울에 외출하는 것을 점점 더 귀찮은 일이 아니라 큰 기쁨으로 생각하게 되었다.

겨울을 대하는 내 태도는 바뀌기 시작했다. 나는 장미 열매에 맺힌 하얀 서리의 아름다움, 12월의 맑은 아침에 맞이한 텅 빈 공원의 고요함, 풀잎에 맺힌 얼음 결정에 부딪혀서 반짝이는 햇빛과 길게 드리워진 그림자 같은 것들에 사로잡혔다.

그러던 어느 날 아침, 나는 차 한 잔을 들고 공원으로 향했다. 차가운 벤치에 앉아서 그날 해야 할 일들의 목록을 적었다. 광도계를 꺼내어 재니, 구름 한 점 없는 맑은 여름날에 나올 법한 값과 별반 차이가 없었다. 그리고 나서 실내로 돌아와 내 사무실 한가운데에서 광도계를 꺼내 재보았다. 무려 600배나 더 흐렸다.

영국 고용주들은 안전하면서 건강에 해롭지 않은 조명을 제공할 의무가 있지만, 아직은 우리의 하루 주기 체계에 끼칠 영향까지 고려하지는 않는다. 영국 보건안전청은 일반 사무실에는 평균 조도를 200럭스로 하라고 권장하지만, 대다수 공장을 비롯하여 세세한 부분까지 지각할 필요가 없는 일에는 100럭스면 된다고 여긴다.[17] 최근의 한 연구에 따르면, 미국 성인들이 깨어 있는 시간의 절반 이상을 이보다 더 흐린 조명 아래에서 보내며, 야외 불빛에 상응하는 곳에서 보내는 시간은 약 10분의 1에 불과하다.

그런데 내가 나와 내 가족을 대상으로 실험을 벌인 결과로 내 잠과 정신적 능력에 뭔가 조금이라도 변화가 일어났을까? 일단 전반적으로 잠을 청하는 시간이 빨라졌다. 12월이라 모임이 많아서 졸음을 참아 가며 늦은 시간까지 깨어 있어야 하는 경우도 많았지만 말이다. 솔직히 생체 시계에 따라 생활한다는 것은 실험실 연구에서 하듯이 그리 쉽게 할 수 있는 일이 아니다. 아마 이 때문이겠지만, 내가 매일 밤 취한 수면의 총량은 정상적인 생활을 한 주와 실험을 한 주 사이에 그다지 차이가 없었다.

그런데도 검사는 유의미한 결과를 보였다. 라이트의 야영 연구 실험 참여자들과 마찬가지로, 인공조명을 멀리하고 낮에 더 많은 햇빛에 노출하자, 내 몸이 약 한 시간 반에서 두 시간 일찍 어둠의 호르몬이라 불리는 멜라토닌을 분비하기 시작한 것이다. 또 나는 잠자리에 들 때쯤에는 더 피곤함을 느꼈다.

내가 수면 측정값과 낮에 쬔 빛의 양 사이에 어떤 상관관계가 있는지 조사했더니, 또 한 가지 흥미로운 패턴이 나타났다. 날이 밝을수록, 나는 더 일찍 잠자리에 들었다. 그리고 낮에 쬔 빛의 평균 밝기가 100럭스 증가할 때마다, 내 수면 효율이 거의 1퍼센트씩 증가하고 수면 시간도 10분씩 늘어났다.

이런 패턴은 나의 실험보다 더 규모가 크고 더 잘 통제된 조건에서 이루어진 연구들에서도 관찰된 바 있다. 미국 연방조달청은 미국에서 가장 넓은 면적의 부동산을 소유하고 있다. 이 조직의 관리자들은 빌딩에 햇빛이 더 잘 들어오도록 설계하면, 그 안에서 일하는 사람들의 건강에 어떤 차이가 나타날지 알아보고 싶었다. 그래서 뉴욕주 트로이시에 있는 조명연구센터의 마리아나 피게이로Mariana Figueiro와 함께 연방조달청 빌딩 중 네 개의 빌딩에서 일하는 직원들의 수면과 기분 패턴을 조사했다. 그 가운데 세 곳은 햇빛을 고려하여 설계된 곳이었고, 나머지 한 곳은 그렇지 못했다.

처음에 조사 자료를 살펴보았을 때는 좀 실망스러웠다. 햇빛을 더 많이 비치게 하려고 애썼음에도, 많은 연방조달청 직원들이 여전히 햇빛을 그다지 접하지 못하면서 지내고 있었다. 유리창 쪽은 밝았지만, 유리창에서 1미터만 떨어져도 햇빛을 거의 접할 수 없었다. 칸막이가 곳곳에 설치되어 있었고, 햇빛을 막기 위해 사람들이 블라인드를 내리곤 했기에 더욱 그랬다.

그러나 피게이로가 낮에 하루 주기 리듬을 활성화하기에 충분할 만큼 밝거나 청색광이 많이 섞인 빛 — 강한 하루 주기 자극 — 을 많이 받은 집단과 약한 자극을 받은 집단을 비교하자, 전자가 후자보다 밤에 잠이 드는 데 걸리는 시간이 더 짧고 더 오래 잔다는 것이 드러났다. 아침의 밝은 햇빛이 유달리 효과가 강했다. 아침 8시부터 정오 사이에 밝은 햇빛을 쬐었던 사람들은 밤에 잠이 드는 데 평균 18분이 걸린 반면, 햇빛에 노출된 시간이 적었던 사람들은 평균 45분이 걸렸다. 또 전자는 수면 시간이 약 20분 더 길었고, 잠도 더 푹 잤다. 이 상관관계는 출근 시간에 자연광을 쬘 기회가 더 적어지는 겨울에 더 강하게 나타났다.[18]

한편 호르데인은 최근에 더 엄격하게 통제된 실험실 조건에서 낮의 햇빛이 수면 구조에 미치는 영향을 조사했고, 그로부터 낮에 햇빛을 쬐면 아침에 상쾌한 기분을 느끼게 해 주는 깊은 수면

이 늘어나고 자다가 깨는 일이 줄어든다는 사실을 밝혀냈다.[19]

낮의 햇빛에 몸을 노출하는 것은 단지 수면에만 영향을 미치는 것이 아니다. 실험을 한 3주 내내 나는 아침에 깨어날 때 평소보다 정신이 더 초롱초롱했다. 낮에 더 밝은 빛을 쬔 2주 동안은 더욱 그랬다.

최근 독일에서 진행된 한 연구에서는 아침에 환한 빛을 쬐면 반응 속도가 더 빨라질 뿐 아니라, 온종일 더 높은 수준을 유지한다는 연구 결과가 나왔다. 그 이후에 밝은 빛을 접하지 못할 때도 마찬가지였다. 또 잠들기 전에 청색광에 노출되어도 생체 시계의 바늘이 더 늦추어지는 것도 막아 주었다.

이는 희소식이다. 저녁에 전등을 완전히 끄지 않고도 수면의 질을 개선하고 낮의 능률을 향상하는 혜택을 볼 수 있다는 얘기이기 때문이다. 단지 낮에 실외에서 더 많은 시간을 보내거나 낮에 실내조명을 더 밝게 하는 것만으로도 동일한 효과를 얻을 수 있음을 말해 주는 증거들이 쌓여 가고 있다. 이 연구를 수행한 디터 쿤츠Dieter Kunz는 이렇게 말한다.[20] “아이가 저녁에 계속 아이패드만 들여다보고 있어서 걱정스럽다고들 합니다. 아이가 낮 시간을 생물학적으로는 어둠 속에서 지낸 거나 다름없다면 그런 행위는 아이에게 정말 해로운 영향을 미칩니다. 하지만 낮 동안을 밝은 빛 속에서 보냈다면, 별로 문제가 안 될 수도 있어요.”

독일 함부르크의 한 학교 교사들은 교실의 조명 조건이 학업에 어떤 영향을 미칠지 조사하는 실험에 참가한 후 낮에 햇빛이

나 밝은 빛을 쬐면 학교 성적도 올라갈 수 있다는 사실을 알게 되었다. 색깔과 밝기 양쪽으로 낮의 햇빛에 더 가까운 조명을 켰을 때, 아이들은 집중력 검사에서 실수를 더 적게 했고, 책 읽는 속도도 35퍼센트나 빨라졌다.[21] 낮 시간에 청색광이 풍부한 조명을 켰더니 사무실 직원들의 주관적인 각성도, 집중력, 업무 능률, 기분이 더 향상되었다는 연구 결과도 있다. 그들은 잠도 더 푹 잤다고 했다.[22]

✹

조명의 관점에서 볼 때, 아미시파가 흥미로운 연구 대상이 되는 또 한 가지 이유가 있다. 한나 킹과 벤 킹이 사는 랭카스터 카운티는 대략 뉴욕, 마드리드, 베이징과 같은 위도대에 있다. 그런데 뉴욕 주민 중 계절 정동 장애seasonal affective disorder, SAD를 겪는 이들의 비율이 4.7퍼센트에 이르는 반면, 아미시파는 지금까지 조사한 백인 집단 중에서 이 비율이 가장 낮다.[23] 또 일반 우울증의 비율도 아주 낮다. 이것이 어느 정도는 '내맡김Gelassenheit', 즉 '신에게 순종하는' 문화 때문일 수도 있다. 기분이 좋지 않다는 것을 인정하는 것은 신이 베푼 것을 부정하는 배은망덕한 태도, 즉 자기 생각만 하는 태도라고 해석될 수 있기 때문이다.

그러나 그것은 그들이 빛과 맺은 관계와도 관련될 수 있다. 그들의 생체 시계가 태양일에 맞춰 단단히 정렬되어 있기 때문에,

잠에서 깰 무렵이면 아미시파 사람들의 생물학적 밤은 대부분 끝난 상태일 가능성이 크다. 설령 그들이 더 일찍 일어난다고 해도, 그들의 마스터 시계는 이미 낮 동안 기분과 각성도가 높아지도록 만드는 명령을 이미 내린 상태다. 그리고 그들은 걷거나 스쿠터를 밀면서 일하러 가고 전반적으로 야외에서 더 많은 시간을 보내기 때문에, 몸에 남아서 졸음을 느끼게 할 수도 있는 잔류 멜라토닌이 밝은 빛에 사라진다.

또 다른 이유도 있을 수 있다. 뇌의 마스터 시계 및 각성 중추와 연결되어 있는 눈의 감광 세포들은 기분을 조절하는 뇌 영역들과도 이어져 있다. 이른 아침에 밝은 빛을 쬐는 것은 SAD를 치료하는 검증된 전략이며, 이렇게 하는 것이 일반 우울증에도 효과가 있다는 증거가 쌓여 가고 있다(8장 '빛 치료' 참조). 또 연방조달청 연구에서 아침에 강한 하루 주기 자극에 노출된 사람들은 스스로 평가한 우울한 정도가 더 낮았다.

다시 말해, 아침에 일찍 일어나고, 걷거나 스쿠터를 밀면서 일하러 가고, 낮에 더 많은 시간을 실외에서 보내는 행동들은 전부 아미시파 사람들에게 천연 항우울제를 제공하는 것이나 다름없는 것일 수 있다.

이는 나 자신의 실험 결과와도 들어맞는다. 깨어난 직후와 잠자리에 들기 직전에 나는 기분이 얼마나 좋은지 나쁜지를 평가하는 설문지를 작성했다. 그러자 평소보다 이 실험을 하는 동안에는 이른 아침에 기분이 훨씬 더 좋다는 것이 드러났다. 이른 아침의 몽롱한 느낌이 사라졌다. 더 활기와 의욕이 넘치고, 하루를 시작할 준비가 되었다는 느낌을 받았다. 이런 경험을 한 뒤로 나는 실외 운동을 하는 쪽으로 돌아섰고, 겨울이 되면 기대하는 것들까지 생겼다. 서리가 내린 맑은 날의 풍경과 해넘이의 장관이 특히 그랬다.

종합해 보면, 이런 결과들은 낮의 햇빛이 대단히 중요하다는 점을 역설한다. 또 실용적으로도 중요한 의미를 담고 있다. 비록 저녁 시간에 계속 촛불을 켜고 생활할 준비가 되어 있는 사람은 거의 없겠지만, 낮 시간에 실외에서 시간을 보내는 것을 삶 속에서 실천으로 옮길 수 있는 사람은 적지 않을 것이다.

3장

교대 근무

✷

토머스 에디슨은 이렇게 말한 바 있다. "수면의 총량을 줄이는 것들은 모두 인간 능력의 총량을 증가시킨다. 사실 사람이 굳이 잠을 자야 할 이유 같은 것은 전혀 없다."[1]

일주일 내내 24시간 일하는 것이 사회에 많은 혜택을 가져다준다는 것이 사실일지라도(그리고 값싸고 밝은 인공조명 덕분에 그렇게 하기가 훨씬 쉬워졌더라도), 에디슨은 마지막 대목에서 틀렸다. 만성 수면 부족은 치명적이기 때문이다.[2] 만성 수면 부족의 해로운 효과는 드러나기까지 몇 년이 걸리기도 하지만, 우리를 즉사시킬 만치 빠르고 심각하게 피해를 입힐 수도 있다.

영국의 교통사고 중 약 20퍼센트는 수면 부족과 관련이 있다고 추정되며, 영국 도로 안전 관련 자선 단체인 브레이크Brake에 따르면, 그런 사고는 다른 유형의 사고들에 비해 사망자나 중상자가 나올 가능성이 더 크다. 단 19시간만 잠을 자지 않아도(오전 7시

반에 침대에서 일어나 오전 2시 반에 파티 장소에서 나와 집으로 운전을 하는 경우처럼), 주의력은 영국과 웨일스의 음주 운전 기준에 걸리는 수준으로 떨어진다. 술 한 방울 입에 대지 않더라도 말이다.[3] 또 잠을 서너 시간만 자고 운전하면, 7시간을 푹 자고서 운전할 때보다 충돌 위험이 4배나 증가한다는 연구 결과도 있다.[4]

그러나 수면 부족은 거의 모든 생리학적 과정들에까지 촉수를 뻗친다. 수면 부족은 우리의 정서적 안정, 기억, 반응 속도에 영향을 미치고, 손과 눈의 조화로운 움직임, 논리적 추론과 민첩함에 영향을 미친다. 만성 수면 부족은 알츠하이머병, 암, 다양한 정신 질환의 전조일 때도 있다. 또 심장병, 비만, 당뇨병과도 관련이 있다. 남녀의 생식 호르몬 분비에도 영향을 미치며, 생식 능력을 떨어뜨릴 수도 있다.

이런 위험들은 어느 정도는 수면의 회복 기능이 지장을 받는 것과 관련이 있다. 즉 단순히 잠자는 시간이 줄어든 것 자체가 문제가 될 수도 있다. 그러나 이러한 질병들과 장애들 하나하나는 하루 주기 리듬의 교란과도 비슷한 관계를 맺고 있다. 그 리듬의 교란이 수면에만 영향을 미치는 것이 아니기 때문이다.

최근의 한 연구에서는 하룻밤에 5시간씩을 8일 동안 죽 잘 때와 날을 건너뛰면서 불규칙하게 잘 때 몸에 어떤 영향이 미칠지를 비교했다.[5] 양쪽 집단 모두 인슐린 호르몬에 더 둔감해졌고, 전신 염증 반응이 증가하면서, 제2형 당뇨병과 심장병에 걸릴 위험이 급상승했다. 그러나 이런 효과는 불규칙하게(따라서 하루 주기 리듬이 계속 어긋나게) 잠을 자는 집단 쪽에서 더 크게 나타났다. 그 집단이 인슐린 반응성 하락률과 염증 증가율이 2배 더 높았다.

하루 주기 리듬의 교란이 얼마나 해로운지를 보여 주는 가장 강력한 증거 중 일부는 교대 근무자들에 대한 조사에서 나온다. 야간 교대 근무를 하는 사람들은 매일 한 시간에서 네 시간가량 잠을 덜 잔다고 추정된다. 의사, 간호사, 조종사 같은 몇몇 야간 근무자들이 막중한 일을 하고 있다는 점을 생각하면, 이는 상당히 우려스러운 일이다. 그러나 그들은 다른 하루 주기 리듬들의 교란에도 시달린다.

교대 근무자들이 특히 위험하긴 하지만, 우리 중에서 자신의 하루 주기 리듬을 본래대로 정확히 유지하는 사람은 거의 없다. 밤에 환한 빛을 이용하면서 우리의 생체 시계는 늦추어지고 각성 패턴도 달라지면서, 우리는 더 늦게까지 깨어 있게 된다. 다음 날 아침에 같은 시간에 출근하거나 등교해야 함에도 그렇다. 그 결과 많은 이들은 몸이 아직 잠을 자야 한다고 생각하는 시각에 일어나고 있으며, 밀린 잠을 보충하겠다고 주말에 몰아서 잔다. 그 결과 우리의 빛 노출 양상은 다시금 바뀐다. 이런 행동이 해롭지 않은 양 보일지도 모르지만, 이런 일관성이 없는 행동으로 생기는 '사회적 시차증social jet lag'은 매주 시간대를 가로질러서 몇 차례 항공 여행을 하는 것과 비슷하다. 이런 일은 아주 흔하게 일어난다. '사회적 시차증'라는 용어를 창안한 뮌헨에 있는 루트비히 막시밀리안 대학교의 틸 뢰네베르크Till Roenneberg는 설문 조사를 통해 전 세계의 20만 명이 넘는 사람들의 수면 시각을 살펴보았다. 그는 우리 중 사회적 시차증을 겪지 않는 사람이 13퍼센트에 불과하다는 결론을 내렸다. 69퍼센트는 매주 적어도 한 시간의 사회적 시차증을 겪으며, 나머지는 2시간 이상이다.[6]

이런 값들은 단순히 숫자에 불과한 것이 아니다. 최근의 또 다른 연구에서는 매주 사회적 시차증을 한 시간 겪을 때마다 심혈관 질환에 걸릴 확률이 11퍼센트 증가하며, 기분도 더 안 좋아지고 더 피곤함을 느낀다는 결과가 나왔다. 또 매주 한 시간씩 사회적 시차증을 겪으면, 과체중이 될 확률이 3분의 1 늘어난다.[7] 그러니 사회적 시차증을 겪는 이들이 흡연과 음주를 더 많이 할 가능성이 높다고 해도 놀랄 필요가 없다.

뢰네베르크는 이렇게 말한다. "사회적 시차증을 더 겪을수록, 그만큼 더 뚱뚱해지고 더 멍해지고 더 침울해지고 더 아프게 됩니다."[8]

이러한 상황을 더 깊이 이해하고, 어떻게 하면 해결책을 찾을 수 있을지 알고 싶어서, 나는 거의 자연광과 격리된 채로 일해 온 한 사람과 이야기를 나누었다.

✹

잠수함에서 지내면 스트레스를 많이 받는다. 바깥에서는 바닷물이 엄청난 압력으로 짓누르고 있다. 물이 스며들 위험을 최소화하고자, 승조원들은 해치 몇 개를 통과해야 거주 공간에 들어갈 수 있다. 해치 때문에 생활하는 공간은 그만큼 줄어든다. 또한 에너지를 생산하는 원자로, 식수를 증류하고 공기를 정화하는 장치, 어뢰 같은 무기들, 승조원들이 물속에서 몇 달 동안 지내는 데 필요한 식량 등 온갖 장비가 공간을 잡아먹는다. 승조원들은 교대 근무를 하며, 따라서 어느 시점에든 간에 누군가는 자고 있다. 그 말은 잠자는 구역의 조명이 언제나 흐릿하게 켜져 있다는 뜻이다. 또 조종실도 잠망경 요원이 야간시를 유지할 수 있도록 늘 흐릿하다.

잠수함은 작고 비좁고 어둡다. 재순환시키는 공기에는 디젤유 냄새와 곰팡내가 섞여 있다. 잠수함 승조원들과 관계자들은 그냥 '배 냄새'라고 부른다. 잠망경 요원을 제외하고, 백 명 남짓한 승조원들은 이 비좁은 혹독한 환경에서 몇 달 동안 햇빛 한 번 못 보고 지내곤 한다.

의도한 곳에 도달하여 안전하다는 것이 확인되면, 승조원들이 가장 좋아하는 장면이 펼쳐진다. '강철 해변'으로 나가는 것이다. 해치를 열어젖히고 선체 밖으로 나가서 헤엄도 치고, 담배도 피우고, 바비큐도 해 먹는다. 함장이 이런 기회를 제공하면, 승조원들로부터 엄청난 인기를 얻을 수 있다. 미 해군의 잠수함 함장인 세스 버튼은 이렇게 말한다. "몹시 흥분해서 뛰쳐나오죠. 어린아이들 같아요. 하지만 선글라스를 꼭 써야 합니다. 승조원들은 햇빛을 전혀 못 보고 있었으니까요. 몸에 딱 달라붙은 짧은 수영복을 입고 나올 때 보면, 피부가 아주 창백해 보여요."[9]

바다 밑에서 지낼 때는 낮과 밤이라는 개념이 무의미하다. 햇빛이 전혀 없고, 모두가 교대 근무를 하므로, 우리가 으레 생활 패턴을 끊임없이 끼워 맞추려고 애쓰는 '정상적인' 사회가 아예 없다. 하지만 교대 근무는 수면과 건강 양쪽으로 심각한 문제를 일으킬 수 있다.

버튼이 입대할 당시, 미군의 잠수함은 18시간을 '하루'로 삼고 있었다. 즉 승조원들은 6시간은 근무를 서고, 6시간은 '비번' 상태에서 훈련과 휴식 등을 하면서 보냈다. 나머지 6시간은 잠을 잤다. 하루가 24시간마다 다시 시작되는 것이 아니라, 18시간마다 시작된다는 의미다. 몸은 이런 시간표에 적응할 수 없다. 몸은 24시간 리듬에 가까운 생체 시계에 따라 움직이기 시작하는 반면, 식사와 수면 기회는 매일 6시간씩 더 앞당겨져서 제공된다. 햇빛은 전혀 없지만, 식당에서 밝은 빛에 노출되기에 — 종종 잠을 자기 직전에 — 문제가 더 늘어난다. 시교차 상핵(마스터 시계)이 그것을 햇빛의 대용품으로 삼아서 째깍거리게 된다.

비좁은 공간에서 여러 사람들과 몇 달씩 함께 지내면서 받는 스트레스에 이 시간표에 따른 끊임없는 시차가 결합되면서, 승조원들은 밤에 잠을 푹 자기가 거의 불가능한 지경에 이르게 된다. 버튼은 처음 15년 동안 으레 하루에 겨우 4시간만 잤다고 주장한다. 늘 피곤하고 지친 상태였다. "일정표 때문에 잠을 충분히 잘 수가 없었죠. 아니 일관된 수면 패턴조차 지닐 수 없었어요. 본래 잠을 자야 할 시간에 깨어 있고, 깨어 있어야 할 시간에 잠을 자고 있었죠."

버튼의 업무 일정은 극단적이었지만, 그것이 빚어내는 하루 주기 리듬의 비동조 현상은 주간 근무와 야간 근무를 으레 번갈아 하거나 해외 출장을 자주 다니는 사람이 겪는 것과 비슷하다. 한 고장에 계속 머물러 있다고 해도, 늘 알람시계가 깨워야 일어나서 출근을 하고 주말에 몰아서 자는 사람들도 하루 주기 리듬의 어긋남, 즉 주변 환경의 시간과 체내 시간의 불일치를 얼마간 겪고 있을 가능성이 크다. 그 결과 건강에 문제가 생긴다.

승조원들이 잘 훈련되어 있고 숙면의 가치를 배운다고 해도, 충돌 같은 심각한 사고가 일어났을 때 수면 부족이 기여 요인임이 드러나곤 한다. 버튼은 말한다. "매우 유능한 사람이 나쁜 판단을 내릴 수 있습니다. 너무 피곤한 탓이죠."

버튼은 가혹한 일정, 수면 부족, 스트레스가 심한 환경 때문에 27세 때 가슴벽에 공격적인 암이 생겼다고 생각한다. 물론 전혀 확증된 바는 없지만, 설득력 있는 주장이다. 하루 주기 리듬의 정렬 불량과 교대 근무가 암과 관련이 있다는 증거가 점점 늘어나고 있다.

✺

유럽과 북아메리카의 인구 조사에 따르면, 일하는 사람 중 15~30퍼센트는 어떤 형태로든 교대 근무를 하고 있다. 그리고 일하는 유럽인 중 19퍼센트는 오후 10시에서 오전 5시 사이에 적어도 2시간은 일한다. 영국에서는 영국 전체 노동 인구의 12퍼센트에 이르는 약 320만 명의 노동자가 밤에 정기적으로 일을 하고 있으며, 그 수는 지난 5년 사이에 26만 명이 늘어났다.

야간 근무를 즐기는 사람이 아예 없지는 않을 것이다. 하지만 대다수의 사람들에게 야간 근무는 고역스러운 일이다. 언제나 같은 근무조에 속해서 같은 시간에 일한 뒤, 야간 근무가 끝나자마자 블라인드를 치고 잠에 빠져들 수만 있다면 그리 나쁘지 않다. 그러나 많은 교대 근무자는 아침에 자녀를 등교시켜야 하거나, 낮에 친구나 동료와 같이 시간을 보내고 싶어 한다. 설령 그렇지 않다고 해도, 아침 햇빛을 몇 분이라도 접하면 — 퇴근하다가 접할 수도 있다 — 생체 시계가 야간 근무에 적응하는 능력이 지장을 받거나 늦어질 수 있다.

야간 근무를 하는 사람 중 3분의 2 이상은 하루 주기 적응 양상을 전혀 보이지 않는다. 즉 몸이 자야 한다고 생각하는 시간에 활동하고 있다는 뜻이다. 또 컴컴해야 한다고 생각하는 시간에 환한 빛을 보고 있으며, 소화계가 쉬어야 한다고 생각하는 시간에 간식과 음식을 먹고 있으며, 그 뒤에 생체 시계가 몸을 주간 모드로 전환하라고 각성 신호를 보내고 있을 때 잠을 청한다는 뜻이다.

일주일에 하루나 이틀 밤을 불규칙하게 근무하거나 순환 교대 근무를 하는 사람은 적응하기가 더욱 어렵다. 생체 시계가 적응할 수 없기 때문이 아니다. 밤의 불빛이 시계의 바늘을 늦추고 아침의 불빛은 앞당긴다는 점을 떠올려 보라. 문제는 적응하는 데 시간이 걸린다는 데 있다. 대체로 뇌의 마스터 시계는 새로운 빛-어둠 시간표에 적응할 때 하루에 약 한두 시간씩 조정이 이루어진다. 주간 근무에서 야간 근무로 바꾸든, 새로운 시간대에 적응하든 마찬가지다. 이는 변화의 규모에 따라서, 완전히 적응하기까지 며칠 또는 심지어 몇 주가 걸릴 수도 있다는 의미다. '주변' 시계들, 즉 우리의 각 신체 기관과 조직에 있는 시계들이 저마다 적응하는 속도가 다르다는 점 때문에 문제는 더 복잡해진다. 또 몸이 예상하지 않고 있던 시간에 음식을 먹는 식의 행동 때문에, 어떤 시계는 더욱 교란될 수 있다. 따라서 주변 시계는 바깥세계와 동조하지 않게 될 뿐 아니라, 다른 생체 시계들과도 시간이 어긋날 수 있다.

빵 공장의 생산 라인을 상상해 보자. 제품이 제대로 나오려면, 각자 맡은 일들이 정해진 순서에 따라 진행되어야 한다. 조화를 이루어 진행되지 않는다면, 케이크 대신에 반지르르한 버찌색 반죽 위에 계란 부침이 놓여 있을 수도 있다.

몸도 마찬가지다. 음식에 든 지방이나 탄수화물의 대사 같은 복잡한 과정은 창자, 간, 췌장, 근육, 지방 조직에서 많은 과정이 조화롭게 진행됨으로써 이루어진다. 하루 주기 시계 덕분에 이런 기관과 조직 들은 음식의 도착 시간을 예상할 수 있고, 그래서 가능한 한 효율적으로 음식을 처리할 수 있다. 또 그 덕분에 각 조직과 기관 안에서 화학적 과정들이 한꺼번에 일어나는 대신에 적절한 순서에 따라 진행될 수 있다. 그런 조직과 기관 사이의 대화가 뒤엉키면, 일의 효율이 떨어지게 되고, 혈액에 든 포도당의 농도가 위험할 만치 높아지는 등의 문제가 생길 수 있다. 그 상태가 유지되면 제2형 당뇨병에 걸릴 수 있다. 췌장이 피에 든 포도당이 세포 안으로 들어가서 연료로 쓰일 수 있도록 하는 호르몬인 인슐린을 더는 충분히 생산하지 못하는 병이다. 따라서 혈액의 포도당 농도가 더욱 치솟게 된다. 시간이 흐르면, 이 포도당은 눈과 발의 혈관이나 신경 같은 조직을 손상시킬 수 있다. 증세가 더 심해지면 눈이 멀거나 다리를 절단해야 할 수도 있다.

최근 수십 년 사이에 잦은 교대 근무가 몇몇 우려되는 건강 문제들과 관련이 있다는 역학 연구들이 나오고 있다. 교대 근무자는 과체중이 되고 제2형 당뇨병에 걸릴 가능성이 크다. 심장병, 위궤양, 우울증에 걸릴 위험도 더 높다. 항공기 승무원들을 조사한 바에 따르면, 장거리 비행을 으레 하는 이들이 기억력에 문제가 있으며, 더 장기간 그런 일을 한 승조원은 사고 및 학습과 관련된 뇌 영역들이 의미 있는 수준으로 줄어들었다고 한다.[10] 동물 연구들은 그런 뇌 장애가 단순히 수면 부족의 결과가 아님을 보여 주었다. 하루 주기 체계의 교란은 생성되는 뉴런의 수를 줄인다. 평생 이루어지는 이 '신경 발생' 과정이 새로운 기억의 형성을 뒷받침한다고 여겨지는 데 말이다.[11]

최근의 또 한 연구는 야간 근무를 단 한 차례만 해도 소화계가 음식을 분해할 때 생성되는 화학 물질들의 하루 주기 리듬이 12시간씩이나 바뀐다는 것을 보여 주었다.[12] 이는 뇌의 마스터 시계가 약 2시간 정도밖에 조정되지 않았음에도, 창자, 간, 췌장의 시계는 대폭 조정되었다는 것을 시사한다. 이 소화의 '대사 산물' 중 트립토판과 키뉴레닌kynurenine은 흔히 만성 콩팥병과 관련이 있다.

장기 교대 근무는 특정한 암의 발달과도 관련이 있다. 유방암이 특히 그렇다. 이 연관성은 현재 코네티컷 대학교에 있는 리처드 G. 스티븐스Richard G. Stevens가 1987년에 처음으로 이론적으로 제시했다. 오래전부터 연구자들은 유방암이 소득 수준이 낮은 나라에서는 덜 생기고, 산업화한 나라일수록 더 발병률이 높은 이유를 추정해 왔다. 처음에 스티븐스와 동료 역학자들은 식단의 변화가 원인이라고 추정했지만, 대규모 연구를 통해서도 확증을 얻지 못하는 바람에 실패했다.

그러다가 어느 날 밤에 잠에서 깨어난 스티븐스는 아파트가 환한 것을 알아차렸다. 그 순간 '아하!" 하는 깨달음이 찾아왔다. "유리창으로 들어오는 불빛이 신문을 읽을 수 있을 만큼 밝다는 걸 알아차렸어요. 그 순간 깨달았습니다. '인공조명이구나. 그게 바로 산업화의 징표였어.'"[13]

여러 동물 연구들은 멜라토닌이 항암성을 지닐 수도 있음을 시사했다. 하루 주기 리듬 체계와 관계가 있는 것 말고도, 멜라토닌은 활성 산소, 즉 '자유 라디칼'을 제거하는 일도 돕는다. 활성 산소는 정상적인 대사 활동에서 생기며, DNA를 비롯한 세포 성분들을 손상시킬 수 있다. 밤에 으레 밝은 빛에 노출됨으로써 멜라토닌이 억제된다면, 암을 일으키는 돌연변이가 더 많이 발생할 가능성이 커 보인다.

사실 현재 스티븐스는 멜라토닌의 하루 주기 리듬을 유지하는 역할 쪽이 암과 더 관련이 깊다고 본다. 몇몇 유형의 유방암을 악화시키는 데 기여하는 에스트로겐을 비롯하여, 많은 호르몬은 밤과 낮에 분비량이 변동한다. 만일 멜라토닌의 분비가 억제된다면, 그 농도가 달라질 것이고, 그 결과로 종양의 증식 속도가 더 빨라질 수 있다. 실제로 임상 연구들은 건강한 여성보다 전이성 암에 걸린 여성의 멜라토닌 최고 농도가 더 낮으며, 종양이 클수록 멜라토닌 농도가 더 낮다는 것을 시사한다. 게다가 앞을 전혀 못 보는 여성들, 즉 밤에 불빛에 노출되어도 멜라토닌 분비가 영향을 받지 않는 여성들은 유방암 발병률이 더 낮은 듯하다.

그러나 여기에 관여하는 것이 멜라토닌만은 아니다. 이 호르몬을 생산하지 못하는 생쥐들을 연구하여 드러난 사실이다. 그 생쥐들은 정상인 생쥐들보다 교대 근무를 흉내 낸 빛-어둠 주기에 노출될 때 종양에 더 많이 걸렸다. 하루 주기 시계는 DNA 손상에 대한 몸의 반응을 제어하며, DNA 손상이 일어날 가능성이 가장 높은 낮 시간에 이런 감시와 수선 체계가 제대로 작동하지 않는다면, 암을 일으킬 돌연변이를 알아차리지 못해서 수선하지 않고 방치하는 상황이 벌어질 수 있다.

스티븐스가 유방암과 교대 근무의 연관성을 처음 제안한 뒤로

10년이 흐르는 동안, 그 이론을 뒷받침하는 여러 역학적 연구 결과들이 나왔다. 노르웨이 여성들을 대상으로 한 대규모 연구가 첫 번째였다. 1920년대부터 1980년까지 주로 상선에서 무선과 전신 교환원으로 일한 여성들이었다.[14] 처음에 연구진은 무선 주파수의 복사가 DNA에 영향을 미쳤을 가능성을 염두에 두었다. 그런데 분석을 해 보니, 장기간의 교대 근무와 그 뒤의 유방암 발생 사이에 상관관계가 있음이 드러났다.

미국에서 수행된 '간호사 건강 연구'도 같은 결과를 보였다. 여성에게 만성 질환을 일으키는 위험 요인들을 찾아내려는 노력 중에서 최대 규모로 이루어진 것 중 하나인 이 연구에서도 교대 근무와 유방암 — 그리고 잘록곧창자암과 자궁내막암 — 사이에 상관관계가 있음이 드러났다. 체중, 음주량, 운동 수준 같은 요인들을 다 감안한 결과였다. 또 교대 근무가 남성의 암, 특히 전립샘암 위험 증가와 관련이 있다는 연구 결과도 나왔다. 그리고 동물 연구들은 하루 주기 리듬이 교란된 생쥐에게서 종양이 더 빨리 자란다는 것을 시사했다.

2007년 국제암연구기관은 하루 주기 리듬을 교란시키는 교대 근무가 "사람에게 암을 일으킬 가능성"이 있다고 분류했다. 10개국의 과학자 24명이 구할 수 있는 역학적 증거들과 많은 동물 및 세포 실험 결과들을 검토한 끝에 내린 결론이었다. 그들은 이 결론에 한계가 있으며, 더 많은 연구가 필요하다고 — 특히 가장 해로운 유형의 교대 근무가 무엇인지를 파악하려면 — 단서를 달긴

했지만, 하루 주기 리듬의 교란과 암 사이에 관계가 있다는 증거가 '압도적'이라고 판단했다.

그 분류가 이루어진 지 2년 뒤, 덴마크 정부는 과거에 교대 근무를 한 적이 있으면서 유방암에 걸린 여성들에게 보상을 하기 시작했다. 그렇긴 해도, 교대 근무와 암의 관계는 아직 논란의 대상이다. 세스 버튼은 자신의 암이 하루를 18시간으로 정한 잠수함의 흐릿한 불빛 아래에서 근무하는 바람에 생긴 것인지 아닌지를 결코 알지 못할 것이다. 암이라는 진단을 받은 뒤, 그는 수술을 했다. 그리고 건강식품 예찬론자가 되었다. 그는 '밀싹을 많이' 먹고, 육류를 피한다. 또 그는 하루 주기 리듬에 관한 문헌들을 많이 읽으며, 수면을 우선시하는 습관을 들였다. 2018년 6월에 그는 암에서 해방된 지 19주년을 맞이했다.

이런 일을 겪었는데도 수술한 지 2년 뒤 그는 잠수함으로 돌아갔고, 지금은 함장이 되었다. 지위가 올라갈수록, 그는 수면과 하루 주기 리듬이 잠수함 승조원들의 수행 능력에 어떤 역할을 하는가라는 논의에 점점 더 참여하게 되었다. 2013년 그의 잠수함 스크랜튼호는 7개월 반에 걸친 작전 기간 동안 새로운 24시간 일정표에 따르는 해양 시험에 참가했다. 어긋난 하루 주기 리듬을 완화하면 수면과 각성도가 향상되는지 알아보는 시험이었다. 뉴욕주 트로이시에 있는 조명연구센터의 마리아나 피게이로도 승조원들을 조사하는 일원으로 참여했다. 그녀는 말한다. "반응 시간이 더 빨라지고 수면의 질도 나아졌어요."

버튼은 승조원들이 신체적으로도 달라 보이기 시작했다고 말한다. 체중이 빠지고 더 근육이 드러나기 시작했다는 것이다. 그는 승조원들이 잠을 더 자고, 기분이 더 좋아짐으로써 운동을 더 하게 된 결과라고 추측한다. 그러나 식사와 수면 등의 일상 활동들을 규칙적으로 하게 만듦으로써, 살이 빠지는 등 건강에 연쇄적인 효과가 나타난 것일 수 있다고 보는 해석도 있다.

✹

보스턴에 있는 브리검 여성병원의 수면 연구실은 수면 연구 시설 중 세계 최고에 속한다는 평판을 받고 있다. 병원 본관에서 통로를 따라 그쪽으로 갈 때 가장 먼저 알아차리게 되는 것은 바닥이 더 높아져 있다는 사실이다. 이 연구 공간은 다른 곳들보다 바닥이 더 두껍다. 일상생활에서 나는 진동을 통해 실험 참가자들이 하루 중 몇 시인지를 추측하지 못하도록 건물 자체로부터 떠 있는 형국이다. 참가자들이 밤과 낮을 보내는 공간에는 유리창이 전혀 없으며, 어떤 불빛도 들어가지 못하도록 그 안에 들어갈 때면 이중으로 된 문을 통과해야 한다. 연구원들은 "좋은 아침입니다"나 "저녁 맛있게 드셨어요" 같은 인사도, 날씨 이야기도 하지 말고, 선글라스도 쓰지 말라는 교육을 받는다. 즉 하루 중 몇 시인지를 알려 줄 단서를 제공하는 것들은 모두 금지된다. 실험 기간이 길 때는(지금까지 73일이 가장 길었다) 참가자에게 신문이 제공될 수도 있지만, 그 날짜에 나온 신문이 아니라 뒤죽박죽으로 섞어서 가져다준다. 친구와 가족에게서 온 편지들도 검열한다. 날짜가 얼마나 지났는지를 전혀 알 수 없도록, 필요하다면 편집도 한다.

교대 근무와 암의 관계를 조사하는 등의 역학적 연구가 지닌 여러 문제점 중 하나는 현실이 이러한 연구에 방해가 되어 결과에 영향을 미칠 수 있는 모든 요인을 통제하기가 불가능하다는 것이다. 그러나 수면 연구실이라는 고도로 통제된 환경에서는 그런 요인들 중 상당수를 제거할 수 있다. 브리검 여성병원에서 이루어지는 실험 중 하나는 강제 비동조forced desynchrony다. 실험 참가자들을 20시간이나 28시간으로 된 '하루'에 노출시켜서 체내 시간과 체외 시간을 일부러 어긋나게 만든 다음 이 하루 주기 리듬의 정렬 오류가 몸에 미치는 영향을 조사하는 것이다. 이런 연구를 통해서 수면 교란, 민첩성과 정신적 수행 능력의 감퇴가 하루 주기 리듬 비동조의 공통 증상임이 확인되었다. 현재 가장 중점적으로 연구하는 것은 대사와 심장 기능에 미치는 영향이다.

프랭크 시어Frank Scheer는 원래 시간생물학자가 될 생각이 없었지만, 대학에서 생물학을 전공하면서 사람의 뇌에 흥미를 갖게 되었다. 이어서 뇌에 마스터 시계가 있다는 것을 알게 되었고, 그것이 수면-각성 주기를 조절한다는 사실을 알고 매료되었다. 게다가 세포 수도 얼마 안 되는 덩어리였기에 시어는 시교차 상핵을 쉽게 다룰 수 있을 것으로 보았다. 그러나 몸 안에 시계가 많이 있으며, 각각이 음식 같은 것들을 통해서 서로 시간이 어긋나면서 자체 리듬을 생성할 수 있다는 사실이 밝혀지면서, 시어의 연구는 훨씬 더 복잡한 도전 과제가 되었다.

2009년에 그는 강제 비동조를 통해서 하루 주기 리듬이 어긋나면, 렙틴leptin이라는 호르몬에 어떤 일이 일어날지 연구하기 시작했다. 렙틴은 무언가를 먹었을 때 배가 꽉 찼다고 몸에 신호를 보내는 호르몬이다. 그는 건강한 자원자 10명을 대상으로 실험을 시작했는데, 겨우 10일 뒤에 3명이 당뇨병 전 단계에 해당하는 진단 기준을 충족시킬 만치 악화되었다. 그들은 인슐린에 둔감해졌고, 혈당 수치가 치솟았다. 또 렙틴 분비량이 줄어들어서, 식사를 한 뒤에도 배가 덜 부르다고 느꼈다. 게다가 혈압이 3mmHg만큼 올라갔다. 고혈압이 있는 사람에게는 임상적으로 의미가 있을 만한 수준이었다.[15]

이런 결과들은 버튼 선장의 승조원들이 잠을 더 잘 수 있게 되고, 먹고 자고 운동을 하는 것을 하루에 다 할 수 있게 되었을 때 살이 빠진 이유를 어느 정도 설명해 줄 수 있다. 또 수면 부족은 렙틴과 허기를 자극하는 그렐린ghrelin이라는 호르몬의 균형을 한쪽으로 기울인다는 것이 드러났다. 그 점은 우리가 피곤할 때 왜 더 먹고 싶어지고, 달고 짜고 탄수화물이 많은 덜 건강한 음식을 찾는 경향이 있는지를 설명하는 데 도움을 준다.

건강한 체중을 유지하는 차원을 넘어서 건강의 다양한 측면을 생각할 때, 무엇을 먹느냐만이 아니라, 언제 먹느냐도 중요함을 시사하는 증거들이 계속 쌓이고 있다. 그리고 이 점은 교대 근무

자만이 아니라 우리 모두에게 적용되는 것이다.

✸

거르다 팟Gerda Pot은 영양학자로서, 날마다 달라지는 사람들의 불규칙한 열량 섭취량이 건강에 장기적으로 어떤 영향을 미치는지를 연구한다. 그녀는 루틴을 엄격하게 지키는 자신의 할머니 해미 티머먼에게서 이 연구의 영감을 얻었다. 거르다의 할머니는 매일 아침은 7시, 점심은 12시 반, 저녁은 6시에 먹었다. 간식 시간마저 엄격하게 지켰다. 커피는 오전 11시 반, 차는 오후 3시에 마셨다. 할머니를 방문했을 때, 거르다는 늦잠을 자면 안 된다는 것을 곧 터득했다. "내가 오전 10시에 일어나면, 할머니는 아침을 먹은 것으로 쳐야 한다고 고집하셨죠. 그리고 우리는 1시간 반 뒤에 커피와 과자를 먹었어요."

세월이 흐르면서 거르다는 할머니가 루틴을 엄격하게 지킨 것이 거의 95세까지 정정하게 사시는 데 도움이 되었다고 확신하게 되었다. 할머니는 말년까지도 홀로 생활할 수 있었고, 스카이프를 쓰는 법도 배워서 거르다가 네덜란드를 떠나 런던으로 이사했을 때 영상 통화를 할 수 있었다. 거르다는 70세 이상의 5,000명이 넘는 사람들의 건강을 추적 조사하는 국가 조사 자료를 분석하여, 사람들이 무엇을 먹느냐만이 아니라, 매번 식사 때 먹는 양이 일정한가에 따라서도 건강에 차이가 나타난다는 것을 알아냈다.[16] 전반적으로 섭취 열량이 더 적다고 해도, 식사를 더 불규칙하게 하는 사람이 대사 증후군에 걸릴 위험이 더 높게 나타났다. 대사 증후군이란 고혈압, 고혈당, 허리 둘레의 과다 지방, 혈액의 비정상적인 지방과 콜레스테롤 수치 등 심혈관 질환과 제2형 당뇨병의 위험을 증가시키는 요인들을 가리킨다.

그러나 언제 식사를 하는지도 중요하다. 과학자들은 우리가 하루 중 언제인가에 따라서 음식에 반응하는 방식이 달라진다는 것을 오래전부터 알고 있었다. 과체중과 비만 상태인 여성들에게 3개월 동안 체중을 줄이는 다이어트를 시켰을 때, 아침 식사 때 가장 많은 열량을 먹는 이들이 아침을 적게 먹고 열량의 대부분을 저녁에 먹는 사람보다 체중이 2.5배 더 많이 빠졌다. 먹은 총열량은 똑같았는데도 말이다.[17]

많은 이들은 밤늦게 먹으면 체중이 더 불어나는 이유가 열량을 태울 기회가 더 적기 때문이라고 생각하지만, 사정은 그렇게 단순하지가 않다. 생체 시계가 음식과 어떻게 상호작용하는지를 연구하는 서리 대학교의 조너선 존스턴Jonathan Johnston은 이렇게 말한다. "사람들은 우리 몸이 잠잘 때 활동을 멈춘다고 생각하지만, 그렇지 않아요."[18]

우리가 음식을 대사하고 처리하는 방식은 하루에 걸쳐 시시때때로 달라진다. 그럴 만한 이유가 있다. "하루 중 일정한 시간에 음식을 먹으면, 대사 시계를 먹을 시점에 동조시키게 되지요. 가능한 한 효율적으로 음식을 처리할 수 있도록 말이죠." 존스턴의 말이다.

하루에 걸쳐서 달라지는 것 중 하나는 인슐린 호르몬에 대한 신체 조직의 민감성인데, 밤에는 인슐린에 더 내성을 띠게 된다. 인슐린은 우리 조직이 혈액에 든 포도당을 받아들이도록 자극하는 역할을 하므로, 하루 중 늦은 시간에 많은 음식을 먹으면 몸속을 도는 포도당 농도가 더 높아질 수 있다. 이런 일이 계속되면 대사증후군과 제2형 당뇨병에 걸릴 위험이 증가할 수 있다. 그러나 그것과 체중이 불어난다는 것은 다른 문제다. 몸이 쓰는 것보다 더 많은 열량을 섭취하면, 인슐린 민감성이 하루에 얼마나 달라지든 간에, 조직은 결국 그 열량 중 일부를 지방으로 저장할 것이다.

또 하루 중 늦게 섭취한 음식에 비해 아침에 섭취한 음식은 처리하는 데 에너지가 더 들어서, 더 일찍 먹을수록 열량을 좀 더 소비하는 듯하다. 그러나 이것이 전체 체중에 얼마나 차이를 빚어낼지는 아직 불분명하다. 따라서 현재로서는 아침을 왕처럼, 점심을 왕자처럼, 저녁을 거지처럼 먹는 것이 아마 더 건강한 식습관일 듯하다. 그러나 아직 우리는 그 이유를 완전히 이해하지는 못한 상태다.

따라서 생체 시계의 타이밍이 음식에 대한 우리의 반응에 영향을 미치지만, 이 작용은 거꾸로도 일어난다. 존스턴은 식사하는 시간이 우리 생체 시계의 타이밍도 조정할 수 있다는 것을 발견했다. 하지만 모든 시계는 아니다. 식사 시간이 바뀌면 뇌의 마스터 시계는 그대로 있으면서 대사 리듬이 바뀐다.[19] 이는 식사 시간이 몸에서 대사를 맡은 조직 — 아마도 간, 지방, 근육 — 의 시계를 재설정할 수 있음을 시사한다. 그 말은 불규칙한 식사 시간이 하루 주기 리듬을 어긋나게 하는 또 한 가지 원천임을 의미한다.

불규칙한 시간에 불규칙한 양을 먹을 때 영향을 받는 것이 대사만은 아니다. 하루 주기 리듬이 본래 섬세하게 균형을 이루고 있다는 것은 한 영역의 교란이 다른 영역들에 예기치 않은 영향을 미칠 수도 있다는 뜻이다. 과학자들은, 보통 잠잘 시간인 낮에 먹이를 먹인 생쥐들이 밤에 먹이를 준 생쥐들에 비해 자외선에 입은 피부 손상이 더 오래간다는 것을 알아냈다. 피부의 시계가 조정되는 바람에, 중요한 DNA 수선 효소들이 이제 비정상적인 시간에 생산되기 때문이다.[20]

전혀 예상하지 못했던 시간에 일어나면 체내의 시계들을 어긋나게 할 수 있는 다른 요인들이 있을 수 있다. 이를테면 운동 같은 것들이다. 잠자기 직전에 달리기 같은 격렬한 운동을 하면, 아드레날린과 코르티솔 농도가 올라가서 각성도가 높아지기 때문에 잠이 방해를 받는다. 그러나 동물 연구들은 대개 잠을 자고 있거나 잠잘 준비를 하는 시간처럼 예기치 않은 시간에 운동을 하면 뇌의 마스터 시계는 그대로 있으면서 근육, 허파, 간의 시계만이 조정된다는 것을 시사한다.

이런 연구들이 말하는 바는 명확하다. 정기적으로 시간대를 가로지르는 비행기를 타거나 야간 교대 근무를 하지 않아도 체내 시계들은 교란될 수 있으며, 따라서 건강에 피해가 갈 수 있다는 것이다. 규칙적으로 생활한다면 — 밤에 더 일찍 잠자리에 들고, 저녁에 불빛 노출을 줄이고, 낮에 야외에 나가도록 애쓰면 — 자신이 보고 느끼는 방식에 가시적인 혜택을 볼 수 있다는 뜻이기도 하다. 그리고 해미 티머먼처럼 노년에 우아하게 살아갈 확률을 높인다는 의미도 될 수 있다.

교대 근무가 지닌 문제의 해결책을 찾는 것은 쉬운 일이 아니다. 야간에 일하지 말라고 주장하는 것은 비현실적이다. 병원과 발전소는 24시간 돌아가야 하며, 교대 근무와 세계 여행은 엄청난 경제적 혜택도 안겨 준다. 브리검 여성병원의 수면 연구실에서도 실험 참가자들을 일주일 내내 24시간 지켜볼 수 있도록 교대 근무를 한다.

그러나 식사 시간에 관한 이런 발견들 중에는 우리에게 도움을 줄 수 있는 것들도 있다. 야간 근무자가 통제할 수 있는 것 중 하나는 식사 시간이며, 하루 중 식사 시간을 규칙적으로 유지하고 밤에 음식을 피하려고 노력한다면, 하루 주기 리듬의 정렬 불량 때문에 겪게 될 대사 교란을 얼마간 피할 수 있을지도 모른다(적어도 일주일에 야간 근무를 이틀 이내로 한다면 말이다). 시어는 현재 이 연구를 하고 있다.

밤에 일하고 잘못된 시간에 빛을 쬠으로써 생기는 하루 주기 리듬 비동조의 또 다른 해결책은 인공조명 자체가 제공할 수 있다.

✺

포스마크 원자력 발전소는 레고 블록으로 만든 것 같은 느낌의 사각형 형태의 건물로 평지의 숲 한가운데 우뚝 서 있다. 포스마크 1, 2, 3기의 커다란 회백색 블록은 각각 높이가 500미터에 달하며, 그 위로 높이 400미터의 굴뚝들이 솟아 있다. 색깔 때문에 바다에서 보면, 흐린 날에 — 스웨덴 중부에서는 흔하다 — 하늘이라고 착각하기 쉽다.

하지만 1986년 4월 28일 아침에 포스마크에 울려 퍼진 경고음은 착각할 여지가 거의 없었다. 경고음은 한 직원이 관제실에 놓고 온 것이 있어서 가지러 돌아갈 때 울리기 시작했다. 돌아가는 길에 방사선 검출기를 통과할 때, 신발에서 고농도의 방사선이 검출된 것이다. 그 즉시 발전소 자체에서 사고가 일어났다는 공포가 확산되었다. 그런데 조사해 보니, 그 방사선이 바깥에서 묻어 온 것임이 드러났다. 발트해 건너 약 1,100킬로미터 떨어진 곳, 우크라이나의 체르노빌에서 운반되어 온 것이었다.

익히 알려진 많은 산업 재해가 밤에 일어났다. 체르노빌 사고는 오전 1시 반에 일어났다. 1979년 스리마일 원자력 발전소 사고는 오전 4시에 일어났다. 1989년 알래스카 해안에서의 엑손발데즈호 원유 누출 사고는 자정에 일어났다. 세 사고 모두 야간 근무자의 실수와 관련이 있었고, 사고 이후 조사한 바에 따르면 야간 근무자의 졸음이 사고에 적어도 일정 부분 기여한 것으로 밝혀졌다.

우리의 각성도와 인지 수행 능력은 하루 24시간에 걸쳐 변화하며, 이른 아침 시간에 가장 낮아진다. 이 무렵에 체온도 가장 낮아진다. 또 우리가 너무 오래 깨어 있으면 각성도와 인지 수행 능력 모두 악화되기 시작한다. 불규칙한 근무를 하는 사람들이 자지 않은 채로 20시간 넘게 일하는 경우가 적지 않고, 특히 야간 근무 첫날에 그런 경우가 많다는 점을 고려하면, 무척 안 좋은 소식이다.

야간 근무가 더 길어질수록, 또 야간 근무를 더 잇달아 할수록, 위험은 더 커진다. 근무 전이나 근무 중에 짧게나마 잠을 자면 도움이 될 수 있다. 잠을 자고 나면 잠시 각성도가 회복될 수 있기 때문인데, 그러나 어떤 문제에 즉각적인 반응을 요하는 업무라면 잠을 잔다는 것은 좋지 않은 생각이다. 따라서 잠수함 승조원에게는 근무 도중에 짧게 잠을 잔다는 대응책이 맞지 않다. 그들은 상황을 재빨리 알아차리고 대응해야 하기 때문이다. 포스마크의 관제실에서 일하고 있는 사람에게도, 짧게 잠을 잔다는 것은 현명한 판단은 아닌 것 같다.

원자력 발전소를 가동하는 것은 무척 단조로운 일이다. 그래서 포스마크의 관리자들은 교육(배워야 할 절차들이 많이 있다)과 직무를 바꾸는 방법을 써서 업무의 지루함을 달래려고 시도하지만 역부족이다. 매일 점검하고 시험해야 할 목록이 아주 길다. 포스마크 3기에만 방이 3,000개가 있으며, 그중 일부는 방사선 차폐복을 입거나 CCTV 카메라가 지켜보는 가운데에만 들어갈 수 있다. 그리고 일단 그 목록의 끝에 이르면, 다시 시작한다.

어떤 문제가 생기면, 신속하게 대책을 생각할 수 있어야 한다. 관제실 운영 요원은 지진, 홍수, 항공기 충돌 같은 사건이 벌어졌을 때 어떻게 하라는 지침을 지니고 있지만, 가능한 모든 시나리오를 계획할 수는 없다.

일본 후쿠시마 다이치 원자력 발전소 사고는 그 점을 증언한다. 이 사고는 15미터에 달하는 지진해일로 전원이 끊기는 바람에 세 원자로의 냉각기가 작동 불능이 되어 일어났다. 포스마크 3기의 운영팀장 얀 할크비스트는 이렇게 말한다. "정신을 바짝 차리고 있어야 해요, 복잡한 문제를 빨리 풀 수 있도록 말이죠."

포스마크의 관제실 기사들은 일주일에 2번 야간 근무를 하는 식으로 순환 근무를 한다. 관제실이 발전소 한가운데, 바깥세계와 격리된 수 미터 두께의 금속과 콘크리트 안에 들어 있다는 사실도 각성 상태를 유지하기 더 어렵게 만든다. 문제는 겨울에 더욱 심각해진다. 셰틀랜드 제도 및 앵커리지와 거의 같은 위도에 있는 포스마크의 관제실 요원들은 어떤 교대 근무조에 있든 간에, 11월에서 2월 사이에 햇빛을 거의 보지 못한다.

창문이 없는 걸 보상이라도 해 주려는 듯이, 계절의 변화를 묘사한 그림 네 점이 회의실 입구 위에 걸려 있다. 그러나 그 외에 관제실은 칙칙한 베이지색 일색이다. 원자로들이 전력망과 어떻게 연결되어 있는지를 담고 있으며 매 시각 전력이 얼마나 생산되고 있는지를 보여 주는 거대한 회로판들이 있을 뿐이다.

나는 관제실을 동굴에 비유하고 싶었는데, 할크비스트가 내 마음을 읽은 양 벽에 붙은 제어판 쪽으로 걸으면서 말한다. "조명에 좀 손을 대야 했어요."

할크비스트는 원래 하루 주기 리듬 연구자 아르네 로던Arne Lowden에게 직원들의 교대 근무 문제를 상의했다. 그는 직원들이 바뀌는 근무 시간표에 적응하고 각성도를 유지하도록 도울 방법을 찾고 있었는데, 관제실의 음침한 분위기도 언급했다. 로던은 그에게 말했다. "조명을 바꾸려면 하루 주기 리듬에 맞춘 조명을 생각해야 합니다." 표준 LED의 청색광 비중이 높아서 밤에 노출되면 사람들의 하루 주기 리듬이 교란되지만, LED는 적어도 햇빛의 효과 중 일부를 실내에서 사실적으로 재현할 수 있다. 여러 가지 색깔의 작은 LED를 조합하여 다양한 색조를 만들어 낼 수 있으므로, 하루 중 몇 시인지에 맞추어서 조명의 색과 세기를 조절할 수 있다.

로던은 2천 유로를 더 쓰면, '하루 주기 리듬 조명 시스템'을 설치하는 것이 가능하다고 설명했다. 야간 근무를 시작할 때처럼 중요한 시각에는 강한 청백색광으로 직원의 각성도를 높이고, 근무 시간이 끝나갈 무렵에는 더 흐릿하고 더 따뜻한 백색광으로 바꾸어서 잠이 들기 쉽게 조절할 수 있다는 것이다. 그렇게 하면, 야간 근무는 오후/저녁 근무에 더 가까워질 것이고, 직원들은 귀가 후 더 빨리 잠들 수 있을 것이다. 마찬가지로 강렬한 청백색 조명은 24시간 돌아가는 동굴 같은 관제실에서 주간 근무조에게 햇빛을 대신할 수도 있다.

흥미를 느낀 할크비스트는 로던에게 그런 조명이 정말로 각성과 수면 상태를 개선하고 교대 근무에 더 잘 적응하도록 도와줄 수 있을지 일부 직원들을 대상으로 실험을 해 보라고 승낙했다. 그전까지 관제실에는 200럭스의 약한 황색 조명이 켜져 있었다. 여느 사무실과 별다를 바 없었다. 새 조명은 원자로 운전원들의 책상 위쪽에 매달려 있었고, 가장 밝을 때는 745럭스의 강한 회백색광을 뿜어냈다. 다른 운전원들은 대조군 역할을 할 수 있도록, 새로운 조명을 등지고 앉게 책상 배치를 바꾸었다.

실험은 겨울에 이루어졌고, 결과는 긍정적이었다.[21] 그래서 할크비스트는 관제실 전체에 그 조명 시스템을 설치했다. 가장 설득력 있는 결과는 주간 근무와 야간 근무 시간 모두에서 운전원들이 꾸벅꾸벅 조는 모습이 줄어들었다는 것이다. 가장 힘들 때인 두 번째 야간 근무 때 특히 개선 효과가 뚜렷했다. 야간 근무가 시작될 때 한두 시간만 청백색광에 노출했을 때에도 그랬다. 주간 근무 때에는 오전 8시부터 오후 4시까지 환한 불빛을 켜 두었다. 바깥세상에서 일어나고 있는 것을 그대로 흉내 낸 것이다.

그렇긴 해도, 야간 근무자를 강한 청백색광에 노출시킨다는 개념을 모두가 받아들이는 것은 아니다. 그런 빛은 각성도를 높이긴 하지만, 멜라토닌 분비를 억제하고 시계의 바늘을 늦춘다. 시어는 말한다. "쉬운 문제가 아니에요. 야간 근무를 하는 동안이나 일을 마친 뒤에 빛에 노출되면 간섭이 일어나서 상황이 더 악화될 위험이 있어요." 그는 퇴근하는 길에 햇빛을 가리기 위해 청색광을 차단하는 안경을 쓰면 집에 가서 잠을 청하기는 더 쉬워지겠지만, 차를 몰고 간다면 사고 위험이 증가한다고 지적한다.

4장

햇빛 의사

아이언 마이어는 여성의 얼굴을 덮은 하얀 천을 조심스럽게 걷었다. 그러자 얼굴에 끔찍한 일이 일어났음이 드러난다. 피부는 흉터가 가득하고 울퉁불퉁하며, 감긴 왼쪽 눈 주위는 빨갛게 부풀어 있다. 더 자세히 보려고 고개를 숙이자, 콧등에서부터 왼쪽 콧구멍을 거쳐서 왼쪽 눈구멍까지 살이 먹혀서 사라진 것이 드러난다. 감긴 눈꺼풀을 통해 둥근 하얀 눈알이 비쳐 보인다. 청동 명판에 얼굴 주인의 이름이 적혀 있다.

마렌 라우드리센

보통루푸스Lupus vulgaris

2. 7. 18.

여기는 병원 시체 보관소가 아니라, 코펜하겐 의학박물관의 수

장고다. 날짜는 2018년이 아니라, 그보다 100년 전을 가리킨다.

지금은 보통루푸스, 즉 피부결핵이 뭔지 아는 사람이 거의 없지만, 마렌이 코펜하겐 거리를 걷던 100년 전만 해도 이 병은 몹시 무서운 질병이었다. 허파에 결핵을 일으키는 것과 똑같은 세균에 의해 발병하는데, 처음에는 얼굴 한가운데에서 통증 없는 갈색 혹이 생겼다가 서서히 주변으로 퍼지면서 마치 늑대가 살을 파먹은 것 같은 궤양으로 발달하곤 한다(루푸스lupus는 라틴어로 '늑대'다).

치료법이 전혀 없어서, 달군 쇠나 비소 같은 부식성 화학 물질로 감염 부위를 지져서 확산을 늦추는 것 말고는 의사가 할 수 있는 일이 없었다. 그러니 사람들이 그 병에 걸릴까 봐 겁에 질린 채 살아간 것도 놀랄 일이 아니었다. 일단 감염되면, 희생자는 친구, 가족, 사회로부터 격리되어 홀로 이 고문에 시달려야 했다.

비록 마렌 라우리드센은 오래전에 죽었지만, 일그러진 얼굴의 흔적은 살아남았다. 박물관 소장품을 관리하는 마이어는 다른 상자를 꺼낸다. 이어서 또 하나. 각 상자에는 밀랍 처리가 된, 살이 끔찍하게 훼손된 얼굴이 들어 있다. 한 얼굴은 마치 며칠 동안 바닷물에 잠겨 있었던 것처럼 보인다. 남성인지 여성인지조차 구별하기가 불가능하다. 얼굴의 일부만 들어 있는 상자도 있다. 입과 턱이 붉은 곤죽이 된 것도 있고, 물집이 가득하고 구멍이 숭숭 난 코만 있는 것도 있다.

이 모형들은 희생자의 얼굴을 석고로 뜬 뒤, 그 틀에 밀랍을 부어서 굳힌 뒤 색칠을 하여 마감한 것이다. 사람들이 그토록 원했을 혁신적인 새 치료법이 나오기 전에 그 세균이 얼마나 심각한 손상을 입혔는지를 담은 기록물이다. 그 치료법은 빛이었다. 일련의 유리 렌즈를 통해 거르고 집중시키고 물을 채운 관을 통과시켜서 냉각된 자외선을 환자의 얼굴에 쬐었다. 그러자 빛이 살을 파먹어서 흉하게 만드는 세균을 죽이기 시작했다.

이 치료법을 내놓은 사람은 닐스 뤼베르 핀센Niels Ryberg Finsen이었고, 그는 이 공로로 노벨상을 받았다. 또 그는 햇빛이 건강에 주는 혜택에 관심을 보이는 새로운 시대가 열리도록 기여했고, 그 시대는 지금까지 이어지고 있다. 핀센의 연구는 하루 주기 리듬과는 아무런 관계가 없다. 그의 연구는 햇빛이 세균과 우리 피부에 미치는 직접적인 영향을 살핀다.

핀센은 1860년 12월 15일에 페로 제도에서 태어났다. 셰틀랜드 제도에서 북서쪽으로 약 300킬로미터 떨어진 북대서양에 있는 도무지 있을 법하지 않은 기이한 봉우리들로 이루어진 조각그림 퍼즐 같은 곳이다. 잦은 구름, 비, 폭풍이 몰고 오는 기후 우울증이 판치는 이곳에서 어린 시절을 보낼 때 화창한 날은 잠깐씩 접하고 말았을 것이다. 아마 이런 성장 배경도 그가 치료할 만큼 강력한 효과를 발휘할 수 있도록 햇빛을 포획하여 집중시키겠다는 생각을 하는 데 기여했을 것이다.

스물두 살 때 의학을 공부하러 코펜하겐으로 온 핀센은 공동주택의 햇볕이 전혀 들지 않는 비좁은 북향 방에서 생활했다. 그는 늘 빈혈과 피로에 시달렸지만, 웬일인지 햇빛을 쬐고 나면 몸이 좀 나아진다는 것을 알아차렸다.

사실 핀센은 피크병Pick's disease 초기 단계에 있었다. 지방의 대사가 비정상이어서 간, 심장, 지라 같은 장기에 지방이 쌓이면서 이윽고 기능에 문제를 일으키는 진행성 질병이었다. 핀센은 의대를 다니면서, 햇빛이 건강 개선 효과가 있음을 점점 확신하게 되었다. 그는 동식물이 햇빛을 추구하는 행동을 보인다고 말하는 문헌들을 모았고, 누워서 햇볕을 쬐고 있는 고양이가 그늘이 지면 계속 자세를 바꾸어서 햇볕을 받기 위해 움직이는 모습을 기록했다.[1]

핀센은 특히 1877년 『런던왕립협회보』에서 찾아낸 논문에서 영감을 얻었다. 아서 다운스Arthur Downes와 토머스 블런트Thomas Blunt라는 두 영국 과학자가 쓴 이 논문은 설탕물을 담은 시험관을 남동쪽을 향한 창턱에 놔둔 실험을 기술하고 있었다. 시험관들 중 절반은 햇빛을 받도록 했고, 나머지 절반은 얇은 납판으로 가렸다. 한 달 뒤 살펴보니, 햇빛을 받은 시험관들은 여전히 맑은 상태였던 반면, 햇빛을 가린 시험관들은 탁하고 냄새가 났다. 햇빛이 세균을 죽일 수 있음을 보여 준 최초의 증거에 속했다. 그 직후에 저명한 세균학자 로베르트 코흐Robert Koch — 그는 결핵을 일으키는 원인 세균을 막 발견한 참이었다 — 는 그 세균도 햇빛으로 죽일 수 있음을 보여 주었다.

그러나 이 과학자들이 당시에 태양의 치유력에 최초로 관심을 가진 이들은 아니었다. 핀센이 태어난 해인 1860년에 영국의 간호사이자 사회개혁가인 플로렌스 나이팅게일은 『간호 노트Notes on

Nursing』를 펴냈는데, 거기에 빛에 관한 내용도 들어 있었다. 그녀는 이렇게 썼다. "환자들을 돌보면서 얻은 절대적인 결론은 환자들에게 신선한 공기 다음으로 중요한 것이 빛이라는 점이다. 즉 닫힌 방 다음으로 어두컴컴한 방이야말로 환자들에게 가장 해를 끼치는 것이다. 환자들이 원하는 것은 그냥 빛이 아니라, 직사광선이다."[2]

나이팅게일은 창문이 있는 병실에서 거의 모든 환자들이 얼굴을 빛을 향해 돌린 채 누워 있는 것을 알아차렸다. "식물이 늘 빛을 향해 뻗어가는 것과 똑같았다." 그렇게 누워 있는 것이 불편하거나 고통스러울 때조차도 마찬가지였다. 그녀는 아침과 한낮의 태양(그 시간에 병원 환자들은 침대에 누워 있을 가능성이 높다)이 대단히 중요하다고 역설했다. "오후에 환자를 침대에서 일으켜 창가로 데려가면, 해를 볼 수도 있을 것이다. 그러나 가장 좋은 방법은 가능하다면 해가 뜰 때부터 질 때까지 직사광선을 받도록 하는 것이다."

고대 바빌로니아인, 그리스인, 로마인 등은 햇빛이 치유력을 지닌다고 보았지만, 그 뒤로 여러 세기 동안 그 개념은 잊힌 상태였다. 현재 태양에 굶주린 북유럽의 여러 도시는 햇빛을 재발견하고 있는 중이다. 항생제가 등장하기 전에는 빛이 세균을 죽일 수 있다는 발견이 의학에 크나큰 돌파구를 이루었다. 그리고 그 발견을 최초로 현실에 응용한 사람이 바로 핀센이었다.

의대를 졸업한 뒤 핀센은 현재 코펜하겐 의학박물관이 있는 건물에서 해부학을 가르치는 일을 했다. 그런데도 그는 계속 햇빛에 관심을 지니고 있었고, 이런저런 장치를 써서 햇빛을 더 효율적으로 처리할 방법을 실험하기 시작했다. 현재 박물관 수장고의 선반에는 핀센이 초기에 빛의 치유 효과를 연구할 때 개발한 유리와 석영으로 된 렌즈들이 놓여 있다. 심지어 그는 스스로 실험동물이 되어, 햇빛을 얼마나 쬐어야 피부가 타는지 측정하기까지 했다.

덴마크에서는 햇빛이 부족할 때가 너무 많기에, 핀센은 코펜하겐 전기조명회사와 공동으로 해가 안 보일 때 쓸 수 있는 인공조명도 개발하기 시작했다. 그 회사에서 그는 결핵 때문에 얼굴에 심한 궤양이 생겨서 고통을 겪고 있는 닐스 모르겐센이라는 기술자를 만났다. 모르겐센은 핀센의 조명 치료를 겨우 4일 동안 받고서 증세가 확연히 나아졌다.

이 협력을 토대로 핀센 광Finsen Light이 탄생했다. 탄소아크등에서 나온 빛을 거르고 집중시키고 식혀서 여러 환자를 동시에 치료하는 데 쓸 수 있는 관과 렌즈로 이루어진 망원경과 비슷한 모습의 정교한 장치였다. 1896년 핀센은 의료광연구소Medical Light Institute를 세워서, 더 많은 환자를 치료하여 놀라운 성과를 얻었다. 1896년과 1901년 사이에 빛 치료를 받은 피부결핵 환자 804명 중 83퍼센트가 완치되었고, 전혀 차도가 없던 사람은 6퍼센트에 불과했다.

이런 실험들을 통해서 핀센은 치유 효과를 일으키는 것이 '화학적 빛chemical light', 즉 청색광, 자색광, 자외선이라고 결론지었다. 원래 그는 햇빛 자체가 결핵의 원인인 세균을 죽이기 때문에 치료되는 것이라고 생각했지만, 더 최근의 실험들은 핀센 등Finsen Lamp이 UVB(자외선B)를 집중시키고, 이 빛이 포르피린porphyrin이라는 세균 속 물질과 반응하여 활성 산소라는 불안정한 물질을 발생시키고, 그 활성 산소가 세균을 죽인다는 것을 보여 주었다.[3] 더 뒤에 핀센은 빛이 어떤 식으로든 몸의 자체 치유 효과를 자극한다는 가설을 세웠는데, 그 가설도 옳을 수 있다.

1903년 노벨상을 받을 무렵에 핀센은 휠체어 생활을 해야 할 만큼 건강이 악화되어 있었고, 그로부터 겨우 1년 뒤 마흔넷의 나이로 세상을 떠났다. 전등을 사용했음에도, 햇빛을 향한 그의 열정은 결코 수그러들지 않았고, 그는 환자들에게 벌거벗고 햇빛 아래서 산책을 하라고 권하곤 했다. 임종하기 직전에 이루어진 인터뷰에서 그는 이렇게 말했다. "내가 빛 실험을 통해 이룬 것들, 빛의 치유력에 관해 배운 것들은 모두 나 자신이 그만큼 빛이 필요했기 때문에 나온 겁니다. 그만큼 빛을 갈망했어요."[4]

19세기는 엄청난 변화가 일어난 세기였다. 새로운 유형의 인공 조명이 발명되었을 뿐 아니라, 산업 혁명으로 우후죽순 생겨나기 시작한 공장들에서 일자리를 얻으려는 사람들이 도시로 밀려들고 있었다. 오늘날 개발도상국에서도 비슷한 일이 일어나고 있으며, 그 결과 스모그, 햇빛 기피, 피부를 완전히 뒤덮는 옷 때문에 생기는 비타민 D 결핍증이 점점 더 문제가 되고 있다. 심지어 햇빛이 풍부한 중동, 아프리카, 아시아 일부 국가들에서도 이 결핍증이 늘어나고 있다.

비타민 D는 뼈, 치아, 근육의 칼슘과 인 함량을 조절하는 데 핵심적인 역할을 하며, 그런 기관들을 튼튼하고 건강하게 유지하는 데 필요하다. 비록 우리는 기름 많은 생선, 달걀, 치즈 등의 음식을 통해서 비타민 D를 일부 얻지만 필요한 양의 대부분은 피부에서 합성된다. 7-디하이드로콜레스테롤7-dehydrocholesterol이라는 물질이 자외선 B를 흡수하여 비타민 D3로 바꾼다. 이 물질은 혈액을 통해 돌면서 더 대사가 이루어져서 몸에서 쓰이는 활성 형태의 비타민 D로 바뀐다. 성장하는 아이에게 비타민 D 결핍증은 구루병을 일으킨다. 뼈가 물러지고 약해져서 성장이 지체되고 뼈대가 기형이 되는 병이다. 어른에게서도 뼈를 무르게 함으로써 뼈 통증과 골절, 근육 약화를 가져온다.

19세기 중반에 구루병은 영국을 비롯하여 급속히 산업화가 이루어지는 국가들의 도시에서 널리 퍼지고 있었다. 1880년대에 영국의학협회가 조사한 자료는 이 문제가 도시의 특성임을 잘 보여준다. 시골 지역과 소규모 정착지에서는 구루병이 거의 없었다. 급속히 발전하는 도시로 몰려드는 많은 이들은 어둡고 비좁은 환경에서 생활했고, 새로운 산업들이 석탄을 연료로 썼기에 — 조명에 필요한 가스를 생산하는 데에도 필요했다는 것은 말할 필요도 없다 — 스모그가 짙게 깔려서 햇빛을 차단하고 야외 활동을 불쾌하게 만들었다. 아이들은 햇빛을 가리는 높은 건물들 사이의 비좁은 골목길에서 뛰어놀았기에, 더욱 햇빛을 보지 못했다. 여기에 가난 때문에 영양 결핍증까지 겹치면서 구부정하고 기형이 된 뼈대를 지닌 이들이 늘어났다.

구루병의 원인을 설명하기 위해 다양한 이론들이 제시되었다. 런던의 소호 거리에 있는 우물이 콜레라의 원인이었음을 추적한 탐정 같은 연구로 잘 알려진 존 스노Jon Snow는 황산알루미늄에 오염된 빵이 원인이라고 믿었다. 그는 황산알루미늄이 뼈에 들어가서 뼈를 튼튼하게 만들어 주는 음식에 든 인의 흡수를 저해할 수 있다고 했다. 공기 오염이 원인이라고 하는 이론도 있었다.

1880년대 말에야 시어벌드 팜Theobald Palm이라는 영국 선교사가 햇빛 부족이 구루병의 원인이라는 주장을 내놓았다. 그는 일본에서 10년을 보낸 뒤 의술을 펼치려 영국 북부의 컴벌랜드로 귀국하고 나서, 일본과는 전혀 다른 상황을 접하고 깜짝 놀랐다. 갑자기 기형인 아이들과 맞닥뜨리게 되었는데, 해외에서 지내면서 결코 본 적이 없는 현상이었다.

그는 중국, 실론, 인도, 몽골, 모로코의 의료 선교사들에게 자문을 구한 뒤, 구루병이 회색 하늘과 어두컴컴한 골목길이 일으키는 질병임을 확신하게 되었다. 그는 "일광욕의 체계적인 이용"이 해결책이 될 수 있을 것이라고 주장했다.[5]

다운스와 블런트가 햇빛이 세균을 죽인다는 것을 관찰하고, 핀센이 피부 결핵을 빛으로 치료하는 데 성공한 데 이어서, 팜이 일광욕을 통해 구루병을 치료할 수 있다는 것을 알리자, 태양은 새로운 평가를 받게 되었다. 감염, 결핵, 구루병의 치료로 시작되었지만, 그 뒤로 40여 년이 흐르는 동안 '햇빛 치료'는 주류 의학의 일부가 되었다. 마치 햇빛, 더 구체적으로 말하면 햇빛에 든 자외선이 어떤 식으로든 더 전반적으로 건강을 증진시키는 듯했다. 또 햇빛을 쬐면 기분도 좋아졌고, 사회도 점점 햇빛을 쬐는 것을 긍정적으로 바라보기 시작했다.

☼

1903년 핀센이 노벨상을 받은 해에, 오귀스트 롤리에Auguste Rollier라는 스위스 의사는 가까운 친구가 뼈 결핵으로 불구가 된 것에 상심하여 자살한 뒤에 기존 의학에 등을 돌렸다. 결핵은 피부와 허파뿐 아니라 뼈와 관절에도 감염될 수 있다. 그러면 척추가 기형이 되면서 바깥쪽으로 튀어나오거나 엉덩관절이 퇴화하여 절뚝거리게 된다. 롤리에의 친구가 바로 그러했다. 학생 때 그는 무릎과 엉덩관절 중 일부를 수술로 제거했지만, 그래도 병이 퍼지는 것을 막을 수 없었다. 어른이 되어 다시 수술을 받으면서 그는 다리를 잃었고, 결국 목숨도 버렸다.

게다가 얼마 지나지 않아, 롤리에의 약혼녀가 허파 결핵에 걸렸다. 지푸라기라도 잡고 싶은 심정으로, 그는 자신의 환자들에게서 주워들은 민간요법으로 눈을 돌렸다. 높은 산에 올라가 태양 아래 누워 있으면 병세가 나아진다는 것이었다. 1903년에 그는 스위스의 알프스산맥에 있는 레잔이라는 시골의 외과의 자리를 구했다. 부부는 덩뒤미디라는 송곳니처럼 삐죽 튀어나온 산봉우리들이 한눈에 보이는 화창한 마을로 이사했다. 바로 이곳에서 롤리에는 결핵의 대체요법을 개발하기 시작했다.

그는 1927년 저서 『일광 요법Heliotherapy』에 이렇게 썼다. "해발 약 1,500미터의 공기는 한여름에도 결코 숨 막힐 듯이 뜨거워지는 법이 없다. 비록 겨울에는 몹시 춥긴 하지만, 밝은 태양이 이를 상쇄시키고도 남는다."

"평지에서 가능한 것보다 더 효과적인 자기방어 수단을 제공하는 조건에서" 잘 가려진 야외 테라스에서 "쇠약해진 불쌍한 환자들"은 아랫도리만 가린 채 누워서 햇볕을 쬐곤 했다. "환자들은 해와 높은 산의 공기를 접하면서 잃었던 활력을 회복한다."[6]

이는 오늘날 우리가 아는 일광욕이 아니었다. 즉 북부 지방의 기후에서 햇볕에 굶주린 이들이 휴가 때면 지중해 연안으로 우르르 몰려가서 일주일 동안 강한 햇볕에 살갗을 태우는 방식과는 달랐다. 롤리에는 햇볕을 쬐는 시간을 천천히 조금씩 늘려야 한다고 주장했다. 처음에는 발을 5분 동안 쬐는 것으로 시작하여, 3주에 걸쳐서 점점 쬐는 양을 늘려 갔다. 이윽고 여름에는 하루에 두세 시간, 겨울에는 서너 시간씩 '일광욕'을 했다. 그는 뜨거운 공기와 햇빛의 조합이 건강에 안 좋다고 믿었기에, 환자가 여름 한낮에는 일광욕을 하지 못하게 했고, 대신에 이른 아침에 일광욕을 하도록 했다.

롤리에의 약혼녀는 회복되었고, 곧 다른 환자들도 그의 치료를 받아서 건강을 회복하고 있었다. 치료 전후의 사진에는 등이 굽고 기형인 아이들의 척추가 햇빛 치료를 받기 시작한 지 18개월 사이에 정상적인 형태로 돌아가는 놀라운 모습이 담겨 있었다. 아랫도리를 가린 채 햇빛이 쏟아지는 커다란 창 앞에서 팔다리를 쫙 펼친 채 누워 있는 남자들과 야외 테라스에 놓인 침대에서 햇빛을 받으면서 손을 흔드는 소년들의 모습이 찍힌 사진들도 있다.

피부와 달리 '몸속'이 결핵에 걸렸을 때에는 자외선이 그 원인균을 직접 죽일 것 같지는 않다. 이와 같은 햇빛의 살균 효과가 구루병을 예방하는 이유도 설명이 불가능해 보였다.

그러다 1925년 미국인 의사 앨프리드 헤스Alfred Hess가 구루병에 걸린 쥐에게 자외선을 쬔 사람이나 송아지의 피부를 먹이자 구루병이 낫는다는 것을 발견하면서 비로소 돌파구가 열렸다.[7] 피부가 함유하고 있는 수수께끼의 치유 인자는 이윽고 비타민 D임이 밝혀졌다.

오늘날 우리는 롤리에의 햇빛 치료가 몸속의 결핵에도 효과가 있는 이유가 비타민 D가 생성됨으로써 몸속에 침입한 세균에 맞서 일차 방어선을 형성하는 데 도움을 주기 때문임을 안다. 세균 같은 외래 침입자를 검출하고 삼켜서 없애는 대식 세포 같은 면역 세포는 침입자와 마주치면, 비타민 D의 비활성 전구물질을 활성 형태로 바꾸고, 그 물질에 반응할 수 있게 해 줄 수용체를 생산한다. 그 결과 면역 세포는 카텔리시딘cathelicidin이라는 항균 펩티드를 분비하게 되고, 이 펩티드는 세균을 죽이는 일을 돕는다. 이 과정은 결핵 외의 다른 흉부 감염도 억제하는 것으로 생각된다.[8]

1920년대 말부터 1930년대에 걸쳐서 태양 아래 치료가 안 되는 질병은 거의 없다는 식으로 햇빛은 치료제로 각광을 받고 있었다. 의학 저술가 빅터 데인Victor Dane은 1929년 저서 『햇빛 치료The Sunlight Cure』에서 이런 결론을 내렸다. "태양이 어떤 능력을 지니고 있는지 전반적으로 감을 잡고 싶고, 그 혜택을 보는 다양한 질병들의 이름을 알고 싶다면, 의학 사전을 사서 거기에 적혀 있는 모든 병명을 외우면 된다. 태양은 치료제 중의 치료제, 진정한 '만병통치약'이다."[9] 햇빛은 주류 의학으로 진입했고, 선탠은 필수적인 패션 액세서리가 되었다.

그러나 햇빛이 만병통치약이라는 개념을 모두가 받아들인 것은 아니었다. 1923년 의학지 『랜싯』에 실린 한 논문은 다음과 같이 지적했다. "허파의 결핵을 치료한 결과가 여러모로 실망스러워서, 많은 의사가 그 치료법을 기피하게 되었다. 심지어 위험하고 정당화할 수 없는 치료법이라고 비난하는 의사들도 있다."[10] 무분별한 일광욕으로 체온이 증가하고, 기침이 악화되고, 심지어 기침하다가 피가 섞여 나오는 사례도 나타났다.

몇몇 사람은 비판의 강도를 더 높였다. 영국의 저명한 외과의 존 록하트머메리John Lockhart-Mummery는 1947년 저서 『태양 아래 새로운 것은 없다Nothing New Under the Sun』에서 햇빛 요법을 "사이

비 마법"으로 치부하면서 "그런 치료법으로 환자가 얻는 혜택은 대부분 치료에서 직접적으로 나오는 것이 아니라, 마법 같은 결과를 믿는 마음에서 비롯된다"고 주장했다.[11]

구릿빛 피부를 선호하는 태도는 그 뒤로도 수십 년째 이어졌지만, 그때쯤 만병통치약 햇빛의 인기는 이미 수그러들기 시작한 상태였다. 항생제가 발견되면서 감염병에 햇빛 요법을 쓰는 행위는 낡은 것이 되었고, 도시의 스모그가 사라지고, 대구의 간유가 비타민 D의 풍부한 공급원임이 밝혀지면서 아이에게 으레 떠먹이는 것이 되면서 아이가 구루병에 걸릴 위험도 줄어들었다.

광선 요법은 지금도 쓰이고 있긴 하지만, 건선, 아토피 습진, 몇몇 피부염 등 일부 피부병에만 국한되어 쓰인다.

그렇기는 하지만, 현재 항생제 내성을 우려하는 분위기가 점점 확산되면서, 빛의 살균 효과에 새롭게 관심이 쏠리고 있다. 병원에서는 표면을 살균하고 공기를 정화하기 위해 세균을 죽이는 남색광의 좁은 파장을 뿜어내는 장치가 쓰이고 있다. 사람의 피부나 눈의 바깥층을 뚫고 들어가지 못하지만, 세균 세포에는 치명적인 UVC(자외선 C)도 쓰인다. 최근에 『랜싯』에 UVC 장치가 약물 내성을 지닌 네 종류의 슈퍼 세균인 MRSA, 반코마이신 내성 장알균, 클로스트리듐 디피실Clostridium difficile, 아시네토박터Acinetobacter의 감염을 30퍼센트 줄인다는 예비 실험 결과가 실렸다.[12] 특정한 세포 내 체계를 표적으로 삼는 항생제와 달리, 빛은 DNA를 구성하는 핵산을 파괴함으로써, 세균이 핵심 세포 기능을 재생하거나 수행할 수 없게 만든다.

햇빛에 새롭게 관심을 갖도록 하는 것이 자외선의 이 치명적인 측면만은 아니다. 우리의 바쁜 21세기 도시에서 사람들은 햇빛을 요구한다. 그리고 설령 비타민 D 보충제가 구루병을 관리하는 데 쓰일 수 있고, 항생제가 끈덕진 감염과 맞서 싸우는 데 투입될 수 있다고 할지라도, 햇빛을 접하는 것이 예전보다 더 중요해진 또 다른 이유들이 있다.

☼

펜실베이니아 시골에 있는 한나와 벤의 집에서 자동차로 세 시간도 안 되는 거리에 뉴욕이 있다. 결코 잠들지 않는 도시다. 아미시 사람들과 함께 지내다가 소냐 아빠의 트럭을 타고 뉴욕으로 오니, 대체 우주로 전송된 것 같은 기분이 든다. 에어비엔비로 로어맨해튼에 예약한 숙소는 블라인드가 망가져 있었지만, 밖에서 들어오는 불빛은 내 수면에 별 영향을 미치지 못했다. 끊임없이 들리는 도시의 소음에 잠을 이룰 수가 없었기 때문이다. 밤늦게까지 흥청망청하는 사람들의 소리, 이어서 쓰레기를 치우는 차량들의 소리, 그 뒤에는 하루가 시작되면서 점점 커져 가는 자동차와 보행자의 소리가 이어졌다.

뉴욕은 세계에서 인구 밀도가 가장 높은 곳 중 하나로, 그곳의 5대 자치구 중에서도 맨해튼이 최고다. 20세기 초부터 인구 밀도가 낮아지고 있는데도 그러하다. 당시에는 로어이스트사이드의 비좁은 아파트에 가족들이 우글거리고 있었고, 햇빛 부족이 만연해 있었다.

토지 수요가 아주 높았기에, 개발업자들은 건물을 더욱 높이 지음으로써 공간을 최대로 늘리고자 애썼다. 이때쯤 결핵과 구루병 같은 질병과 햇빛 사이의 관계는 대중의 의식에도 널리 스며들었으며, 사람들은 '빛을 쬘 권리'를 이야기하고 있었다. 자기 집에서 충분히 햇빛을 접하고 싶다는 단순한 욕구에서 비롯된, 영국 법령에 실린 일조권과 비슷한 의미였다. 영국에서는 이 법을 토대로 집주인은 20년 넘게 이웃 땅에서 넘어오는 햇빛을 누렸다면, 그 땅에 햇빛을 가로막을 건물이 지어지는 것을 막을 수 있다.

뉴욕이 점점 번잡해지자, 시 당국은 1916년에 용도 지역별 규제를 도입했다. 건물을 특정한 높이까지 올리면, 그 위층부터는 바닥을 뒤쪽으로 물려야 했다. 그 결과 맨해튼의 많은 고층 건물은 특유의 전형적인 '웨딩케이크' 형태를 갖추게 되었다.

이런 문제들은 최근 들어 다시 부각되고 있다. 맨해튼의 인구가 다시 늘어나기 시작하면서다. 뉴욕시 도시계획과는 2030년이면 맨해튼 인구가 22만에서 29만 명 정도 더 늘어날 것으로 추정한다. 현재의 주민 6명당 1명의 새 이웃이 생기는 셈이다. 따라서 이러한 인구 유입으로 아직 개발할 여지가 남아 있는 — 또는 그렇다고 주장하는 — 도시의 자투리땅을 개발하라는 요구가 늘어나고 있는 것은 새삼스러운 일도 아니다.

미국의 많은 도시가 그러하듯이, 맨해튼도 기본적으로 격자 체계로 구획되어 있다. 각 구역이 완벽하게 직사각형을 이루고 있다. 다만 브로드웨이는 예외다. 주문 제작한 산뜻한 콘크리트 상자들 사이로 뱀처럼 구불구불 뻗어 있는 듯하다. 대체로 북쪽은 주택 단지, 남쪽은 도심지 상가가 배치되어 있는 이 격자는 사실 북쪽에서 동쪽으로 약 30퍼센트 기울어져 있다. 이는 1년에 이틀, 즉 12월 5일과 1월 8일에 해가 뜰 때 햇살이 도로와 일직선을 이룸으로써, 도로의 남북 가장자리가 다 햇빛에 잠긴다는 뜻이다. 그리고 5월 28일과 7월 11일에는 까마득히 솟아오른 유리와 콘크리트들이 해 질 녘의 햇살과 일직선을 이룬다. 이 현상에는 스톤헨지에 빗대 '맨해튼헨지'라는 이름까지 붙어 있다. 수많은 관광객과 직장인들이 이 광경을 지켜보기 위해 거리로 나선다.

까마득히 솟아서 태양과 하늘을 반사하면서 서 있는 맨해튼의 고층 건물들은 지켜볼 만한 장관을 이룬다. 그러나 그 아래 땅 위에서는 전혀 다른 풍경이 펼쳐진다. 도시가 위로 솟아오를수록, 뉴욕 주민들은 점점 점심시간에 공공용지에서 쬐곤 하는 햇빛을 점점 빼앗기고 있다.

크라이슬러빌딩, 록펠러센터, 유엔본부 같은 상징적인 고층 건물들이 들어선 미드타운 동부는 맨해튼에서도 유난히 건물들이 빽빽이 들어찬 곳으로, TV 화면을 통해서 누구나 한 번쯤은 보았을 만한 지역이다. 그러나 도시계획과는 아직 성장할 여지가 있다고 믿는다. 특히 높이가 8층에서 10층 사이인 외곽 쪽의 낮은 건물들, 가로수들을 심어 놓은 인도가 그렇다고 본다.

바로 이곳, 작은 유대교 회당 옆, 수수한 태국 식당과 일본 식당 맞은편에 '쌈지공원'인 그린에이커 공원의 입구가 있다. 처음에 찾다가 못 보고 그냥 지나칠 뻔했을 만큼 작은 곳이다. 뉴욕 시민들에게 개방되어 있는 이 공원은 고인이 된 자선사업가 애비 록펠러 모즈Abby Rockefeller Mauze가 1971년에 "이 바쁜 세상에서 이곳에서 잠시라도 평온함을 찾기를 바라면서" 기증했다. 애비의 조부인 존 D. 록펠러 시니어로부터 물려받은 재산으로 이 햇볕과 평온함의 안식처를 매입했다는 사실을 생각하면 좀 역설적이다. 그는 원유를 정제한 등유로 부를 쌓았으니까. 당시 등유는 실내 생활용 수요 증가에 힘입어서 불티나게 팔렸다.

그린에이커 공원은 테니스장만한 크기로, 출입구는 목재로 만들어져 있다. 출입구 옆으로는 덩굴시렁이 뻗어서 공원 왼쪽의 좀 높은 곳까지 죽 이어진다. 사람들이 앉아서 점심을 먹으면서 수다를 떠는 곳이다. 노년에 애비는 이곳에 앉아서 책을 읽고 줄담배를 피우면서 나뭇잎으로 뒤덮인 뒷벽에서 나와 직사각형 연못으로 쏟아지는 커다란 물줄기를 보면서 감탄하곤 했다. 이 공원의 또 한 가지 색다른 특징은 한가운데에 자라는 멋진 미국주엽나무 숲이다. 이 가느다란 적갈색 줄기를 지닌 나무들은 고사리처럼 섬세하게 갈라진 겹잎들을 드리우고 있는데, 잎 사이로 햇빛이 새어 들어와서 빛과 그늘의 모자이크가 끊임없이 부드럽게 춤을 추는 듯한 착시를 일으킨다. 이 장관이 폭포와 어우러져서 마치 뉴욕시의 한가운데에서 하와이의 숲으로 순간 이동한 느낌을 받는다.

출입구 옆 작은 카페에서 나는 우연히 찰스 '찰리' 웨스턴과 마주친다. 갈색 공원 관리인 제복 차림의 아프리카계 미국인인 그는 이 공원을 조성하는 데에도 참여했다. 용도 구역을 재지정하는 문제를 어떻게 생각하는지 묻자, 그는 내게 페일리 공원에 가보면 알게 될 것이라고 조언한다. 페일리 공원은 매디슨가와 5번가 사이에 있는 또 다른 쌈지공원이다. 그의 조언을 따라서 찾아가니, 폭포와 미국주엽나무까지 갖추어진 거의 똑같은 공간이 나온다. 그런데 여기서는 바짝 다가선 고층 건물들의 그늘에 가려져서 키 작은 관목들이 싹 사라졌다. 그 결과 공원의 특색도 그만큼 줄어들었다.

"고층 건물들이 들어서기 전에는 햇빛이 가득했어요. 나무들도 아주 아름답게 우거졌고요." 이곳에서 30년 동안 일한 공원 관리인 토니 해리스가 알려 준다. "지금도 해가 비치긴 하지만, 잠깐 볕들 뿐이지요." 그 뒤로 방문객 수가 달라졌는지 묻자, 그는 빙긋 웃음을 짓는다. "그렇지는 않죠. 여긴 페일리 공원이니까요. 뉴욕 전체에서 가장 잘 보존된 자투리 공원이니까요."

동의하지 않는 이들도 있다. 그늘진 공원은 곧 버려지게 된다는 것이다. 특히 추운 겨울에 볕이 들지 않는다면, 오래 머물지 못하는 곳이 된다는 것이다. 토지 가격이 여간 비싸지 않은 뉴욕 같은 곳에서는 버려진 공원을 유지한다는 것은 용납이 안 되는 일이다. 그래서 이런 야외 공간은 사라질 위험에 처하게 된다. 그린에이커 공원을 중심으로 벌어지고 있는 '빛을 위한 싸움Fight for Light' 운동은 사람들 마음속에 내재해 있는 햇빛에 대한 갈망에 대해 많은 것을 말해 준다. 비록 이 글을 쓰는 현재 이 운동은 쇠귀에 경 읽기 같은 상황에 처해 있고, 용도 구역 재지정 계획은 그냥 진행될 것으로 예상되고 있지만 말이다.

비슷한 싸움은 다른 지역에서도 벌어지고 있다. 런던에서는 로만 아브라모비치Roman Abramovich가 10억 파운드를 들여서 첼시 축구단 전용 구장을 짓겠다는 계획을 내놓음으로써, 집과 정원의 일조권을 빼앗기지 않으려는 지역 주민들과 충돌을 빚어 왔다.[13] 연간 350일 햇빛이 내리쬐는 찌는 듯한 델리에서도 신축 건물의 고도 제한을 완화하려는 움직임에 기존 건물들이 그늘에 가려질 것이라는 우려가 촉발되었다. 이미 그 문제가 심각한 뭄바이에서는 인도환경정책연구Environment Policy and Research India라는 자문회사가 매일 적어도 2시간은 건물이 '방해 없이 햇빛을 받아야 한다'고 권고하는 보고서를 최근에 내놓았다.[14]

도시민의 일조권이 신체 건강에 대단히 중요하다는 발견은 힘들게 이루어졌다. 가뜩이나 혼잡한 도시로 점점 더 많은 사람이 몰려들고 있는 지금, 우리는 이 어렵게 얻은 교훈을 잊을 위험에 처해 있다. 공원 같은 실외 공용 공간이 사치품으로 취급되어서는 안 된다. 최근에 세계보건기구는 지금까지 나온 증거들을 종합 검토한 끝에, 도시의 녹지 공간이 사람들의 정신 건강에 이로

우며, 심혈관 질환과 제2형 당뇨병의 위험을 줄이고, 유산 확률을 줄여 준다는 결론을 내렸다. 그리고 어린이와 젊은이는 실외에서 시간을 더 많이 보낼수록 좋은 이유가 더 있다. 그것은 눈동자의 모양과 관련이 있다.

⁂

이언 모건Ian Morgan은 한때 닭의 망막에 관한 세계 최고의 전문가였다고 할 수 있다. 무엇보다도 그는 낮은 조도에서 높은 조도로 옮겨갈 때 눈이 어떻게 변하는지에 관심을 가졌다. 이 과정에 신호 전달 분자인 도파민이 관여한다. "저녁 모임에서 그런 얘기를 하면, 다 꾸벅꾸벅 졸아요." 강한 호주 억양으로 모건이 말한다. 그러나 근시 치료법을 연구하고 있다고 말하면, 그들은 몸을 바로 펴고 주의를 기울이기 시작한다. 이 연구가 중국에서 10억 명 아이들의 운명을 바꿀 수도 있다고 말할 때면 더욱 그렇다.

동아시아에서는 구루병처럼 아이 때 시작되는 근시가 유행병처럼 퍼지고 있다. 광저우를 비롯한 여러 도시 지역에서는 근시를 지닌 아이들의 비율이 90퍼센트에 달하기도 하는데, 60년 전에는 중국 인구 중 10~20퍼센트만이 근시였다. 모건이 자란 호주에서는 상황이 전혀 다르다. 백인 아이들 중 겨우 9.7퍼센트만이 근시다.

중국 남부 광저우는 지구상에서 인구가 가장 많이 몰려 있는 북적거리는 지역에 속한다. 또 중국에서 가장 큰 안과병원이 있는 곳이기도 하다. 모건은 그곳에서 방문 연구원으로 일하는 중이다. 최대 규모임에도 여전히 밀려드는 환자들을 다 감당하기 어려운 수준이다. 환자들이 꽉꽉 들어차서 아예 복도를 지나갈 수조차 없는 날도 있다.

그래도 그들은 운이 좋은 편이다. 몇몇 시골 지역에서는 안경이 아이의 시력에 해롭다는 잘못된 관념이 만연하여 치료를 받지 못하는 아이들도 많다. 그들은 칠판의 글자가 잘 안 보이기 때문에, 학업 성적이 떨어진다.

호주에서는 근시인 사람이 아주 적어서, 모건은 이 직업을 택한 초기에는 근시가 무엇인지조차도 제대로 감을 잡지 못했다. 그러나 그 주제를 다룬 논문이 그의 눈에 자주 띄었고, 어느 날 그는 한번 제대로 읽어 보자고 결심했다.

그러자 두 가지 사실을 알 수 있었다. 첫 번째는 비록 많은 교과서에 근시가 유전적 증상이라고 적혀 있지만, 예전보다 근시가 훨씬 늘어난 현상을 자연선택으로 설명할 수는 없다는 것이었고, 두 번째는 근시가 단순히 안경을 쓰면 해결되는 문제가 아니라는 것이었다. 근시는 성년이 되어 생기는 실명의 원인이 되기도 한다.

모건은 동아시아에서 근시 환자가 급증한다는 이야기를 듣자, 사람들의 인생을 바꾸는 데 진정한 기여를 할 기회가 왔음을 알아차리고 즉각 조사에 나섰다. 그가 첫 번째로 한 일은 호주와 이웃 아시아 국가들 사이에 근시의 비율이 얼마나 차이가 나는지를 조사하는 것이었다. 조사 결과는 놀라웠다.[15] 만 7세 아동의 근시 비율이 호주는 1퍼센트에 불과했던 반면, 싱가포르는 무려 30퍼센트에 달했다. 혹시나 유전적인 요인이 관계되어 있는지 알아보고 싶어서, 모건은 호주에서 자란 중국계 아이들의 근시 비율을 살펴보았다. 하지만 그 비율은 겨우 3퍼센트에 불과했다.

"아무리 살펴보아도 이 차이를 빚어낼 수 있는 요인은 하나뿐이었어요. 아이들이 실외에서 얼마나 시간을 보내느냐죠." 후속 연구를 통해서 호주 아이들은 하루에 야외에서 네다섯 시간을 보내는 반면, 싱가포르 아이들은 30분 남짓을 보낼 뿐임이 드러났다. 자연광이 보호 효과를 일으킬 수 있다는 모건의 이론은 다른 연구실들에서 이루어진 동물 연구를 통해 뒷받침되었다. 병아리를 빛이 약한 곳에서 키우자 근시가 되는 비율이 상당히 늘어났고, 또 다른 연구에서는 닭을 자연광에 상응하는 조명 조건에서 키우자 실험적으로 유도한 근시를 막아 주는 효과가 나타났다.

근시는 눈동자가 너무 길게 자라서 멀리 있는 물체에서 오는 빛이 망막이 아니라 망막 앞쪽에서 상을 맺게 됨으로써 나타난다. 심하면 눈 안쪽이 길어지고 얇아져서 백내장, 망막 박리, 녹내장, 실명 같은 합병증이 생긴다.

현재로서는 빛이 망막에서 도파민 분비를 자극하고, 그 도파민이 발달기에 눈이 길어지는 것을 막아 준다고 보는 가설이 가장 설득력이 있어 보인다(불행히도 성인이 된 뒤에는 밝은 빛을 쬐어도 근시가 회복되지 않는 듯하다). 망막의 도파민은 하루 주기 시계의 통제를 받으며, 대개 낮에 분비가 늘어나면서 눈이 밤에서 낮의 시야로 전환하도록 해 준다. 이 이론은 낮에 환한 빛을 쬐지 않으면 이 리듬이 교란됨으로써 눈의 성장이 지체되는 결과가 나타난다고 본다. 후속 연구들은 밝은 빛에 이따금 노출될 때 — 이 자전하는 지구에서 실외에서 많은 시간을 보낸다면 자연히 그렇게 된다 — 실험적으로 유도한 근시를 더욱더 보호하는 효과가 나타남을 보여 주었다.

근시가 아동의 교육에 미칠 수 있는 영향을 고려할 때, 동아시아에서 이 문제를 악화시키고 있는 것이 바로 자녀가 학교에서 좋은 성적을 받기를 원하는 부모의 욕구라는 것은 아이러니한 일이다. 공부에만 몰두하게 하고 밖에서 노는 것을 적극적으로 가로막는 생활 습관이 복합적으로 작용해 아이들에게서 낮의 햇빛을 박탈하고 있는 것이다. 햇빛은 건강한 눈의 발달을 위해 반드시 있어야 하는 요소인데도 말이다. "아이들은 쉬는 시간에 밖에 나가려고 하지 않아요. 밖에 있으면 피부에 안 좋다는 말을 들으니까요. 여자아이들은 피부가 까맣게 되면 남편을 얻지 못할 거라는 말을 듣고 살아요. 호주에서는 쉬는 시간에 밖에 나가지 않으면 벌을 받는데 말이죠."[16]

그러나 근시가 단지 동아시아만의 문제는 아니다. 영국과 미국에서도 1960년대 이래로 근시 비율이 2배로 늘었고, 지금도 꾸준히 늘고 있다. 서유럽에서는 2050년이면 근시 비율이 약 56퍼센트에 이르고, 북아메리카에서는 58퍼센트에 달할 것이라고 예상

된다. 그리고 야외 활동을 즐기는 호주인들도 실내에서 전자기기의 화면 앞에서 점점 더 많은 시간을 보내는 이 추세에서 벗어나 있는 것이 아니다. 현재 추세로 볼 때, 호주인도 2050년이면 근시 비율이 약 55퍼센트가 될 것이라고 추정된다.

일단 근시가 시작되면 대개 사춘기 말까지 진행되므로, 시작되는 시점을 몇 년이라도 늦출 수 있다면, 심각한 근시와 그에 수반되는 위험에 시달릴 사람의 수를 크게 줄일 수 있을 것이다.

해결책은 비교적 단순할 수도 있다. 2009년 모건은 광저우에서 자연광이 보호 효과를 일으킨다는 자신의 이론을 검증할 야심적인 실험에 착수했다. 무작위로 6개 학교를 골라 만 6~7세의 아이들에게 매일 학교에서 마지막 시간에 의무적으로 40분 동안 실외 수업을 하도록 했다. 또 아이들에게 실외 활동을 장려하는 글귀가 적힌 우산, 물병, 모자가 든 꾸러미를 들려서 집으로 보냈다. 또 주말에 실외 활동을 했다는 일기를 써 온 아이들에게는 상을 주었다. 또 다른 6개 학교를 골라서 대조군으로 설정했다. 그 아이들은 평소처럼 생활했다. 3년 뒤 모건 연구진은 양쪽 집단의 근시 비율을 비교했다. 실외 수업을 듣도록 한 학교의 아이들은 근시가 생긴 비율이 30퍼센트였던 반면, 대조군의 아이들은 40퍼센트였다.[17] 큰 차이가 아닌 양 느껴질지 모르지만, 광저우의 아이들은 실험 기간에 일주일 중 5일 동안 하루에 겨우 40분 더 햇빛을 쬐었을 뿐이다. 애초에 두 대조군 사이의 차이가 적었고, 또 주말에 자녀에게 야외 활동을 자주 시키라는 과제를 받아들인 가정이 거의 없었다. "우리 가설은 호주 아이들이 하듯이, 매일 실외에서 네다섯 시간을 보내야 한다는 것이었어요." 모건의 말이다. 미국에서 이루어진 연구에서는 '실외 스포츠 활동'을 일주일에 10~14시간 한 아이들이 5시간 미만으로 한 아이들보다 근시가 생길 위험이 약 절반에 불과한 것으로 나타났다.

대만의 학교들은 더욱 강력한 조치를 시도했다. 2010년 대만 정부는 '휴식 시간 교실 비우기' 정책을 시작했다. 만 7세에서 11세 사이의 초등학교 아이들에게 휴식 시간에 실외로 나가도록 하는 정책이었다. 그러면 매일 80분을 실외에서 보내게 된다. "아예 교실의 전등을 끄고 문을 걸어 잠가서 아이들을 밖으로 내보냈어요." 모건의 말이다. 1년 뒤 이 정책을 적용한 학교들에서 아이들의 근시 발생률이 절반으로 줄어들었다.

모든 지역이 이런 단호한 조치들을 쓸 가능성은 적다. 게다가 아이들을 직사광선이 내리쬐는 곳에 앉아 있도록 하는 것이 반드시 건강에 좋다고는 할 수 없다. 유년기나 청소년기에 일광 화상을 입으면, 말년에 치명적인 피부암인 흑색종에 걸릴 확률이 2배 이상 증가한다. 그러나 직사광선을 아예 피하면 다른 문제들이 생길 수 있다. 동아시아의 여러 국가에서는 구루병이 여전히 사회적 문제이며, 런던 같은 서양의 도시들에서도 영양 부족과 실내 생활 때문에 다시 구루병이 발생하기 시작하고 있다.

또 연구자들은 비타민 D가 심지어 태어나 세상의 빛을 보기 전부터 우리 건강에 다른 중요한 효과들을 일으킬 가능성과 태양이

다른 뜻밖의 방식으로 우리의 생물학에 영향을 미칠 수 있음을 깨닫고 있다. 20세기 전반기에 태양 치료법을 유행시키는 데 기여한 수수께끼의 인자는 시간이 흐르면서 그 비밀이 밝혀지고 있다. 햇빛은 빅터 데인이 주장하는 '만병통치약'이 아닐지 모른다. 그리고 너무 많이 쬐면 해롭다는 것도 의심할 여지가 없다. 그러나 태양이 우리의 생물학에 미치는 영향은 매우 깊어서, 심해처럼 이제 겨우 막 탐사에 나선 영역들이 있다.

5장

보호 인자

당신의 별자리는? 과학자로부터 들을 거라고 기대되는 질문이 아닐지 모르겠지만, 우리가 어느 달에 태어났느냐는 실제로 우리 삶에 영향을 미치고 있는 것으로 보인다. 적어도 우리의 몸과 건강에 말이다. 예를 들어, 당신이 여름에 태어났다면, 당신은 성인이 되었을 때 평균보다 키가 좀 더 클 가능성이 크다. 한편, 가을에 태어난 아기는 태어날 때 체중이 더 나가고 사춘기가 더 일찍 시작되는 경향이 있다. 이 효과는 작지만(키는 사실 몇 밀리미터 차이다) 의미 있는 수준이다. 마치 햇빛이 콩 줄기와 호박을 자라게 하는 것과 똑같은 방식으로 사람의 성장에도 영향을 미치는 듯이 보인다. 그리고 정말로 아이들은 봄과 여름에 더 빨리 자란다. 사람의 머리카락과 남성의 수염도 마찬가지다.[1]

그러나 생일과 나중의 삶 사이에 더 뚜렷한 관계를 보이는 것들이 있는데, 바로 특정한 질병에 걸릴 가능성이다. 일찍이 1929년에 스위스 심리학자 모리츠 트라머Moritz Tramer는 늦겨울에 태어난 사람들이 조현병에 걸릴 위험이 더 높다고 한 바 있다. 더 최근의 연구들도 그렇다는 것을 보여 준다. 북반구에서 2~4월에 태어난 사람들은 다른 달에 태어난 사람들에 비해 조현병에 걸릴 확률이 5~10퍼센트 더 높다.[2] 게다가 부모나 형제자매가 조현병이 있을 때는 확률이 거의 2배로 높아진다. 늦봄에 태어난 아기는 훗날 식욕 부진을 겪거나 자살할 위험이 더 높다. 한편 생일이 가을인 이들은 공황발작을 일으킬 가능성과 알코올 중독에 빠질 가능성 — 적어도 남성에게서는 — 이 미소하게 더 높다.

그렇다면 이 모든 현상의 배후에 놓여 있는 것은 무엇일까? 많은 과학자가 햇빛이라고 말한다. 특히 예비 엄마가 임신 후반기에 쬐는 햇빛의 양이 중요한 요인이라고 본다. 알다시피, 햇빛 노출은 비타민 D 생산에 중요하며, 비타민 D 결핍증은 다양한 정신의학적, 면역학적 장애와 관련이 있다.

이 태어난 달 효과를 다른 식으로 설명하는 가설도 많다. 기온, 식단, 운동량 같은 요인들인데, 이것들도 계절에 따라 변동할 수 있다. 알레르기성 천식을 보면, 집먼지진드기가 더 기승을 부리는 늦여름과 초가을에 태어난 이들은 천식에 걸릴 위험이 40배나 더 높았다. 아마 면역계가 발달할 당시에 그 알레르기 항원에 노출되는 일과 관계가 있는 듯하다.[3] 세균과 바이러스의 증식과 확산도 계절에 따라 변동한다. 예를 들어, 춥고 건조한 날씨에는 재채기를 통해 뿜어진 미세한 콧물과 바이러스 입자들이 공기에 더 오래 머물기 때문에, 주변 사람들이 흡입할 확률도 그만큼 높아진다.[4] 예비 엄마가 그런 감염에 노출될 때 아기의 면역계가 발달하는 양상에도 영향이 미칠 수 있다.

그러나 이런 출생월 효과들 중 상당수가 임신부의 햇빛 노출에서 비롯된다는 이론이 여전히 가장 설득력 있게 느껴진다. 여름에 태어난 아기가 겨울에 태어난 아기보다 혈액의 비타민 D 농도가 2배 높다는 점도 그런 견해를 뒷받침한다. 그 차이는 두 계절의 햇빛 노출량 차이로 설명이 된다. 이것이나 햇빛이 제공하는 다른 어떤 요소가 아기의 신체 발달 양상에 변화를 일으킴으로써, 장래 질병에 걸릴 위험에 차이를 빚어내는 듯하다.

햇빛 노출은 임신 때만의 문제가 아니다. 햇빛은 다른 의학적 수수께끼들에도 관여한다. 제1형 당뇨병, 천식, 고혈압, 죽상 동맥 경화증 등은 적도 가까이에 사는 사람들에 비해 겨울에 낮이 짧고 햇빛이 약한 지역인 고위도에 사는 사람들에게 더 흔하다.[5] 또 이런 질병의 증상들 중에는 햇빛이 풍부해지는 여름이면 완화되는 경향을 보이는 것들이 많다.

가장 강력한 위도 관련 효과 중 하나는 다발성 경화증에서 나타나는데, 흥미롭게도 이 병은 봄에 태어난 사람들에게서 더 흔히 나타난다. 다발성 경화증은 자가 면역 질환의 일종이다. 뇌와 척수에서 신경을 감싸는 절연체인 신경집을 몸이 공격함으로써 나타난다. 최근에 다발성 경화증 발생 빈도를 다룬 321건의 연구 결과를 메타 분석했더니, 적도에서 남쪽이나 북쪽으로 위도가 1도씩 늘어날 때마다 환자가 인구 10만 명당 3.97명씩 증가한다는 결과가 나왔다.[6] 또 다발성 경화증은 유년기와 청소년기에 햇빛에 적게 노출된 사람들에게서 3배 더 많이 나타난다.

햇빛이 다발성 경화증 발생률에 어떤 역할을 하는지 사례 연구를 하고 싶다면, 이란으로 가면 된다. 이란은 해가 쨍쨍 빛나는 나라이므로 이론상 이 병의 빈도가 상대적으로 낮아야 하는데, 수수께끼처럼 높게 나타난다. 역사적으로 보면, 이란은 중동의 다른 나라들처럼 다발성 경화증의 빈도가 낮았다. 그런데 1989년부터 2006년 사이에[7] 이 빈도가 거의 8배로 치솟으면서, 인구 10만 명당 거의 6명꼴이 되었다.[8] 이유가 뭘까?

비타민 D 부족이 주된 원인으로 여겨져 왔다. 건강한 뼈와 치아를 유지하는 것 말고도 여러 가지 일을 한다는 사실이 점점 드러나고 있는 바로 그 물질 말이다. 비타민 D 수용체는 심장에도 있고, 인슐린을 합성하는 췌장 세포에도 있다.[9] 그리고 비타민 D 결핍증은 심장병과 제1형 및 제2형 당뇨병과 관련이 있다. 뇌세포의 발달에도, 뇌세포의 신호 전달과 전반적인 건강에도 영향을 미친다.[10] 또 다양한 면역 세포가 외부 침입자의 공격에 맞서는 데에도 쓰이고, 상처 회복도 촉진한다. 다발성 경화증과 특히 관련이 깊은 부분은 비타민 D가 조절 면역 세포의 발달을 자극하는 듯하다는 것이다. 이 면역 세포는 면역 반응이 마구 날뛰지 않게 막는 역할을 한다.

임신 때 체내 비타민 D 농도가 낮으면, 아기가 훗날 다발성 경화증에 걸릴 위험이 거의 2배로 높아진다는 연구도 있다.[11] 반면에 비타민 D 농도가 높은 젊은 성인은 그 병에 걸릴 위험이 낮다.

☼

비교적 적도 가까이에 있고 화창한 날이 많기에, 이란인이 비타민 D를 합성할 기회는 충분할 것이 분명하다. 사실 아주 최근까지만 해도 그랬다. 20세기 중반에 이란은 서구의 패션과 문화에 깊이 영향을 받고 있는 나라였다. 1941년부터 1979년까지 이란을 통치한 마지막 국왕인 모하메드 레자Mohammed Reza는 유럽의 스포츠카, 경주마, 미국 여배우를 좋아했고, 서양의 옷을 즐겨 입었다. 그리고 미니스커트나 수영복 차림의 여배우나 가수와 함께 사진도 찍곤 했다. 그러다가 1979년 이슬람 혁명이 일어나면서 모든 것이 바뀌었다. 그때부터 남성들은 보수적으로 옷을 입었고, 여성들은 길게 늘어진 헐렁한 의상을 입고 머리를 덮고 얼굴을 가리고 다녀야 했다. 그렇게 하지 않으면 풍속 담당 경찰에게 체포되어 처벌을 받았다. 그전까지 햇빛을 한껏 받던 피부는 갑작스럽게 햇빛을 차단당했다.

현재 이란은 전체적으로 비타민 D 결핍증이 높은 수준이며, 특히 여성과 아이에게서 더 높게 나타난다. 하버드 공중보건대의 자료는 비타민 D가 다발성 경화증과도 관련이 있으며, 이 질병의 발생 초기에 혈중 비타민 D 농도가 더 낮은 사람이 증상이 더 전면적

으로 진행되고 예후가 더 나빠질 가능성이 더 높음을 보여 준다.[12]

하루 주기 리듬과 멜라토닌처럼, 비타민 D도 고대에 기원했다. 바다의 식물성 플랑크톤과 동물성 플랑크톤은 5억여 년 전부터 비타민 D를 만든 것으로 추정된다. 이 미세한 해양 플랑크톤을 비롯하여 대부분의 생명체는 비타민 D의 비활성 전구물질 형태를 지니고 있다. 플랑크톤을 먹는 어류의 간이 식탁에서 비타민 D의 주된 공급원인 이유가 그 때문일 수 있다. 비타민 D는 이 원시 생물들의 체내에서 DNA 손상을 일으키는 자외선을 일부 흡수함으로써, 태양에너지의 파괴적인 효과로부터 몸을 보호하는 데 도움을 준다.

그러나 비타민 D의 활성 형태, 즉 인간의 뼈대에 매우 중요하며, 뼈를 만드는 데에도 필요한 형태는 오직 척추동물에게만 있다. 문제는 위도가 37도를 넘는 지역, 즉 샌프란시스코, 도쿄, 지중해의 북부와 뉴질랜드 대부분의 지역, 남반구의 칠레와 아르헨티나의 일부 지역에서는 겨울에 합성되는 비타민 D의 양이 미미하다는 것이다.

영국에 사는 이들은 3월 말부터 9월까지만 몸에서 비타민 D를 합성할 수 있다. 나머지 기간에는 해가 밝은 계절에 저장해 둔 양과 기름기 있는 생선, 달걀노른자, 버섯 같은 비타민 D가 많은 식품을 통해 보충한다.

점점 더 많은 이들이 낮에 실내에서 보내는 시간이 더욱 길어지고 있다. 따라서 고위도에 사는 많은 이들이 겨울을 견딜 만큼 비타민 D를 다른 계절들에 충분히 저장하지 못할 가능성이 커지고 있다. 그 결과 그들의 뼈, 근육, 아마 다른 조직들에도 문제가 생길지 모른다. 2016년에 영국 영양학 과학자문위원회는 겨울에 모든 영국인이 비타민 D 보충제를 먹을 생각을 해야 한다는 권고까지 내놓았다. 주된 이유는 뼈를 보호하기 위해서다. 특히 넘어지거나 그 결과 뼈가 부러지거나 하는 것이 부상과 사망의 주된 원인이고, 그에 따라 보건 서비스에 큰 지출을 야기하는 고령자들에게는 매우 타당한 조언이다. 게다가 최근 들어서 비타민 D 결핍증과 관련이 있다는 질병의 목록이 계속 늘어나고 있다. 다발성 경화증뿐 아니라, 심혈관 질환, 다양한 자가 면역 및 염증 질환, 감염, 심지어 불임도 관련이 있다.

그러니 비타민 D 보충제를 먹으면 이런 질병들에도 다 좋은 효과가 나타날 것이라고 결론을 내릴지도 모르겠다. 하지만 안타깝게도, 이 질병들 중에는 그렇지 않은 것들도 많은 듯하다. 다발성 경화증도 그렇다. 혈중 비타민 D의 농도가 낮을 때 이 병에 걸릴 위험이 높고, 병의 증세가 악화될 가능성도 높지만, 일단 생긴 다발성 경화증의 증상을 비타민 D 보충제가 개선할 수 있다는 연구 결과는 아직까지 나오지 않았다.[13]

2017년 말에 모든 연령의 환자들을 대상으로 한 여러 비타민 D 보충제 임상 시험 연구들을 종합 검토했더니, 뼈와 관련이 없는 증상들을 예방하거나 완화해 준다는 증거가 희박하다는 결론이 나왔다.[14] 두 가지만 예외였다. 비타민 D 보충제는 상기도 감염을 예방하고, 기존 천식의 악화를 억제하는 데 도움을 줄 수 있다. 또 중년과 노년에 그 보충제를 꾸준히 먹으면 기대여명도 늘어난다. 하지만 주로 병원에 입원해 있거나 요양 시설에서 지내는 사람들이 그 대상이다. 즉 실외 활동을 많이 못하는 이들이다. 이런 긍정적인 결과들이 중요한 것은 분명하지만, 비타민 D 보충제가 21세기의 모든 건강 문제들을 해결할 만병통치약이 아니라는 점도 명백하다.

물론 이 말이 반드시 비타민 D 이야기의 최종 결론은 아니다. 우리가 비타민 D 보충제의 최적 복용 시간이나 최적 용량을 아직 알아내지 못했거나, 그 임상 시험들이 건강 효과가 나타날 만큼 오래 지속되지 않은 것일 수도 있다. 또 여러 임상 시험에서는 이미 체내 비타민 D 농도가 충분한 수준인 사람들도 포함되어 있었기에, 비타민 D가 부족한 사람들에게 보충제가 준 혜택이 가려졌을 수도 있다. 그리고 몇몇 대규모 임상 시험이 아직 진행 중이므로, 그 결과가 나오기 전까지는 아직 판단을 유보하기로 하자.

그러나 햇빛에 있는 다른 무언가가 비타민 D의 효과로 돌릴 수 있는 것 이외에도 더 폭넓은 건강 혜택을 줄 가능성이 있는지 살펴보는 것도 가치가 있다. 다발성 경화증 발생 위험을 줄이는 것이 그중 하나다. 비타민 D는 분명히 우리에게 좋지만, 체내 비타민 D 농도는 전반적으로 우리가 햇빛 아래에서 얼마나 시간을 보냈는지를 알려 주는 강력한 지표이기도 하다. 비타민 D 보충제를 먹는 것은 실외에서 더 많은 시간을 보내는 것과 다르다. 그리고 햇빛 노출 부족을 대신하기 위해서 비타민 D 보충제에 의존하다가는 햇빛이 제공하는 다른 중요한 것들을 놓치게 될 수 있다.

☼

'입자! 바르자! 쓰자!Slip! Slop! Slap!' 호주암위원회Cancer Council Australia가 내놓은 건강 캠페인 문구다. 광고 영상에는 만화 캐릭터인 갈매기가 춤을 추면서 사람들에게 셔츠를 입고, 선크림을 바르고, 모자를 쓰라고 권한다. 이 광고는 호주 역사상 가장 성공한 축에 든다. 1981년에 나온 이 표어는 호주인들의 마음속에 깊이 새겨졌으며, 바닥세포암종과 편평세포암종이라는 가장 흔한 두 가지 형태의 피부암 발병률을 줄이는 데 기여했다고 널리 인정을 받고 있다.

2007년에 이 표어는 '입고, 바르고, 쓰고, 찾고, 끼자slip, slop, slap, seek and slide'로 확대되었다. 햇빛에 손상되는 것을 막으려면 그늘을 찾고, 선글라스를 끼는 것도 중요함을 강조한 것이다.

호주는 지구에서 흑색종 발병률이 가장 높은 곳에 속한다. 평균적으로 매일 30명이 흑색종이라는 진단을 받고, 3명이 그로 인해 사망한다. 지금까지 줄곧 햇빛의 이로운 효과를 이야기했으니, 단점도 강조할 필요가 있겠다. 햇빛을 포함하여 자외선에 노출되면 피부암에 걸릴 위험이 증가한다는 것은 분명하다. 그 점은 자외선등과 일광욕 유행이 정점을 향해 치닫고 있던 1928년에도 알려져 있었다. 당시 영국 연구자 조지 핀들레이George Findlay는 생쥐에게 수은아크등에서 나오는 자외선을 매일 쪼였더니, 피부에 종양이 생기는 것을 관찰했다. 그 뒤로 자외선 노출과 피부암이 관계가 있으며, 선크림이 피부암 발병 위험을 줄인다는 연구 결과가 쏟아졌다.

이유는 자외선이 피부 세포의 DNA에 돌연변이를 일으킴으로써 세포의 기능에 이상이 생기고 세포가 비정상적으로 증식하기 때문이다. 그 뒤로 작동하는 메커니즘이 하나 더 있는 듯하다는 연구 결과가 점점 늘고 있다. 이 메커니즘은 햇빛이 염증과 자가 면역 질환에 유익한 효과를 미치는 이유도 설명해 줄지 모른다. 늘 그렇듯이, 햇빛은 양날의 칼이다. 생명의 창조자이자 파괴자인 것이다.

1970년대에 마거릿 크립키Margaret Kripke라는 미국 연구자는 피부암을 건강한 생쥐에게 이식하면 생쥐의 몸이 이를 거부하지만, 생쥐에게 자외선을 쬔 뒤에 이식하면 암이 정착하여 증식한다는 것을 발견했다.[15] 크립키는 자외선이 어떤 식으로든 생쥐의 면역계를 억제한 것이 분명하다고 결론지었다. 그 결론은 대개는 비정상적인 세포를 찾아내서 없애는 일을 아주 잘하는 면역 세포가 햇빛을 쬐어서 생기는 피부암을 조기에 찾아내서 없애는 데 실패하곤 하는 이유를 설명하는 데에도 도움을 줄 수 있었다.

다시 말해, 피부암이 자랄 수 있는 이유는 햇빛에 너무 심하게 노출되면 애초에 그 암을 일으키는 돌연변이가 촉발될 뿐 아니라, 면역계도 억제되기 때문이다.

피부는 몸에서 가장 큰 기관으로, 면적이 약 2제곱미터, 무게가 약 3.6킬로그램에 이른다. 『브리태니커 백과사전』에 따르면, 피부는 몸을 보호하고 바깥 환경에서 오는 감각 자극을 받는 일을 한다. 그러나 그 말은 피부의 기능을 너무 과소평가하는 것일 수 있다. 피부가 바깥의 위협에 관한 정보를 전달하여 면역의 오케스트라를 지휘하는, 면역계의 핵심 부분이기도 하다는 증거가 최근에 나왔기 때문이다.

피부의 가장 바깥층인 표피를 구성하는 주된 세포는 각질 세포keratinocyte다. 이 세포는 피부를 거의 방수층으로 만드는 구조 단백질인 케라틴keratin을 생산할 뿐 아니라, 가까이 있는 림프절의 면역 세포 및 피부에 있는 신경 세포와 끊임없이 대화를 한다.

각질 세포의 표면은 자외선을 흡수할 수 있는 수용체로 뒤덮여 있다. 이 수용체는 자외선을 받으면 다양한 면역 세포로 화학적 신호를 보낸다. 특히 면역계를 평온한 상태로 유지하는 데 도움을 주는 '조절' 면역 세포 집합으로 보낸다. 신호가 아주 강해서 몸의 다른 곳들에까지 전달되면, 면역 반응이 억제된다.

우리는 이 햇빛이 비치는 행성에서 낮에 활동하는 동물로서 진화했기에, 이렇게 면역을 억제하는 이유도 거기에 있을지 모른다. 그것이 '자기 자신'을 관용하는 방법이라는 주장도 있다. 즉 면역계는 강력한 무기이며, 억제를 하지 않으면 금방 자신의 조직을 향해 이빨을 들이밀어서 파괴할 수 있으므로, '자기 자신'을 관용하는 것이 생존에 필수적이라는 개념이다. "관용을 깨면, 면역계는 본질적으로 당신을 죽일 겁니다." 시드니 대학교의 면역학자 스콧 번Scott Byrne의 말이다. 그는 자외선에서 새로이 발견된 이러한 역할을 연구해 왔다. "햇빛을 쬠으로써 우리는 본질적으로 이 관용적인 환경을 유지하고 있고, 그것이 자가 면역 질환을 예방하는 데 핵심적인 역할을 하지요."[16] 반면에 햇빛을 너무 많이 쬐면, 우리 면역 세포는 피부에 자라는 암도 관용적으로 대하기 시작한다.

호주 웨스턴 대학교의 면역학자 프루 하트Prue Hart는 다발성 경화증 같은 자가 면역 질환이 위도와 관련이 있다는 사실에 오래전부터 관심을 갖고 있었다. 그래서 비타민 D 보충제가 그 병의 발병이나 진행을 억제하는 혜택을 보여 주지 못했다는 임상 시험 결과를 접하고 낙심했다. 그러나 자외선이 특정한 면역 반응을 억제한다는 발견에 영감을 얻어서 그녀는 자외선을 다발성 경화증 치료에 쓸 수 있을지 조사하기 시작했다. 이미 그녀는 생쥐에게 한낮에 짧게 노출되는 양에 상응하는 자외선을 쬠으로써 실험적 자가 면역 뇌척수염이라는 실험실에서 유도한 다발성 경화증의 진행을 억제할 수 있음을 보여 주었다.[17] 지금은 번과 함께 광선 요법등 — 건선 같은 염증성 피부질환 치료에 더 널리 쓰이는 조명 — 에서 나오는 자외선을 쬐었을 때, 다발성 경화증의 증상들이 처음으로 나타난 초기 환자들에게서 그 병의 진행을 늦추거나 더 나아가 막을 수 있는지를 연구하고 있다.

환자 20명을 대상으로 한 예비 실험에서는 2개월 동안 광선 요법을 받은 10명 중에서는 7명만이 1년 뒤에 다발성 경화증이 완전히 진행된 반면, 대조군에 속한 10명은 전부 다 완전히 진행되었다.[18] 또 자외선 치료를 받은 집단은 피로를 덜 느낀다고 답했다. 중요한 점은 두 집단의 체내 비타민 D 농도가 비슷한 수준으로 유지되었다는 것이다. 이는 증상이 덜 악화된 이유가 비타민 D 때문이 아님을 시사한다. 비록 아직 실험 초기 단계이고, 확실히 밝혀내려면 더 큰 규모의 임상 시험을 할 필요가 있겠지만, 이런 연구 결과들은 자가 면역 질환에 시달리는 이들에게 한 줄기 희망의 빛을 비춘다.

그러나 면역 억제가 모든 것을 설명하지는 않는다. 예를 들어, 면역 억제로는 일광욕을 즐기는 사람들이 그 행동으로 암 위험이 증가함에도, 기대여명이 더 긴 듯한 이유를 설명할 수 없다.

리처드 웰러Richard Weller는 처음에 피부과 의사가 되었을 때는 햇빛이 몸에 끔찍이 나쁘다고 믿고 있었다. "피부과 의사들이 다 그렇게 말하니까요." 그는 햇빛이 피부암의 주된 위험 요인이라는 점에는 반론을 제기하지 않는다. 피부가 일산화질소 — 강력한 혈관 확장제 — 를 생산할 수 있다는 것을 발견했을 때에도, 그는 그 물질이 우리 건강에 유익하기보다는 피부암의 증식을 부추기는 데 관여할 것이라고 가정했다.

이어서 그는 우리 피부에 일산화질소가 저장 가능한 형태로 대량으로 비축되어 있으며, 그것이 햇빛을 받으면 활성화될 수 있다는 것을 발견했다. 그가 새로운 깨달음을 얻은 것은 바로 그때였다. 그는 이렇게 생각했다. "잠깐, 사람들의 혈압이 겨울보다 여름에 더 낮은 이유가 혹시 그 때문이 아닐까?"[19] 또 고위도 지역에서 심혈관 질환자의 비율이 더 높은 이유도 이 발견으로 설명할 수 있을지 모른다.

후속 실험들은 그 생각이 옳았음을 확인해 주었다. 영국의 여름 햇빛에 약 20분 동안 노출되면, 혈압이 일시적으로 떨어지고, 실내로 들어온 뒤에도 그 상태가 유지된다.[20] 햇빛에 일산화질소가 활성을 띠면서 이동함으로써 혜택을 얻는 것이 혈압만은 아닌 듯하다. 고지방 먹이를 먹이는 생쥐에게 정기적으로 자외선을 쬐자 체중 증가와 대사 기능 이상이 억제되는 효과가 나타났다는 연구들도 있다.[21] 일산화질소 생산을 차단하면, 이 보호 효과도 차단된다. 일산화질소는 상처 치유에도 관여하는 듯하며, 남성의 발기를 일으키고 유지하는 데도 한몫을 한다. 또 면역 반응이 지나치게 일어나는 것을 억제하는 조절 면역 세포도 일산화질소에 반응하는 듯하다. 지금까지 몰랐던 햇빛과 피부 사이의 이 상호작용이 스웨덴 남부 흑색종 연구의 당혹스러운 결과를 설명하는 데 도움을 줄 수 있을 것이다.

그 연구는 흑색종 및 유방암과 관련된 위험 요인들을 더 깊이 이해하려는 목적을 갖고서 1990년에 시작되었다. 연구진은 유방암 병력이 전혀 없는 여성 29,508명을 모집해서 건강과 습관 등을 파악한 뒤, 정기적으로 건강 검진을 함으로써 건강 상태를 추적했다.

해당 여성들에게 질문한 사항 중에는 햇볕을 쬐는 습관에 관한 것도 있었다. 여름에 일광욕을 얼마나 자주 하나요? 겨울에도 일광욕을 하나요? 인공 선탠 장치를 이용하나요? 수영하고 일광욕을 하러 해외로 가나요? 연구진은 이런 질문들의 답을 토대로, 여성들을 세 부류로 나누었다. '햇빛 노출 회피', '적당한 햇빛 노출', '적극적인 햇빛 노출' 집단이었다.

연구를 시작한 지 20년 뒤, 연구진은 모은 자료를 일부 분석했다. 그러자 몇 가지 놀라운 결과가 나왔다. 첫 번째는 적극적으로 햇빛을 쬐는 여성들이 회피하는 여성들보다 기대여명이 1~2년 더 길다는 것이었다. 가용 소득, 교육 수준, 운동 등 결과에 영향을 미칠 수 있는 요인들을 다 감안한 다음의 결과였다.

연구진은 이 결과가 맞는다면, 햇빛을 회피하는 습관이 기대여명에 흡연 습관과 맞먹는 수준의 영향을 미친다는 뜻이라고 했다.[22] 이 연구 기간에 햇빛 회피 집단에 속한 여성들은 적극적인 햇빛 노출 집단의 여성들보다 사망률이 2배 높았다. 적당히 쬐는 집단은 그 중간이었다.

비록 논란의 여지가 있어 보이지만, 이 발견은 낮은 비타민 D 농도가 더 짧은 기대여명과 관련이 있다는 다른 연구 결과들과

들어맞는다. 물론 지금 우리는 햇빛이 우리 몸에 미치는 다른 효과들이 그 연관성을 설명하는 데 도움을 줄 수도 있음을 알며, 비타민 D 농도가 전반적으로 햇빛에 얼마나 노출되었는지를 말해주는 단순한 표지일 수도 있음을 안다. 아니면 비타민 D가 우리 몸에 아직 우리가 알아내지 못한 효과를 일으키는 것일 수도 있다. 때 이른 사망을 예방하는 효과 말이다.

연구진은 햇빛 회피 집단의 이 기대여명 감소 원인을 찾아 나섰다. 그러자 주로 제2형 당뇨병, 자가 면역 질환, 만성 폐 질환, 심혈관 질환 등 암 이외의 질병들에 따른 사망 위험 증가가 주된 원인임이 드러났다.

이 연구에서 나온 또 한 가지 직관에 반하는 발견은 흑색종 이외의 다른 피부암에 걸린 적극적인 햇빛 추구자들이 기대여명이 가장 길었다는 것이다. 그렇긴 해도, 적극적인 햇빛 노출 집단은 다른 집단들에 비해 암에 걸려 사망할 확률이 더 높았다. 아마 더 오래 살기 때문일 것이다. 또 그들은 흑색종을 포함하여 피부암에 걸릴 확률이 더 높았지만 피부암에 걸린 경우에도, 그들은 같은 병에 걸린 햇빛 회피자들보다 생존율이 더 높았다.[23]

이 모든 결과는 보건 정책 결정자들에게 난제를 안겨 준다. 많은 호주 학교는 아이들을 태양으로부터 보호하기 위해서 “모자를 안

쓰면, 놀지 못한다"는 방침을 정했다. 이는 여름 몇 달 동안에는 적절한 조치다. 호주처럼 햇살이 더 적은 대기를 가로질러서 땅에 닿는, 따라서 햇살이 더 강한 지역에서는 더욱 그렇다. 그러나 지금 햇살이 약할 때가 많은 고위도 지역에 있는 학교들까지 — 영국 학교들도 포함하여 — 비슷한 방침을 채택하고 있다.

심지어 '입자! 바르자! 쓰자!' 운동을 시작한 호주암위원회도 비타민 D 결핍증 위험을 줄이기 위해서 최근 들어서 더 미묘한 입장을 취해 왔다. 지금은 햇빛을 언제 피해야 할지를 가리키는 자외선 지수 — 태양의 자외선이 얼마나 강한지, 따라서 화상을 입을 가능성이 가장 높은 때가 언제인지를 알려 주는 척도 — 가 중요하다고 강조하고 있다. 호주암위원회는 다른 호주 의학 단체들과 함께 자외선 지수가 3 이상일 때에는 태양 아래 있지 말고 — 비타민 D 결핍증 진단을 받은 사람들조차도 — 실외에 몇 분 이상 머물러야 한다면 입고, 바르고, 쓰고, 찾고, 끼라는 표어를 따르라고 권고한다.

그러나 호주의 더 남쪽 지역에서는 가을과 겨울에 주민들에게 비타민 D를 합성할 수 있도록 피부를 일부 노출시킨 채 한낮에 실외로 나가라고 권한다.

영국 같은 더 고위도 국가에서는 자외선 지수가 10월에서 3월 사이에 3을 넘는 일이 거의 없지만, 4월 말의 화창한 날에는 6에 다다를 수도 있고, 한여름에는 7이나 8까지 올라갈 수도 있다. 영국암연구소Cancer Research UK는 자외선 지수가 3~7일 때에는 선크림을 바르라고 권하며(특히 오전 11시에서 오후 3시 사이에), 8 이상일 때는 언제나 바르라고 말한다. 여름 지중해 연안에서는 지수가 9나 10일 때가 흔하며, 드물게는 11까지 올라가기도 한다. 지수는 11이 최대다.

가장 중요한 것은 일광 화상을 피하는 것이다. 실외에서 일하는 사람과 사무실에서 일하는 사람의 피부암 발생률을 비교하면, 평일에 실내에서 일하는 사람 쪽이 치명적인 흑색종에 걸릴 위험이 가장 높다. 실외에서 일하는 사람은 다른 유형의 피부암들에 걸릴 위험이 더 높지만, 그런 암들은 덜 치명적인 경향이 있다. 이런 차이가 나타나는 한 가지 이유는 사무실에서 일하는 사람이 일광욕을 몰아서 하는 경향이 있기 때문이다. 이들은 주말에 해변으로 나가 땡볕을 몰아서 왕창 쬠으로써 화상을 입곤 한다. 일광 화상은 흑색종의 주된 위험 요인이다.

이 차이가 사람들이 쬐는 자외선의 종류와 관련이 있을 가능성도 제기되어 있다. 실외에서 일하는 사람은 대개 자외선 A와 B에 다 노출되지만, 사무실에서 일하는 사람은 사무실 유리창을 투과할 수 있는 자외선 A를 상대적으로 더 많이 쬐는 반면 유리창을 투과하지 못하는 자외선 B는 덜 쬘 수 있다. 비록 양쪽 광선 다 피부암에 기여를 하지만, 신기하게도 비타민 D(자외선 B를 써서 합성된다)는 피부 세포의 DNA 손상을 어느 정도 막아 주는 듯하다.

비록 현재 일광욕을 피부암을 피하는 수단이라고 주장할 사람은 거의 없겠지만, 비타민 D를 직접 피부에 바르는 것도 햇빛에 노출될 때의 해로운 효과를 줄여 줄 수 있을지를 알아보는 임상 시험들이 진행 중이다.

종합하면, 이런 새로운 과학적 발견들은 최근 수십 년 사이에 실외 활동 중심의 생활양식이 실내 활동 위주로 바뀐 것이 예기치 않은 결과를 빚어낼 수 있음을 시사한다. 이란의 연구가 시사하듯이 다발성 경화증 발병률이 높아진 것도 한 예다. 또 수십만 년에 걸쳐서 인류의 진화에 관여했던 햇빛을 비타민 D라는 하나의 보충제로 대체하려는 시도의 문제점들도 보여 준다. 비타민 D가 우리 건강에 여러모로 중요하며, 보충제가 겨울에 햇빛을 충분히 받지 못하는 고위도 지역에 사는 이들에게 비타민 D를 제공하는 한 방법임에는 틀림없지만,[24] 1년 내내 햇빛을 충분히 쬐는 일을 대신할 수는 없다(또 우리는 생체 시계를 계속 동조시키는 데에도 밝은 햇빛이 필요하다). 햇빛에 너무 많이 노출되면 분명히 안 좋지만, 너무 적게 노출되는 것도 건강에 안 좋다. 수십만 년 동안 그러했듯이, 태양은 여전히 우리 삶의 일부가 되어야 한다.

햇빛이 피부에 미치는 영향 중에서 언급할 만한 것이 하나 더 있다. 햇빛이 피부에 닿으면, 멜라닌(피부를 짙게 함으로써 햇빛이 일으키는 손상을 막아 주는 역할을 하는 색소)생산을 자극하는 몇 가지 분자들이 만들어지기 시작한다. 그중 하나는 베타엔도르핀ß-endorphin으로서,

모르핀이나 헤로인 같은 마약과 동일한 수용체를 자극하는 물질이다. 햇빛을 쬐면 심장병 위험이 줄어드는 데 엔도르핀 분비가 관여할 수 있다. 기분을 느긋하게 함으로써 스트레스가 심장에 미치는 부정적인 효과를 줄이는 것일 수도 있다. 엔도르핀은 보상체계도 활성화한다. 즉 특정한 자극 — 여기서는 햇빛 — 에 반응하여 쾌감을 촉발함으로써 그 자극을 다시 추구하게 만드는 뇌의 경로다. 일광욕을 정기적으로 하는 사람들 중에는 일광욕을 중단하면 마치 마약을 끊은 사람들이 느끼는 것과 같은 금단 증후군을 겪는 이들도 있다.

따라서 햇빛을 쬐면 기분이 좋아지는 이유, 그리고 겨울에 햇빛이 약해질 때면 햇빛을 몹시 갈망하는 이유를 햇빛에 반응하여 베타엔도르핀이 분비되는 현상으로 어느 정도 설명할 수 있을 것이다.

6장

어두운 곳

☀

일찍이 서기 2세기에 저명한 고대 그리스 의사 카파도키아의 아레타이오스는 "무력감은 햇빛 아래 누워서 햇살을 쬐야 한다(그 질병이 어두침침하기 때문이다)"고 했다.[1] 기원전 300년경에 편찬된 중국의 의서인 『황제내경黃帝內經』도 계절이 모든 생물에게 어떤 식으로 변화를 일으키는지를 기술하면서, 보존과 저장의 시기인 겨울에는 이렇게 하라고 말한다. "일찍 잠자리에 들고 해가 뜰 때 일어나라. ……행복한 비밀을 간직하듯이, 욕망과 정신 활동을 잠재우고 억제해야 한다."[2] 그리고 프랑스 의사 필리프 피넬Philippe Pinel은 1806년에 내놓은 『정신이상론Treatise on Insanity』에서 "12월과 1월의 추운 날씨"에는 정신질환자 중에 정신 상태가 악화되는 이들이 있다고 적었다.[3]

스칸디나비아의 고위도 지방만큼 이런 효과가 강하게 느껴지는 곳은 없다. 겨울에는 햇빛이 하루에 몇 시간만 비치거나, 아예 사라지는 지역들이다. 스웨덴 북부 지역에서 겨울 우울증은 "라프슈카lappsjuka'로 알려져 있다. "라플란드인(라플란드는 핀란드와 스칸디나비아반도 북부, 러시아의 콜라반도를 포함하는 유럽 최북단 지역을 가리키는 지명이다 — 옮긴이)의 병'이라는 뜻이다. 6세기 역사가 요르다네스Jordanes조차 당시 스칸디나비아에 살던 아도기트족이 계절에 따라 흥분과 슬픔의 극단을 오갔다는 점을 적시했다. "한여름에는 40일 동안 밤낮으로 해가 떠 있고, 겨울에는 환한 햇빛을 아예 보지 못한다. ……그들의 고통과 축복을 다른 종족들은 헤아리지 못할 것이다."[4]

계절 정동 장애를 앓는 소수의 사람들과 어느 정도는 겨울 우울증을 겪는 우리 대다수에게 겨울은 말 그대로 우울한 계절이다.[5]

계절 정동 장애를 하나의 증후군으로 보게 된 과정은 1970년대 말로 거슬러 올라간다. 미국 메릴랜드에 있는 국립정신건강원에서 빛이 생물학적 리듬에 어떻게 영향을 미치는지 조사하고 있던 연구진에게 허브 컨Herb Kern이라는 사람이 찾아왔다. 머리를 짧게 깎고 키가 작은 63세의 기술자였다.

활기와 열정에 넘치는 컨은 1967년부터 자신의 기분이 양극단을 오가는 양상을 상세히 기록했는데, 그 기분 변화가 계절적인 양상을 띤다고 확신했다. 즉 햇빛이 비치는 시간 및 세기와 관련이 있다고 생각했다. 자기 이론을 검증하기 위해, 컨은 이미 미국 광생물학회에 가입을 했고, 그 분야의 몇몇 연구자들에게 자신의 기분 변동을 이야기한 바 있었다.[6]

국립정신건강원의 두 연구자 앨프리드 루이Alfred Lewy와 샌퍼드 마키Sanford Markey는 얼마 전에 사람의 혈장에 든 멜라토닌 농도를 측정하는 새로운 방법을 발표한 바 있었는데, 컨은 그들에게 봄과 겨울에 자신의 혈액 검사를 해달라고 요청했다. 그런 생물학적 차이 때문에 기분 변화가 나타나는 것인지 알아보고 싶었다.[7]

루이와 그의 연구진은 이미 낮의 길이가 몇몇 동물들에게서 생물학적으로 계절 변화를 일으킨다는 것과 멜라토닌의 분비 지속 시간(밤임을 알려 주는 생물학적 등대)이 그 동물들의 몸에 지금이 한 해 중 어느 시기인지를 알려 준다는 것을 알고 있었다. 또 연구진은 밝은 빛을 쬐면 사람의 몸에서 멜라토닌 분비를 억제할 수 있다는 것도 보여 주었다.

연구진은 컨에게 역제안을 했다. 긴 겨울밤이 정말로 그의 몸에 멜라토닌이 가득 흐르게 함으로써 우울한 기분에 기여한다면, 아침과 오후 늦게 밝은 빛을 쬐어서 멜라토닌 분비 지속 시간을 줄이면 우울한 기분에서 벗어날 수 있지 않겠냐는 것이었다.

컨은 그들의 실험 대상이 되겠다고 동의했고, 다음 겨울 — 기분이 우울해지는 시기 — 에 그는 빛 상자light box로 치료를 받은 최초의 인간이 되었다. 매일 아침 6~9시 사이에 그는 환한 백색광을 쬐었다. 봄의 맑은 날 아침에 커튼을 활짝 걷었을 때 햇빛을 접하는 것과 비슷했다. 오후 4시에도 같은 과정을 되풀이했다. 이미 거리가 어두워지고 있는 때였다. 사나흘쯤 그렇게 하자, 컨은 기분이 나아지는 것을 느꼈고, 열흘쯤 되니 더 나아졌다.

한편 이 기이한 계절 질환에 시달리는 사람들이 얼마나 될지 알고 싶어서, 같은 연구진의 노먼 로젠탈Norman Rosenthal은 『워싱턴 포스트』의 기자에게 연락을 취했고, 기자는 로젠탈의 이야기를 기사로 썼다. 그러자 독자들에게서 반응이 쏟아졌다. 수천 명이 후속 및 실험에 기꺼이 참가하겠다고 독자 편지를 보내왔다.

로젠탈은 그들의 심정에 충분히 공감했다. 자신이 직접 겪은 일이었기 때문이다. 남아프리카 출신인 그는 1976년에 미국에 오고 나서, 곧바로 전에는 한 번도 경험해 본 적이 없던 기이한 기분을 겪게 되었다. 날이 점점 짧아지고 어둑해지는 겨울이 되자, 왠지 기운이 쭉 빠지고 일을 하기가 점점 힘들어지는 느낌이었다. 그러다가 눈이 녹기 시작하자, 활력이 다시 돌아오는 것을 느꼈다. 그는 지난 3개월 동안 대체 왜 그랬는지 의아했다. 당시 그런 일이 왜 일어났는지 설명을 제시한 사람은 그가 돌보는 정신질환자들뿐이었다. 그들은 이런 식으로 말하곤 했다. "선생님 아세요? 병원에 있는 사람들이 다 '크리스마스 불황'에 빠져서 허덕이고 있는 거라고요." 로젠탈은 이 계절적인 무력감과 우울증에 새로운 병명을 붙이기로 했다. 바로 계절 정동 장애seasonal affective disorder, SAD였다. 그렇게 새로운 증후군이 탄생했다.

1984년 로젠탈은 겨울에 우울 증후군을 보이다가 봄과 여름이면 그 증후군이 사라진다는 환자 29명 — 그중 27명은 양극성 장애 환자였다 — 의 사례를 담은 논문을 발표했다.[8] 이번에도 여기저기서 엄청난 반응이 쏟아졌다. 당시 국립정신건강원에서 일했던 바젤 대학교 신경생물학과 명예교수 애나 위즈저스티스Anna Wirz-Justice는 이렇게 회상한다. "마치 그 병이 늘 있었는데도, 그때까지 진단도 명칭도 없었던 것 같았어요."

SAD는 1987년에 미국정신의학협회로부터 공식 인정을 받았다. 비록 지금 대다수의 정신의학자들이 그것을 일반 우울증이나 양극성 장애의 하위 유형으로 간주하지만 말이다. 이 두 질환의 환자들 중 약 10~20퍼센트는 계절에 따라서 증상이 심해지거나 약해진다고 말한다. 하지만 SAD와 관련된 우울증은 몇 가지 색다른 특징을 지닌다. 일반 우울증 환자는 식욕을 잃고 불면증에 시달리곤 하는 반면, SAD 환자는 지나치게 많이 자고 먹곤 한다(특히 탄수화물을 마구 섭취하는 사례가 많다). 또 SAD 증후군은 인생의 불행한 사건이 아니라 대개 낮이 짧아짐으로써 촉발된다.

SAD의 발병률 통계는 어떤 진단법을 쓰느냐에 따라서 달라지지만, 대부분의 연구에서는 계절성 양상 설문 조사Seasonal Pattern Assessment Questionnaire, SPAQ라는 방법을 쓴다. 기분, 에너지, 사회적 접촉, 수면, 식욕, 체중의 계절 변화를 평가하는 방법이다. 이 기준을 썼을 때, 유럽인의 3퍼센트, 북아메리카인의 10퍼센트, 아시아인의 1퍼센트가 SAD를 앓는다. 여성이 남성보다 더 심하게 앓는 듯하며, 또 저위도에서 고위도로 이사를 한 사람들이 더 취약한 듯하다.

예상할 수 있겠지만, SAD의 발병률은 위도에 따라서 크게 달라진다. 미국의 한 연구에 따르면, 북쪽의 뉴햄프셔주에서는 발병율이 9.4퍼센트에 이르지만, 뉴욕주와 메릴랜드주에서는 각각 4.7퍼센트와 6.3퍼센트, 쾌적한 남부 주인 플로리다에서는 단 4퍼센트에 불과하다.[9]

훨씬 많은 이들이 좀 더 약한 형태이긴 하지만 SAD에 근접한 증상이나 겨울 우울증을 겪는다. 영국에서는 5명 중 1명꼴로 자신이 겨울 우울을 겪는다고 주장한다. 하지만 SAD로 진단받은 사람은 2퍼센트에 불과하다.[10] 기분이나 무력감 같은 증상들은 너무나 주관적인 성격을 지니고 있기 때문에 발병률을 정확히 추정하기란 어려운 일이다.

그렇기는 해도, 계절에 따라서 뇌 화학에 측정 가능한 차이가 나타나긴 한다. 예를 들어, 기분을 조절하는 신경 전달 물질인 세로토닌의 뇌 속 농도는 모든 사람에게서 여름에 가장 높고 겨울에 가장 낮다. 세로토닌을 합성하는 데 필요한 아미노산인 L-트립토판의 농도도 같은 양상으로 변동한다.

그렇다면 무엇이 그런 변화를 촉진하는 일을 할 수 있는 것일까? 몇 가지 이론이 나와 있긴 하지만, 아직은 모두 미흡한 수준이다. 한 이론은 양 같은 몇몇 포유동물이 계절의 변화를 추적하는 데 쓰는 것과 동일한 생물학적 메커니즘을 인간이 아직 간직하고 있을지 모른다고 가정한다. 그런 동물들은 밤에 이루어지는 멜라토닌 분비 지속 시간의 계절 변화에 반응한다. 진화적인 관점에서 보면, 더 추운 계절에 더 기운이 빠지고 우울해지는 것도 이해할 수 있다. 먹이가 부족해지는 시기에 에너지를 보존하는 수단이 될 수 있기 때문이다.

또 한 이론은 SAD를 겪는 이들이 빛에 덜 반응하며, 따라서 일단 조도가 특정한 문턱값 밑으로 내려가면 — 특히 그런 이들이 실내에서 많은 시간을 보내고 있다면 — 하루 주기 시계를 바깥 세계에 동조시키기가 더 어려워진다고 본다.

그러나 주요 이론은 '위상 이동 가설phase-shift hypothesis'이다. 겨울에 해가 더 늦게 뜨면 그만큼 우리의 생체 리듬도 늦추어짐으로써 우리가 자고 깨어나는 시간과 더 이상 들어맞지 않게 된다는 것이다. 밤에 인공조명을 쬐면 더욱 늦추어질 수 있다. 대다수의 사람들은 기분이 하루 주기 리듬에 강하게 맞추어져 있다. 우리는 좀 언짢은 상태로 깨어서 시간이 흐르면서 점점 기분이 좋아졌다가, 밤을 보내는 사이에 다시 안 좋아지는 경향이 있다. 이 패턴이 낮의 실제 길이와 어긋나게 된다면, 뚱한 기분이 낮까지도 이어질 수 있다. 잠에서 깨어나서도 몸이 여전히 '야간 모드'에 있다면, 더 피곤하고 더 나른한 기분을 느낄 수 있다. 이것도 SAD의 흔한 증상에 속한다. 루이는 많은 SAD 환자들이 지연된 하루 주기 리듬을 지닌다는 점을 이 이론을 뒷받침하는 증거로 제시했다. 아침의 밝은 빛은 하루 주기 리듬을 앞당기고 멜라토닌을 억제하므로, 이 이론은 아침 햇빛의 항우울제 효과도 설명해 줄 수 있다.

최근 들어서 조류와 작은 포유류가 낮의 길이 변화에 어떻게 반응하는지가 규명되어 왔는데, 이런 연구들도 이 문제에 시사하는 바가 있다. 샌디에이고에 있는 캘리포니아 대학교의 정신의학 명예교수 대니얼 크립키Daniel Kripke는 멜라토닌이 뇌의 시상하부에 다다르면 활성 갑상샘 호르몬의 합성 양상이 변한다고 말한다. 이 호르몬은 기분 조절에 관여한다고 잘 알려진 세로토닌의 생산을 비롯하여 다양한 행동 및 신체 과정들을 조절한다.

크립키는 이렇게 말한다. "겨울에 동트는 시간이 느려질 때, 아침에 솔방울샘의 멜라토닌 분비가 그치는 시간도 더 늦추어집니다. 동물 연구를 보면, 잠에서 깬 직후에 멜라토닌 농도가 높으면 활성 갑상샘 호르몬의 합성이 강하게 억제되고, 그 호르몬의 뇌 속 농도가 낮아져서 기분, 식욕, 활력의 계절 변화가 일어나는 듯해요."

정확한 관계는 아직 완전히 밝혀지지 않았지만, 이런 요인들 중 상당수가 관여할 가능성이 매우 높다. 낮의 길이와 햇빛을 얼마나 쬐느냐 같은 환경 단서들이 뇌의 화학을 직접 변화시킬 수도 있지만, 그런 변화에 우리가 어떻게 반응하고 겨울을 전반적으로 어떤 식으로 대하는가 같은 심리적 요인들도 나름의 역할을 할지 모른다.

그리고 겨울 우울증을 일으키는 것이 무엇이든 간에, 밝은 빛, 특히 이른 아침의 밝은 빛은 그 증상을 뒤엎는 것으로 보인다.

✺

어떤 이들에게서는 이른 아침에 밝은 빛을 쬐는 것이 겨울 우울증의 해결책으로 입증되었지만, 더욱 급진적인 접근법을 취하는 이들도 있다.

스칸디나비아 주민들은 지구에서 가장 북쪽에 사는 축에 든다. 노르웨이인의 10분의 1은 겨울에 아예 해가 뜨지 않는 북극권 안쪽에 산다.[11] 덴마크의 코펜하겐이나 스웨덴 남부 말뫼 같은 이보다 위도가 낮은 곳에 있는 도시들도 한겨울에는 낮이 겨우 7시간에 불과하다.

그런 점에서 스칸디나비아가 오래전부터 겨울 우울에 대처하려는 노력의 최전선에 서 있었던 것은 당연한 일이다. 그래서 나는 일반인들이 기나긴 겨울밤에 어떻게 대처하는지 알아보고, 그들을 도우려 애쓰고 있는 전문가들을 몇 명 만나기 위해 그곳으로 향했다.

노르웨이 남부 리우칸Rjukan의 주민들은 태양과 복잡한 관계를 맺고 있다. 화가인 마르틴 안데르센Martin Andersen은 이렇게 말한다. "내가 살아 본 다른 어떤 지역의 주민들보다 태양 이야기를 즐겨 해요. 해를 본 지가 오래되었다면 해가 언제 돌아오는지 계속 말하죠. 태양에 좀 집착에 가까운 태도를 보여요."

그는 맑은 겨울날이면 계곡의 북쪽 비탈 꼭대기에 햇살이 비치는 것을 볼 수 있기 때문에 그럴 수도 있다고 추측한다. "아주 가까이 있는 데 손이 닿지 않는 것과 같죠." 가을이 깊어갈수록 햇빛은 매일 점점 더 높이 올라간다. 마치 동짓날까지 며칠 남았는지 달력에 계속 표시를 하는 것 같다. 그런 뒤에 1월, 2월, 3월로 가면서, 햇빛은 다시 천천히 아래로 내려오기 시작한다. 이윽고 도시는 그늘에서 빠져나온다.

안데르센은 본래 햇빛을 쫓아다니는 사람이 될 생각이 없었다. 2002년 8월에 리우칸에 이사 왔을 때, 그는 반려자와 두 살 된 딸 사포와 함께 얼마간 머물 만한 곳을 찾고 있었을 뿐이었다. 부모님 집에서 가까우면서, 돈도 좀 벌 수 있는 곳을. 그는 리우칸의 입체적인 경관에 끌렸다. 인구가 약 3,000명인 이 소도시는 높이 솟아오른 두 산맥 사이에 끼어 있었다. 오슬로에서 서쪽으로 갈 때 처음으로 만나는 고지대였다.

그러나 여름이 지나고 가을이 되자 안데르센은 자신이 딸의 유모차를 매일 골짜기를 따라 점점 더 멀리까지 밀고 있음을 알아차렸다. 점점 물러가는 햇빛을 따라잡기 위해서였다. "몸으로 느꼈던 거죠. 그늘에 있고 싶지 않았던 겁니다."

해가 떠나자 그는 우울하고 무력한 느낌에 휩싸였다. 한 번에 몇 달씩 어둠에 잠기는 노르웨이의 최북단 지역과 달리, 이곳에서는 매일 해가 뜨고 지면서 얼마간 햇빛을 제공했다. 문제는 해가 결코 눈에 띌 만큼 높이 올라오는 법이 없어서 골짜기의 가파른 비탈 아래까지 황금빛 햇살을 뿌리지 않는다는 것이었다. 겨울의 리우칸은 온통 회색뿐인 고장이 된다. 안데르센은 누군가가 햇빛을 좀 이 아래로 반사시켜 준다면 정말 좋겠다고 생각했다.

온대 지역에 사는 사람들은 대부분 가을의 빛이 약해지고 겨울이 찾아올 때 안데르센이 느낀 안타까움과 햇빛을 갈망하는 심정을 잘 알 것이다. 온통 회색뿐인 겨울의 침울한 경관 속에는 우리의 피부를 뚫고 들어와서 기운을 앗아가는 듯한 뭔가가 있다. 그러나 도시 위쪽에 거대한 거울을 설치하여 문제를 해결하겠다고 생각할 사람은 거의 없다.

리우칸은 1905년에서 1916년 사이에 조성되었다. 삼 에위데라는 기업가가 이 지역의 폭포를 사서 수력 발전소를 건설하면서부터였다. 그 뒤에 인공 비료를 생산하는 공장이 들어섰다. 하지만 이런 산업체들의 관리자들은 직원을 구하느라 무척 애를 먹었다. 골짜기의 분위기가 너무 침울해 보였기 때문이다.

1월 초에 리우칸을 방문했을 때 나는 까마득히 솟은 가우스타토펜Gaustatoppen의 모습에 경이로움을 느꼈다. 노르웨이에서 가장 아름다운 산이라고 할 수 있다. 그러나 하늘이 아주 맑고 푸르러도, 그 아래 골짜기는 우중충하고 불쾌할 만치 추위가 느껴진다. 그런데 맞은편 산비탈 높은 곳에, 한 줄기 밝은 빛이 비친다. 바로 해 거울이다.

골짜기의 북쪽 비탈에 방향을 틀 수 있는 거대한 거울을 설치하여 "햇빛을 모아서 전조등처럼 리우칸 전역과 기뻐하는 주민들을 비출" 생각을 처음으로 한 사람은 오스카르 키틸센Oscar Kittilsen이라는 사서였다.

그가 이러한 제안을 한 지 한 달 뒤인 1913년 11월 28일, 에위데가 바로 그 구상을 실현시키려 한다는 기사가 실렸다. 하지만 실제로 실현된 것은 100년이 더 흐른 뒤였다. 대신에 1928년 노르웨이 기업 노르스크 하이드로는 주민들에게 케이블카를 선사했다. 그래서 주민들은 겨울에 케이블카를 타고 꼭대기에 올라가서 햇볕을 쬘 수 있었다. 햇빛을 사람들에게 끌어오는 대신에, 사람들을 햇빛에게 데려간 것이다.

안데르센이 2002년에 거울을 세워서 어둑함을 걷어내자는 아이디어를 떠올렸을 때, 이런 사실들에 대해서는 전혀 몰랐다. 그러나 시 의회로부터 자신의 아이디어를 발전시킬 약간의 지원금을 받은 뒤, 조사를 한 그는 도시를 환하게 밝힐 생각을 한 사람이 자기만이 아니었음을 알아차렸다. 오래전에 세상을 떠난 선각자들이 있었다. 그는 해바라기가 하듯이 거울이 해를 따라 움직이면서 리우칸의 도심 광장으로 햇빛을 반사하도록 한다는 등 구체적인 계획을 짜기 시작했다.

각각 17제곱미터 크기의 커다란 거울 세 개가 도시 위쪽 산비탈에 자랑스럽게 서 있다. 1월에는 정오에서 오후 2시 사이에만 광장으로 햇빛을 보낼 만큼 해가 올라온다. 그래도 그 시간에는 광장이 황금색 빛줄기가 쏟아지면서 환영을 받는다. 그늘 속에서 몇 시간을 보내다가 햇빛 속으로 걸음을 내딛는 순간, 나는 햇빛이 세계를 지각하는 우리 능력에 얼마나 큰 역할을 하는지를 떠올린다. 갑작스럽게 색깔이 더 생생해지고, 바닥의 얼음이 반짝거리고, 아무것도 없던 곳에서 그림자들이 출현한다. 순식간에 나는 키틸센이 상상한 "기뻐하는 주민들" 중 한 사람으로 변신한다.

리우칸 남쪽으로 약 560킬로미터를 가면 말뫼가 나온다. 에든버러와 위도가 거의 같다. 스웨덴에서는 인구의 8퍼센트가 SAD를 앓는 것으로 추정되며, 추가로 11퍼센트가 겨울 우울증을 겪는다고 한다. 그러나 스칸디나비아 겨울의 짧은 낮과 긴 밤은 거의 모든 사람에게 영향을 끼친다.

허브 컨의 초기 실험 이후에, 정신의학자들은 밝은 빛이 SAD 치료에 효과가 있을 가능성에 점점 관심을 보이기 시작했다. 스웨덴은 특히 적극적으로 받아들이는 쪽이었다. 여기서는 한 단계 더 나아가서 환자들에게 하얀 겉옷을 입혀서 공용 빛방light room으로 보낸다.

말뫼의 정신의학자 바바 펜세Baba Pendse는 1980년대 말에 젊은 동료들과 함께 스톡홀름의 빛방을 처음으로 방문했던 때를 떠올린다. "잠깐 그곳에 머물고 나니까 우리 모두 매우 기운이 넘치기 시작했어요." 이 반응에 흥미가 동해서 그는 광선 요법을 더 깊이 연구하기 시작했고, 이윽고 1996년에 말뫼에 광선 요법 전문병원을 열었다.

1월의 칙칙한 회색으로 가득한 날에 펜세의 병원을 방문했을 때, 그는 병원을 안내하면서 나에게 한번 직접 치료를 받아보길 권했다.

빛방에는 12개의 하얀 의자와 발판이 하얀 천이 덮인 하얀 커피 탁자 주위에 놓여 있다. 탁자에는 하얀 컵, 휴지, 각설탕도 놓여 있다. 방에서 흰색이 아닌 것은 인스턴트커피 알갱이가 담긴 병뿐이다. 방은 따뜻하고, 조명에서는 아주 희미하게 윙윙거리는 소리가 난다.

겨울마다 SAD 환자 약 1백 명이 이 방을 이용한다. 총 10회에 걸쳐서, 이른 아침에 2시간씩 2주 동안 평일마다 쬐는 방식이다. 때로는 대기자가 길 때도 있다. SAD 증상이 시작되는 경향이 있는, 늦가을에는 특히 그렇다. 펜세는 우울증 환자들에게 늘 광선 요법과 약물 요법 중 선택하라고 말한다. "항우울제와 달리, 광선 요법은 거의 바로 효과가 나타납니다." 그리고 많은 연구가 SAD에 광선 요법이 적어도 약물 요법만큼 효과가 있다는 생각을 뒷받침한다. 또한 광선 요법이 약물처럼 뇌의 화학에 활발한 변화를 일으킨다는 증거도 많다.

✹

물론 밝은 빛에 푹 잠기면 기분이 좋아진다는 것은 굳이 플라세보 대조군 실험을 하지 않더라도 알 수 있다. 그리고 앞장에서 이미 말했듯이, 햇빛의 자외선도 피부의 엔도르핀 분비를 자극한다. 태국의 해변을 비롯하여 햇살이 가득한 곳들에 11월에서 3월 사이에 스칸디나비아인으로 가득하고, 그중에 결국 '일광욕 중독tanorexia'에 이르게 되는 이들까지 나타나는 것도 결코 우연이 아니다.

그러나 빛 상자와 광선 치료실 말고도, 스칸디나비아인들은 해가 없을 때 모르핀처럼 기분을 좋게 만들 수 있는 또 다른 방법을 이미 찾아낸 것으로 보인다. 겨울 우울증에 맞서는 강력한 방어 수단을 말이다.

지난 30여 년 동안 라르스군나르 벵트손은 거의 매일 말뫼의 리베르스보리 칼바두스Ribbersborg Kallbadhus에 왔다. 더구나 지금은 퇴직까지 한 상태라, 겨울이면 하루에 두 번 찾을 때도 있다. "한 해 중에서 이맘때가 여기 오기에 가장 좋은 때죠." 그는 비밀을 털어놓듯이 말한다. 사우나의 섭씨 85도 열기에 잠겨 있다가 섭씨 2도의 바닷물로 뛰어들 때면 엔도르핀이 훨씬 더 솟구치기 때문이다. "정말 기분이 끝내줍니다."

스칸디나비아인들은 적어도 1천 년 전부터 사우나를 즐겨 왔다. 고고학자들은 최근에 스코틀랜드 오크니제도의 웨스트레이 섬에서 청동기 시대의 사우나라고 볼 수 있는 유적을 발견했다. 또 생쥐 연구에서 뇌의 세로토닌 분비 뉴런 집단이 체온 증가에 반응하여 발화하고 기분 조절 영역과 연결되어 있음이 드러났다. 그 점이 사우나를 하면 기분이 좋아지는 이유를 설명하는 데 도움이 될지도 모른다. 또 햇빛처럼, 사우나도 일산화질소의 분비를 촉발한다는 것이 드러났다. 따라서 심혈관의 건강에 기여하는 것으로 보인다. 또 심근 경색 환자들을 대상으로 한 일본의 연구에서는 규칙적으로 사우나를 하면 심장이 피를 뿜어내는 능력이 향상되고 혼자 걸을 수 있는 거리도 늘어난다는 것이 드러났다.

리베르스보리 칼바두스에는 강한 열기와 극심한 추위가 함께 있다. 이 목조 건물에는 삐걱거리는 발판이 차디차게 보이는 초록색 바다까지 뻗어 있다. 남탕과 여탕 모두 바닷물에 에워싸여 있는 형태이며, 나무 계단을 따라서 바닷물로 들어갈 수 있다.

이곳을 늘 찾는 한 사람은 리베르스보리에서의 사우나를 이렇게 묘사했다. "영국 선술집 같아요. 술이 없고 모두가 벌거벗고 있다는 점이 다를 뿐이죠." 또 한 명은 "벌거벗은 사제"라는 별명을 갖고 있었다. 사우나에서 주워들은 이야기를 토대로 지역 신문에 칼럼을 쓴다고 한 그는 사우나가 "지구에서 가장 민주적인 장소"라고 했다. 사우나에서는 모두 벌거벗고 앉아 있으니, 사회에서 어떤 역할을 맡고 있는지와 상관없이 자신을 있는 그대로 드러내기 때문이라는 것이다.

사우나가 사교적인 장소임에는 틀림없다. 내가 라르스군나르를 처음 만난 곳이기도 하다. 그가 사우나의 역사를 한바탕 늘어놓는 동안, 나는 겸연쩍은 자세로 앉아 있었다. 살짝 몸을 가리고 벌거벗은 채 땀을 뻘뻘 흘리고 있는 남자들 사이에서 스웨덴도 아닌 영국 여자가 홀로 끼어 앉아 있는 모습을 생각해 보시라. 사람들은 겨울이면 덜 사교적인 모습을 띠곤 하는데, 나는 사우나의 이 공동체 의식이 기분이 좀 울적한 사람들에게 정서적 안전망을 제공하는 것이 아닐까 하는 생각이 든다. 이 위도에서 겨울을 보내는 또 한 가지 방법일 수도 있지 않을까? 벵트손은 확실히 그렇게 생각한다. "즐기는 사람들은 거의 매일 와요. 그러면서 서로 우정이 쌓이지요. 어떻게 살고 어떤 문제를 겪고 있는지 서로 털어놓죠. 어느 날 누군가가 안 오면, 어디 갔나 하고 궁금해하고요. 괜찮은 건지 누가 자전거를 타고 가서 살펴보기도 하지요."

강렬한 열기에 있다가 얼음처럼 시린 물로 뛰어드는 것도 확실히 혹할 만한 일이다. 일광욕처럼, 차가운 물도 베타엔도르핀의 분비를 촉진한다고 밝혀졌다. 또 싸움-도피 호르몬인 아드레날린도 왈칵 분출하게 만들어서, 일시적으로 통증에 둔감하게 만들고 심장을 빠르게 뛰게 함으로써 활력을 느끼게 해 준다.

사우나의 문을 열고 나무 발판으로 발을 내딛자, 북극의 차가운 공기가 확 밀려든다. 바닷물은 온통 기름에 뒤덮인 양 보인다. 추위에 농축되고 금방이라도 얼기 시작할 듯하다. 공기에 바닷말과 소금 냄새가 강하게 섞여 있다. 게다가 저쪽에 위협적으로 보이는 갈매기들도 몇 마리 있다.

나는 심호흡을 한 번 하고서, 수건을 떨군 뒤 벌거벗은 채 나무 계단을 밟고 내려간다. 물이 아릴 만치 차가워서, 나는 더 빨리 움직인다. 물이 허리까지 차오르고, 이어서 가슴, 목까지 차오른다. 심장이 점점 빨리 뛰는 것이 느껴진다. 나는 다시 밖으로 나온다. 따끔따끔한 느낌이 온몸으로 퍼진다. 그러더니 곧 저릿저릿한 느낌이 찾아왔다가 쾌감이 밀려든다. 눈송이들이 온몸을 감싸는 듯하면서 온 세계가 평화에 잠긴 듯한 행복한 느낌이다. 그 느낌이 사라지자마자, 다시 해 보고 싶은 갈망이 솟구친다.

반쯤 농담 삼아 벵트손에게 사우나에 중독된 것이 아니냐고 묻자, 그는 고개를 끄덕이면서 좀 진지한 표정으로 답한다. "헤로인 중독자들을 치료하는 의사와 이야기를 한 적이 있어요. 사우나를 할 때도 우리 뇌에서 같은 일이 일어난대요. 행복감을 주고 세계가 평화로운 듯한 느낌을 주는 게 우리 몸이 만드는 엔도르핀이라는 것만 다르답니다."

✹

스칸디나비아의 몇몇 지역에서는 겨울 몇 달 동안 아예 햇빛을 볼 수 없다. 지구가 기울어진 채 공전을 하기 때문에, 극지방이 낮에도 태양 반대편을 향해 있어서 지평선 위로 떠오르는 직사광선을 직접 접할 수가 없다. 그런 혹독한 박명에 사람들은 어떻게 대처할까?

노르웨이의 북극권에서 북쪽으로 약 400킬로미터쯤 더 올라간 곳에 있는 트롬쇠 주민들은 놀라울 만치 잘 대처하는 듯하다. 트롬쇠의 겨울은 컴컴하다. 11월 21일부터 1월 21일까지, 해는 아예 지평선 위로 떠오르지 않는다. 그런데 이렇게 고위도에 있음에도, 이곳에서는 여름과 겨울의 우울증 발병률이 아무런 차이가 없다.

이런 혹독한 위도에서 겨울 우울증에 걸리지 않는 이유가 유전자 때문이라고 보는 이들도 있다. 아이슬란드인도 마찬가지로 SAD 추세에 거스르는 듯이 보인다. 발병률이 3.8퍼센트로, 더 남쪽의 여러 나라들보다 낮은 수준이다.[12] 게다가 캐나다 매니토바에 사는 아이슬란드계 캐나다인들도 같은 지역에 사는 다른 혈통의 캐나다인들보다 SAD 환자 비율이 약 절반에 불과하다.[13] 그렇기는 해도, 아이슬란드어에도 그 증후군을 기술하는 단어가 있긴 하다. 스캄데이스퉁글린디skammdegisthunglyndi. 짧은 낮의 무거운 기분이라는 뜻이다.[14]

어둠 앞에서도 쾌활한 이유를 문화로 설명하는 이들도 있다. 트롬쇠 대학교의 행복 연구자 요아르 비테르쇠Joar Vittersø는 이렇게 말한다. "한마디로, 여기까지 올라오는 사람은 두 종류인 것 같아요. 한 부류는 오자마자 가능한 한 다른 일자리를 찾아서 남쪽으로 돌아가려고 애쓰죠. 다른 한 부류는 남아 있고요."

아네마리 헤크퇸Ane-Marie Hektoen은 남부 노르웨이의 릴레함메르에서 자랐지만, 30년 전에 남편과 함께 트롬쇠로 이사 왔다. 남편은 북부 출신이다. "처음에는 어둠 속에서 지내려니 몹시 우울해지더군요. 준비가 안 되어 있었던 거예요. 몇 년 뒤에 좀 나아질까 싶어서 빛 상자 치료를 받기도 했어요. 하지만 시간이 흐르면서 어두운 계절을 대하는 태도가 점점 바뀌었어요. 여기 사는 사람들은 그 계절이 아늑하다고 봐요. 남쪽에서는 겨울을 견뎌 내야 할 뭔가로 보지만, 여기에서는 이 계절에는 전혀 다른 종류의 빛을 대하는 것이라고 받아들이죠."

아네마리의 집에 들어가니, 마치 동화에 나오는 겨울 풍경 속으로 순간 이동을 한 듯하다. 머리 위에는 조명이 거의 없다. 빛은 수정구슬들에서 흘러나온다. 여기저기 부딪히면서 퍼진다. 아침 식탁에는 촛불이 켜져 있고, 실내는 파스텔조 분홍색, 파란색, 흰색으로 꾸며져 있다. 바깥 겨울의 눈이나 하늘의 부드러운 색깔과 조화를 이룬다. 따스하고 아늑한 느낌을 가리키는 덴마크어 휘게 hygge에 해당하는 노르웨이어 코스kos 또는 코셀리koselig의 압축판이다.

트롬쇠에서는 11월 21일부터 1월 21일까지를 극야polar night 또는 암흑기라고 하지만, 엄밀히 말하면 하루 중 적어도 몇 시간은 어둠이라기보다는 부드러운 박명에 잠긴다고 할 수 있다. 또 눈이 많이 쌓여서 어떤 빛이든 반사함으로써, 하얗게 칠한 목조 주택이 분홍색으로 은은하게 빛나는 듯한 효과를 일으킨다.

진짜 어둠이 깔릴 때도, 주민들은 여전히 활동적이다. 개를 데리고 스키를 타며 산책을 하거나, 헤드 랜턴을 쓰고서 달리기를 한다. 아이들은 몰려나와서 투광 조명으로 환한 놀이터에서 놀거나 썰매를 타면서 보낸다.

추위와 어둠에 맞서는 이런 긍정적인 마음 자세는 트롬쇠가 남부 노르웨이와 다른 점인 듯하다. 스탠퍼드 대학교의 심리학자 카리 라이보위츠Kari Leibowitz는 2014~2015년에 10개월 동안 이곳에서 지내면서, 춥고 컴컴한 겨울에 사람들이 어떻게 대처하는지, 더 나아가 잘 지내는지를 알아보고자 했다. 그녀는 비테르쇠와 함께 트롬쇠, 스발바르, 오슬로의 주민들이 겨울을 어떻게 대하는지를 알아보기 위해 "겨울 마음 자세 설문지'를 고안했다.[15] "더 북쪽으로 갈수록 주민들의 마음 자세가 더 긍정적이에요. 남쪽 주민들은 겨울을 그 정도까지 좋아하지 않았어요. 하지만 전체적으로 볼 때, 겨울을 좋아하는 사람들일수록 삶의 만족도가 더 높고, 개인의 성장으로 이어지는 도전 과제에 더 기꺼이 응했지요."[16]

✹

먼 북쪽에서 대대로 살고 있는 사미족도 일 년 내내 동일한 활동과 습관을 유지하려고 애쓰기보다는 계절별 차이를 받아들인다.

켄 에벤 베르그Ken Even Berg는 20대 후반의 사미족 관광 안내인으로서, 트롬쇠에서 약 300킬로미터 동쪽에 있는 핀란드 북쪽 국경 근처의 카라쇼크 마을에서 자랐다. 자라는 내내 그는 전통적인 반유목 생활양식에 따라서 살았다. 겨울에는 카라쇼크 인근으로 왔다가 여름에는 해안 가까이로 이동하는 순록 떼를 따라다녔다. 봄에는 이동하는 데 약 열흘이 걸리고, 가을에는 10주가 걸리는데, 그동안 순록 몰이꾼들은 야영을 하며 사륜 오토바이로 순록을 따라다닌다.

"순록이 이동할 때 사미족에게 빛과 어둠은 별로 문제가 안 돼요." 이동 시기에 순록은 하루 주기 리듬을 끄기 때문에, 낮이든 밤이든 아무 때나 이동할 수 있다. "조금 이동한 뒤에 조금 먹고, 조금 잠을 자는 식이죠."

그래서 사미족도 계절 생활을 한다. 봄에는 종종 낮에 잠을 자곤 한다. 낮에는 눈이 질척거려서 순록이 이동하기가 더 어렵기 때문이다. 밤에는 땅이 돌처럼 딱딱해지므로, 순록은 주로 밤에 이동한다.

여름은 울타리를 고치고, 새끼가 괜찮은지 살펴보는 등 자질구레한 일을 하는 시기다. 또 사람들이 가장 사교적이고 활기차게 움직이는 계절이기도 하다. 9월은 새끼들을 찾아 모으고 일부를 시장에 내다 파는 시기다. 그러고 나면 동쪽으로 다시 이주가 시작되는 시기가 찾아온다. 이 일은 낮이 짧아질수록 점점 힘들어진다. (가을은 순록들에게 신나는 계절처럼 보이기도 한다. 그들은 환각 효과를 일으키는 버섯을 뜯어 먹고서 술 취한 십대들마냥 비틀거리며 돌아다닌다.)

겨울은 더 느려지는 시기다. 순록 몰이꾼들이 가족이 있는 집으로 돌아가고, 기나긴 어두운 밤이 이어지면서 모두가 굼떠지고 사회 활동을 덜 하게 된다. "겨울에는 밖에 나가고 사람을 만나고 하는 것이 귀찮아져요. 그냥 집에 있어요." 이 계절에 따른 행동 변화와 겨울에 활동이 줄어드는 양상은 대대로 사미족의 전통 생활방식이 되어 왔다.

그렇다면 겨울을 더 긍정적으로 받아들이는 태도를 채택한다면, SAD나 겨울 우울을 앓는 사람들에게 도움이 될 수도 있지 않을까? 버몬트 대학교의 심리학 교수 켈리 로한Kelly Rohan은 그럴 것이라고 확신한다. 최근에 그녀는 SAD의 치료에 있어서 인지 행동 요법과 광선 요법을 비교한 임상 시험 결과를 몇 건 발표했다. 치료 첫해 동안에는 양쪽의 효과가 거의 비슷했다.[17] 더 길어지면

인지 행동 요법이 빛보다 더 효과가 있었다.[18] 인지 행동 요법은 증후군 자체가 아니라 환자들이 겨울을 대하는 태도에 초점을 맞춤으로써, 부정적인 사고 양상을 타파한다. SAD를 겪는 경우에, 이런 식으로 생각을 수정할 수 있다. "나는 겨울이 싫어"를 "겨울보다 여름이 더 좋아"로, "겨울에는 아무것도 못해"를 "겨울에는 뭔가를 하기가 더 어렵긴 하지만 계획을 세우면 노력을 할 수는 있어"로 바꾸는 식이다.

"SAD에 강한 생리적 요소가 있고 그것이 빛-어둠 주기와 확실히 얽혀 있다는 점을 부정하려는 게 아니에요. 사람들이 SAD에 반응하고 대처하는 방식을 얼마간 스스로 통제할 수 있다고 말하는 거죠. 생각과 행동을 바꾸면 이 계절에 좀 더 나은 기분을 느낄 수 있어요."

사우나와 얼음 수영을 하든, 그저 아늑한 난로 불빛을 쬐면서 책을 읽든 간에, 겨울에 기대할 것들을 찾아낸다면, 겨울 우울증을 극복할 효과적인 방법이 될 수 있다. 그리고 밖으로 나가서 낮의 밝은 햇빛이 주는 기분 고양 효과를 일으키는 즐거운 겨울 활동을 찾아낼 수 있다면, 훨씬 더 좋을 것이다.

7장

한밤의 태양

✹

어머니와 함께 반짝이는 풀과 떨어진 플라타너스 씨를 밟으면서 다우스Dowth로 향한다. 하늘은 새파랗고 해가 위풍당당하게 떠 있다. 다우스는 요정이 만든 것 같은 어둠의 무덤이다. 여기 온 이유는 한 해 중 가장 어둡고 가장 낮이 짧은 날에 고대의 태양 숭배자가 느꼈을 법한 기분을 직접 경험해 보고 싶어서다.

이집트 피라미드보다 오래되었고, 스톤헨지가 처음 만들어졌을 때와 같은 시대에 지어진 다우스는 기원전 약 3200년경 아일랜드의 보인Boyne 계곡에 지어진 몇 기의 통로식 돌무덤, 흙무덤, 스톤 서클 중 하나다. 뉴그레인지Newgrange, 나우스Knowth, 다우스 등 그중 가장 큰 세 곳은 한 해의 주요 절기에 해돋이나 해넘이가 일어나는 방향에 맞추어져 있으며, 암벽화로 장식되어 있다. 암벽화 중에는 해를 묘사한 것도 있다.

뉴그레인지와 다우스의 입구는 한겨울의 해돋이와 해넘이 방향과 일치하는 반면, 나우스는 춘분과 추분 때의 방향과 일치한다. 우연의 일치라고 볼 수도 있겠지만, 뉴그레인지에는 루프박스roof-box라는 일부러 뚫어놓은 구멍이 있다. 한 해 중 낮이 가장 짧은 날에 해가 뜰 때, 이 구멍을 통해서 17분 동안 좁고 낮은 통로로 빛줄기가 19미터를 타고 내려와 뒤쪽의 방 바위벽에 새겨진 해를 그린 듯한 세 개의 나선 문양을 비춘다.

뉴그레인지에서 이 장관을 볼 기회를 잡기란 말 그대로 복권 당첨만큼이나 어렵다. 해마다 수십만 명이 동지 해돋이 때 이 무덤 속의 몇 군데 안 되는 자리를 잡기 위해 경쟁한다. 나는 그 운 좋은 사람 축에 들지 못했다. 하지만 다우스에서도 비슷한 현상이 일어나며, (적어도 지금은) 동짓날 오후에 그 안으로 들어가서 그 광경을 지켜볼 수 있다는 사실을 아는 사람은 훨씬 적다.

뉴그레인지와 달리, 다우스에는 관광버스도, 번지르르한 관광 안내소도 없다. 아일랜드 시골 도로의 끝자락 풀밭 위에 작은 표지판과 회전식 나무문이 하나 있을 뿐이다.

이 고분은 임신한 배처럼 땅에서 불룩 솟아 있다. 이곳이 부활의 입구 역할을 하도록 지어졌다는 이론이 있지만, 주위로 가시금작화와 들장미가 웃자라 있어서 왠지 부활의 입구처럼 보이지는 않는다. 무덤 가장자리에 다다르자, 우리는 본능적으로 왼쪽으로 몸을 틀어서 시계방향으로, 즉 해의 운행 방향으로 걷는다. 절반쯤 도니, 원형 상징들이 새겨진 연석이 하나 나온다. 약 5,200년 전에 망치와 돌로 새긴 것이다. 어린아이가 그린 듯한 태양 7개가 보인다. 안쪽 원에서 방사상으로 빛줄기가 뻗어 나가는 모습이다. 5개는 바깥쪽에 원이 하나 더 그려져 있어서, 바퀴처럼 보인다. 한 해 중 각 시기의 해를 묘사한 것일 수 있다. 해가 아니라 겨울 몇 달 동안만 보이는 황소자리에 있는 밝은 별들의 무리인 플레이아데스성단을 묘사한 것이라고 주장하는 이들도 있는데, 그렇다면 애통함과 죽음과 관련지어서 새긴 것일 수도 있다.

우리는 계속 더 빙 돈다. 이윽고 중앙에 묻혀 있는 무덤으로 들어가는 밋밋한 돌 입구가 나온다. 입구 주변으로 진흙이 밟힌 흔적들이 있고, 현대에 단 철문이 우리를 초청하는 양 뒤로 열려 있다. 한껏 고개를 숙인 채 좁은 통로로 들어가자, 완벽한 어둠이 우리를 맞이한다. 둥그스름한 돌에 발이 걸려서 비틀거리는 순간, 장갑 낀 손이 나를 잡아서 왼쪽으로 당긴다. 다우스의 한가운데 있는 칠흑같이 컴컴한 방으로다.

강한 아일랜드 억양의 여성 목소리가 환영 인사를 건넨다. 브루나보인 여행 안내소의 관리자인 클레어 터피Clare Tuffy다. 우리는 아침에 뉴그레인지 동지 축하 행사 때 만났다. 우리가 들어온 묘실은 원형이며, 가장자리가 커다란 돌들로 둘러 있다. 좀 더 신석기 시대의 것처럼 보이는 문양이 새겨져 있는 것들도 있다. 오른쪽에는 좀 더 작은 두 번째 방이 있다. 그곳에서 사람들이 회중전등을 들고서 문양을 살펴보고 있다. 나는 구석기 시대 암벽화가 그려진 프랑스와 스페인의 여러 동굴을 떠올린다. 우리 조상들에게 신성하게 여겨진 곳들이다. 죽은 이의 안식처임에도 이

안은 놀라울 만치 따뜻하며, 환대받는 듯한 느낌을 준다. 마치 무덤이 아니라 정말로 자궁 안에 와 있는 듯하다.

오후 2시가 되자, 기다리던 일이 시작된다. 통로를 통해 빛의 기둥이 뻗으면서 묘실로 향해 오기 시작한다. 빛은 황금색을 띠고 있으며, 바닥에 길쭉한 직사각형을 이룬다. 해의 위치가 점점 낮아짐에 따라, 황금빛 직사각형은 점점 길어지면서 서서히 안쪽으로 다가온다. 바깥의 제멋대로 자란 침엽수들에 빛줄기가 좀 가려지고 있다. 바닥에 섬세한 그림자들이 너울대며 춤을 춘다. 해가 지기 약 1시간 전인 오후 3시에 햇살이 뒤쪽 벽을 두르고 있는 커다란 돌들에 닿으며 거기에 새겨진 여러 문양을 드러낸다. 컵 모양, 구불거리는 선, 태양을 그린 듯한 나선 같은 것들이다. 바깥쪽으로 굽은 돌 하나가 햇빛을 반사하여 쐐기 모양으로 움푹 들어간 곳을 비춘다. 그곳에 새해를 나타내는 '바퀴'와 나선이 새겨져 있다. 경외심을 담은 감탄사가 흘러나온다. 우리는 골똘히 생각에 잠긴 채 말없이 그 춤추는 그림자들을 지켜본다. 이윽고 3시 반이 되자, 빛줄기가 서서히 방에서 물러나기 시작한다. 다시 서서히 어둠이 찾아온다.

다우스에서 이 현상은 11월 말에서 1월 중순까지 일어난다. 하지만 가장 뚜렷하게 볼 수 있는 것은 동짓날이다. 해가 가장 낮게 뜨는 날이다. 우리는 조상들이 이곳을 지을 때 무엇을 염두에 두었는지를 그저 추측만 할 뿐이다. 아마 이 광경은 살아 있는 사람에게 보여 줄 의도가 아니었을 것이다. 죽은 이에게 무덤을 떠날 때가 되었다고 알리는 신호였을지 모른다. 컴컴한 통로를 떠나서 탄생의 의미를 강하게 함축하고 있는 빛 속으로 들어가라고 말이다. 이는 밝은 빛 아래 통로나 터널 속을 지나고 있는 느낌이 들었다는 임사 체험자들의 이야기와도 들어맞는 듯하다. 아마 우리 조상들은 해를 사후 세계로 인도하거나 죽은 이가 따라가면 부활하게 해 줄 안내자 역할을 한다고 생각했을지 모른다. 한 해의 이 시섬에 해가 다시 태어나는 것처럼 말이다. 동짓날은 분명히 큰 희망을 품는 날이었을 것이 틀림없다. 빛이 어둠을 이기고, 생명이 죽음을 정복할 것이라고.

겨울이 지나면, 대부분의 사람들은 봄과 여름이 가져올 긴 낮을 환영하면서, 날씨가 따뜻해지는 것만큼 우리의 기분과 활력도 좋아질 것이라고 기대한다. 특히 스칸디나비아에서는 하지에 크리스마스 못지않은 축제를 연다. 사람들은 하지 전날 저녁에 모여서 모닥불을 피우고 노래를 하면서 밤새 파티를 연다. 유럽의 다른 여러 나라에서도 거대한 모닥불을 피운다. 전통적으로 하지는 마법의 시간이라고 여겨졌다. 사람들은 이 하지의 불꽃이 악을 물리치고, 작물을 질병으로부터 보호한다고 생각했다. 영국과 프랑스의 몇몇 지역에서는 하지 전날 밤에 불붙인 거대한 바퀴를 언덕 위에서 강으로 굴리곤 했다. 바퀴의 생김새가 태양과 비슷한 것이 아마도 우연의 일치는 아닐 것이다. 사람들은 바퀴가 어디로 떨어지는지를 보고서 이듬해의 운이 어떨지 점쳤다.

하지는 태양의 빛이 정점에 달하는 때다. 많은 작물이 익기 시작하고, 식물들이 열매를 맺는 때다. 또 많은 이들이 가장 행복하고 가장 사교적이라고 느끼는 때이기도 하다. 그러나 긴 여름날은 나름의 문제를 안고 있다. 햇빛이 너무 적으면 건강에 안 좋듯이, 햇빛이 너무 많아도 문제가 된다.

여름에 극지방의 햇빛은 지구 다른 지역의 햇빛과 다르다는 말을 흔히 한다. "좋아하는 노래를 들을 때처럼, 취하게 된다. 거기에 있는 빛은 기분 강화 물질이다." 2001년 여름 남극 대륙에서 가장 높은 봉우리인 빈슨봉을 오른 미국 산악인 존 크라카우어Jon Krakauer의 말이다.[1]

때로는 점점 커지는 빛이 치명적일 수도 있다. 자살률이 혹독한 한겨울에, 특히 고위도 지역에서 낮의 길이가 가장 짧은 날에 가장 높을 것이라고 가정할지 모르겠다. 하지만 자살 고민 상담을 요청하는 전화가 크리스마스 무렵에 가장 많아지긴 하지만, 자살, 특히 목을 매거나 총으로 쏘거나 뛰어내리는 식의 과격한 자살은 북반구에서는 5월과 6월, 남반구에서는 11월에 가장 많이 일어난다.[2] 이 계절적 양상은 핀란드에서 일본, 호주에 이르기까지 여러 나라에서 많은 연구를 통해 드러났다. 일반적으로, 위도가 높은 나라일수록 자살률이 높으며, 자살률의 계절별 차이도 더 크다.

이 책을 쓰기 위해 인터뷰했던 한 남자는 미시시피강의 인도교를 건널 때마다 자신이 느꼈던 감정을 이렇게 토로했다. 그때마다 뛰어내리고 싶은 충동을 느끼지만, 봄에 타인들의 기분이 바뀌는 것을 지켜볼 때 이런 충동이 최고조에 이른다고. "나는 자살 충동을 느끼고 있는데, 봄에 생명이 다시 탄생하고, 새들이 돌아오고, 다른 사람들은 햇볕과 온기를 즐기면서 행복해하는 겁니다. 나는 계속 자살할 생각을 하고 있는데 말이죠. ……그러고 있으면 '아무것도 달라지지 않을 거야', '나는 남들처럼 결코 행복해지지 못할 거야' 하는 생각이 더욱 심해져요."

그러나 폭행과 살인 같은 충동적인 행위들도 낮이 길어질수록 늘어나며, 그런 일들이 타인들의 기분이 전반적으로 좋아지는 것과 관련이 있는 것 같지는 않다.

한 이론은 그런 행동들이 낮의 길이가 더 길어질 때 뇌의 세로토닌 농도가 증가하면서 촉발된다고 본다. 세로토닌이 대개 좋은 기분과 관련이 있으므로 이 말이 직관에 반하는 양 들릴지 모르겠다. 하지만 이와 비슷하게 세로토닌 분비를 촉진하는 SSRI(selective serotonin reuptake inhibitor. 선택적 세로토닌 재흡수 억제제 — 옮긴이) 항우울제도 투약을 시작할 때 처음 몇 주 동안은 자살 위험이 더 증가한다.[3] 보통 투약 후 기분이 좋아지는 효과가 나타나기까지는 3~4주가 걸린다. 그사이에 일부 사람들은 신체적으로 더 활발해지고 흥분한 상태가 되고, 그 결과 자살이나 다른 어떤 공격적인 생각을 실행할 가능성이 더 커지는 듯하다.

또 쨍쨍한 긴 여름날은 심리적으로 취약한 사람들에게 흥분, 줄달음치는 생각, 황홀경이 특징인 조증을 촉발할 수 있으며, 짜증, 분노, 편집증, 망상도 자극할 수 있다. 심지어 오후 8시부터 다음 날 오전 8시까지 컴컴한 방에 머물도록 설득한다면 조증의 증상들이 나아질 수 있다는 예비 실험 결과도 있다.

우울증 질환에 시달리지 않는 사람들은 어떨까? 빛에 더 많이 노출됨으로써 일어나는 세로토닌을 비롯한 뇌 화학 물질의 가용성 변화가 그런 이들의 건강에도 영향을 미칠 가능성이 높은 듯하며, 우리 대다수가 더 밝은 달에는 더 활동적이고 더 머리가 맑고 더 사교적이라고 느끼는 이유를 그것으로 어느 정도 설명할 수도 있다. 그리고 앞 장에서 말했듯이, 아침에 햇빛을 더 많이 쬘수록 남아 있을지 모를 멜라토닌의 영향은 억제되며, 여름 아침이면 머리가 더 맑게 느껴지는 이유를 그것으로 설명할 수 있을지도 모른다.

그러나 박명이 길게 이어지는 저녁과 환한 이른 아침은 또 다른 문제를 일으킬 수 있다. 바로 불면증이다. 사람이 깨는 시간은 동트는 시간을 따라간다는 것이 드러났다. 적어도 일광 절약 시간제로 시간을 바꾸기 전까지는 그렇다. 일광 절약 시간제는 이 자연광 추적 시스템을 뒤엉키게 하는 듯하다. 정상적이라면 날이 더 밝아질수록 좀 더 일찍 일어난다. 또 대개 우리는 좀 더 일찍 잠자리에 든다. 따라서 우리는 여름에 좀 더 종달새처럼 되는 경향이 있다. 비록 수면 시간 자체는 좀 줄어들지만.

그렇다고 하더라도, 침실로 너무 많은 빛이 새어들면 잠이 들거나 잠을 계속 자기가 어려워질 수 있다. 즉 수면 시간이 줄어든다는 뜻이다. 남들보다 밤에 빛이 끼치는 각성 효과 또는 수면 방해 효과에 더 민감한 이들도 있을 수 있다는 기초적인 증거가 있다. 일부 남성들, 눈이 파랗거나 초록색인 사람들이 그렇다고 한다.[4]

밝은 빛에 장시간 노출될 때의 문제들은 아마 지구의 극단에서 가장 잘 드러날 것이다. 남극 대륙에서는 수면 문제가 너무 흔하기에, 그곳 근무자들은 수면 문제로 생기는 가벼운 정신착란 상태에 나름의 이름을 붙인다. 바로 '왕눈이Big Eye'다.

"여름에는 믿어지지 않을 만치 밝고 눈부신 날들이 24시간 지속됩니다." 영국 지구과학자 크리스 터니Chris Turney의 말이다. 그는 기후 연구에 쓸 아이스 코어를 채집하기 위해 남극 대륙과 그 주변 지역에 자주 간다. 계속 이어지는 빛은 계속 이어지는 어둠과 마찬가지로 개인의 시간 지각을 혼란에 빠뜨릴 수 있다. 남극 탐험가 로버트 팰컨 스콧Robert Falcon Scott은 1912년 3월 죽음이 가까워질 때, 자신과 동료들이 백야 속을 며칠째 썰매를 끌고 가는 중인지 날짜를 잊고 있다고 일지에 적었다.

터니는 이렇게 말한다. "처음 그곳에 갔을 때, 계속 가고 또 갈 수 있을 것 같은 느낌이 들었던 것이 기억나요. 몸이 너무 흥분해 있어서 거의 잠을 자고 싶지가 않았어요. 그러다가 결국 몸이 그냥 쓰러져요. 하지만 편안한 잠이라고 할 수 없어요. 아주 생생한 꿈을 꾸곤 해요."

이처럼 시간에서 벗어난 환경에서 가장 큰 위험 중 하나는 계속 이어지는 밝은 빛에 너무 자극을 받아서 잠자는 일 자체를 잊는 것이다. 저체온증, 크레바스, 격렬한 폭풍이 끊임없이 위협을

가하는 대륙에서, 피로는 쉽사리 치명적인 결과를 빚어낼 수 있다. "한달음에 어리석은 작은 실수 하나가 커져서 자기 자신만이 아니라 동료들에게 엄청난 영향을 미쳐요."

남극점 가까이에서 일하는 것은 시간을 파악한다는 현실적인 관점에서 볼 때도 기이하다. 남극점에서는 모든 시간대가 수렴하기 때문에 딱히 몇 시라는 것이 없으며, 따라서 자신이 온 나라의 시간대를 그대로 쓰는 관습이 있다. 터니는 칠레의 시간을 따르지만, 1킬로미터 떨어진 미국 기지는 뉴질랜드 시간을 따랐다. 터니 연구진은 미국인들이 자고 있을 때 일하고 있었다.

이 특이한 상황에서 터니와 동료들이 썼던 방법들은 야간 환경에서 지나친 빛에 어떻게 맞설 수 있을지 몇 가지 지침을 제공한다. 요즘 터니의 남극 대륙 탐사 준비물 목록에서 맨 위에 놓이는 것 중 하나는 빛을 차단하는 안대다. 밤이 환하고 소음이 성가실 때 안대와 귀마개를 착용하면 깊은 잠과 렘수면이 더 늘어나고, 멜라토닌 생산량도 늘어난다는 연구 결과가 있다.[5]

따라서 안대나 암막 블라인드는 여름에 밤이 짧아지는 문제의 실용적인 해결책이다. 불완전하긴 하다. 깨어날 때 갑작스럽게 어둠에서 빛으로 나오기 때문이다. 빛을 더 서서히 늘리면, 많은 이들이 깨어날 때 겪는 몽롱함, 혼란, 혼동 — 흔히 수면 관성이라고 하는 것 — 을 줄일 수 있다는 증거가 조금 있긴 하다. 따라서 암막 블라인드와 새벽이 가까워질수록 점점 밝은 빛을 내는 시계와 조합하는 것이 좋은 전략일 수 있다.[6]

또 터니 연구진은 고정된 식사 시간을 지킨다. 그러면 하루 주기 시계를 동조시키는 데 도움이 될 뿐 아니라, 지금이 몇 시인지를 상기시키고, 특히 저녁 식사 시간은 잠잘 시간이 가까워졌음을 알리는 역할도 한다는 것을 알았다. "그렇지 않으면 사람들은 오전 두세 시까지 수다를 떨 수도 있어요. 그런 뒤에 오전 대여섯 시에 깨죠. 제대로 휴식을 취하지 않으면 정말로 위험해요."

남극 대륙에서 겨울을 나는 사람들도 왕눈이로 고생한다. 낮에 햇빛이 없어서 하루 주기 리듬이 자유 가동을 하는 바람에 시도 때도 없이 졸음이 쏟아질 뿐 아니라, 추위 때문에 잠이 들기가 어렵다. 혹독한 날씨 때문에 몇 주씩 안전한 실내에서 보내면서 생기는 초조함까지 겹쳐져서, 정신 건강이 무너질 정도까지 쇠약해질 수도 있다.

자신이 남극 대륙에서 겨울을 보낸 적은 없지만, 터니는 방향을 완전히 잃은 사람들에 관한 이런저런 출처가 불분명한 이야기들을 들려준다. 더 이상 견딜 수가 없어서 어둠 속으로 걸어 나간 사람들도 있고, 그냥 모든 것을 끝내고 싶어서 목을 맨 사람들도 있다고 했다.

남극 대륙에서 겨울을 보내는 이들이 겪는 왕눈이는 잠을 푹 자는 데 중요한 변수가 하나 더 있음을 말해 준다. 바로 실내 온도다. 체온은 밤에 저절로 낮아지며, 이 체온 저하는 뇌의 마스터 시계가 줄어드는 빛의 세기로부터 받는 메시지를 보강한다. 밤이 다가오고 있으며, 송과샘에서 멜라토닌 분비를 시작할 때가 되었다는 메시지다.

물론 우리 환경의 온도는 낮과 밤에 해가 뜨고 지는 양상에 따라 크게 달라진다. 우리 조상들은 이런 변화를 예민하게 느꼈겠지만, 냉난방이 이루어지는 현대 가정 — 남극 대륙 같은 극단적인 환경에서만이 아니라 — 에서는 밤에 열을 배출하기가 어려울 수 있다.

잠이 잘 오려면, 심부 체온이 약 1도 떨어져야 한다. 그래서 영국의 수면위원회Sleep Council는 침실 온도를 16~18도로 하라고 권한다. 24도를 넘으면 열이 내려가는 속도가 느려질 것이고, 12도보다 아래라면 몸이 열을 보존하기 위해 할 수 있는 모든 일을 하기 때문에 마찬가지로 체온이 떨어지기가 어렵다.

자기 전에 따뜻한 물로 샤워를 하면 체온을 떨어뜨리는 데 도움이 될 수 있다. 더운 날에도 마찬가지다. 피부 가까이 있는 혈관이 확장되어서 몸속의 열이 밖으로 배출되도록 돕기 때문이다. 피부가 젖은 채로 있으면, 이 과정이 더욱 촉진될 것이다. 물방울이 증발하면서 열도 가져가기 때문이다. 그러면 더 빨리, 더 깊이 잠들 수 있다.[7] 수면 양말을 신거나 발치에 온수를 갖다 놓으면 잠이 더 잘 오는 이유도 그 때문이다. 발에는 혈관이 아주 풍부하므로, 열기가 배출되어 체온을 떨구는 데 도움이 된다.

✹

극단적인 위도에서 살거나 일하는 사람들의 경험이 우리에게 말해 주는 것은 빛이 너무 강하거나 어둠에 너무 심하게 잠기지 않은 환경에서 우리의 생물학적 기능이 가장 잘 작동한다는 것이다. 우리가 찾고자 하는 것은 양쪽이 다 번영할 수 있는 균형점인 것으로 보인다. 체내 화학과 조화를 이룰 수 있는 음양의 균형점이다. 말로는 쉽지만 실현하기란 쉽지 않다. 하지만 노력할 가치는 있다. 아프거나 허약한 사람들에게는 더욱더 그렇다. 그들에게서는 강한 하루 주기 리듬을 유지하고 밤에 잠을 잘 자는 일이 삶과 죽음을 가를 수도 있다.

이 말이 우리가 한 해의 절기 즉 햇빛이 유달리 적어지거나 많아지는 날을 더 이상 축하할 필요가 없다는 뜻은 아니다. 다우스 위에서 나는 여성 네 명과 만난다. 닭날개와 벅패스트를 싸들고 소풍을 온 그들은 내게 같이 먹자고 권했다. 벅패스트는 카페인을 섞은 달콤한 포도주인데, 스코틀랜드에서 인기가 많다. "만신창이 수제 주스"라는 별명이 붙어 있을 정도다. 며칠 뒤면 크리스마스라서 주변 소도시들은 거리마다 반짝이는 불빛과 장식으로 가득하다. 이들은 해마다 마치 순례 여행을 오듯이 이 부산한 시기에 여기를 찾는다고 한다. 크리스마스가 너무나 소비 지향적으로 된 탓에, 이들은 한겨울의 약하고 창백하고 은은한 햇빛 아래 함께 소풍을 나오는 단순한 행위가 계절과 다시 연결되고 삶의 균형을 회복하는 강력한 수단이라고 느낀다. 쇼반 클랜시는 티퍼레리에서 왔다면서 이렇게 말한다. “여기서 햇볕을 쬐면서 앉아 있으면, 내 파충류 뇌가 이렇게 말하는 것처럼 느껴져요. ‘그래! 햇볕이 있어. 살아 있어. 깨어 있어. 겨울을 지나고 있어. 만물이 다시 돌아올 거야.’ 야외로 나가 햇볕을 쬔다면 어둠을 견디겠다고 꼬마전구들을 주렁주렁 매달 필요가 없어요.” 균형을 제대로 잡고 있기만 하면 된다.

8장

빛 치료

깨어 있으라

깨어나라, 다시 창조하기 위해

깨어나라, 기억하기 위해

깨어나라, 그리고 다시 깨어나라

희망이여, 내 알람시계에 힘을 주기를

이 시를 쓴 마리아는 자신이 일곱 번 죽었다가 부활했다고 주장한다.[1] 매번 우울증에서 벗어날 때마다, 그녀는 맨 처음부터 다시 시작한다는 느낌을 받는다. 자신의 인간관계와 스튜디오, 화가와 교사로서의 평판을 새로 세워야 한다고 말이다. 2008년에는 우울증 때문에 자살을 시도하기까지 했다.

그러나 지금 그녀는 잘 지내고 있다. 그녀가 우울증을 억제하기 위해 쓰는 치료법은 비전통적이고, 심지어 직관에 반하기까지 한다. 늘어진 하루 주기 시계를 처음부터 다시 작동시키기 위해 부러 환한 빛을 쬐면서 잠을 아예 자지 않는 방법 등이 포함되어 있기 때문이다.

핀센이 의료광연구소를 열어서 광선 요법의 새 시대를 연 뒤로 130년 남짓한 세월이 흘렀다. 과학자들은 빛이 우리의 눈과 피부와 어떻게 상호작용을 하여 우리 몸의 생물학을 미세하게 조율하는지를 꽤 많이 밝혀냈고, 또한 낮과 밤의 다양한 도전 과제들에 대비하도록 우리 몸을 준비시키는 데 하루 주기 리듬이 엄청나게 중요한 역할을 한다는 것을 밝혀냈다. 게다가 과학자들은 어긋나거나 밋밋한 하루 주기 리듬 ― 몸의 다양한 화학 물질들의 농도 변화폭이 줄어드는 것 ― 이 많은 흔한 질병의 공통 특징임을 발견했다. 하루 주기 리듬이 질병의 진행만이 아니라 질병으로부터 회복되는 방식에도 관여한다는 것이다.

따라서 이 리듬을 강화하고 햇빛을 우리 삶에 다시 들어올 수 있도록 한다면(피부가 타지 않도록 주의하면서), 우리의 건강과 안녕에 가시적인 차이가 생길 것이다. 물론 하루 주기 리듬을 강화한다고 해서 치매나 심장병 같은 중병이 완치되지는 않겠지만, 장기간에 걸쳐 강화가 이루어진다면 그런 병에 걸릴 위험이 줄어들 수 있으며, 이미 병에 걸려 있는 사람의 경우에는 증상을 완화해 줄 수 있을 것이다.

이런 발견들의 의학적 잠재력은 겨울 우울증 같은 빛 관련 증상들을 훌쩍 넘어선다. 하루 주기 리듬의 강화와 햇빛이 양극성 장애, 심장병, 치매 같은 치료하기 어려운 중병의 회복에 도움을 주고, 또 여러 질병에 쓰이는 기존 약물들의 약효는 더 높이면서 부작용은 더 줄일 수 있을 것이라는 기대가 높아지고 있다. 이미 이 방향으로 연구가 이루어지고 있다.

정신의학은 이 새로운 분야를 이끌고 있다. 마리아를 치료한 정신과 의사 프란체스코 베네데티Francesco Benedetti는 지난 20년 동안 약물 치료가 듣지 않는 중증 우울증을 밝은 빛 노출과 리듬을 수면 박탈과 조합한 방법을 써서 치료할 수 있을지 연구해 왔다. 그의 꾸준한 노력에 힘입어서 미국, 영국, 기타 유럽 국가들의 정신과 의사들도 여기에 주목하기 시작했으며, 그의 방식을 변형하여 자신의 환자들에게 적용하기 시작했다. 그런 '시간 요법chronotherapy'이 듣는 듯하다는 사실은 우울증의 기본 병리와 뇌의 하루 주기 리듬의 기능 쪽으로도 새로운 관점을 제시한다.

"수면 박탈은 건강한 사람과 우울증 환자에게 정반대 효과를 일으키는 듯합니다." 현재 밀라노 산라파엘레 병원의 정신의학 및 정신생물학과를 이끌고 있는 베네데티의 말이다. "건강한 사람이 잠을 제대로 못 자면, 기분이 안 좋아집니다. 집중도 안 되고, 주의력도 떨어지죠. 하지만 우울증에 걸려 있는 사람이 잠을 안 자면 즉시 기분이 더 좋아지고 인지 능력이 개선됩니다."

다른 기관들에서와 마찬가지로, 뇌도 뇌세포의 활성과 화학에서 일간 변동을 보이며, 하루 주기 시계와 낮 동안 계속 쌓이는 수면 압력이 그러한 변동을 일으키는 것으로 생각된다. 그러나 우울증 환자에게서는 양쪽 리듬이 다 교란되거나 밋밋해지는 듯하다. 우울증에서 회복되면 이런 뇌 리듬들도 정상으로 돌아오기 때문에, 베데데티는 우울증이 뇌의 하루 주기 리듬이 교란된 결과가 아닐까 추측한다. 그리고 수면 박탈은 이 주기적인 과정을 새롭게 시작하게 만듦으로써 회복 속도를 높이는 듯하다.

수면 박탈이 항우울제 효과를 가져다주었다는 최초의 사례는 1959년 발터 슐테Walter Schulte라는 독일 의사에 의해 보고되었다. 전쟁으로 독일의 교통 기반 시설이 완전히 파괴된 채로 아직 방치되어 있던 시절의 일이다. 어머니가 매우 위독하다는 전갈을 받은 한 여교사가 자전거를 타고 밤새도록 달려 어머니의 집으로 갔다. 양극성 장애를 앓던 그녀는 출발할 당시에는 극심한 우울감에 휩싸여 있었다. 그런데 어머니 집에 도착했을 때는 그러한 감정에서 벗어나 회복되어 있었다. 이 사례는 부르크하르트 플루크Burkhard Pflug라는 젊은 의사의 상상력을 자극했다. 그는 좀 더 자세히 조사해 봐야겠다고 결심했다. 그는 극심한 우울증에 시달리던 환자들에게서 체계적으로 수면을 박탈한 결과, 하룻밤을 깬 채로 보내면 그들이 갑작스럽게 우울증에서 벗어난다는 것을 확인했다. 그러나 이 효과는 금방 사라지곤 했다.

베네데티는 밀라노에서 정신과 의사로 일하던 1990년대 초에 각성 요법wake therapy이라고도 하는 이 개념에 흥미를 느꼈다. 그보다 몇 해 전에 프로작prozac이 등장하면서 우울증 치료에 혁명을 일으켰다. 그러나 어떤 종류의 우울증에는 프로작이 어떤 영향을 미칠지는 아직 연구가 미비한 상태였다. 특히 양극성 장애에 프로작이 어떻게 영향을 미칠지는 아직 정확히 규명된 바가 없었다. 매우 흥분하여 조급증을 보이는 상태인 조증에서 극도의 무력감과 우울증에 빠지는 상태 사이를 오가는 극적인 기분 변화를 보이는 질환인 양극성 장애는 그 증상이 너무 심각해서 대부분의 연구에서 아예 배제되어 있었기 때문이다.

베네데티의 환자들은 기존 약물과 치료법의 대안이 되는 치료법을 너무나 절실히 원했다. 지도교수는 수면 박탈의 항우울제 효과를 더 지속시킬 방법을 찾는 과제를 그에게 맡겼다.

미국에서 리튬이 수면 박탈의 효과를 지속시킬 수도 있다는 연구 논문이 몇 편 나와 있었기에, 베네데티 연구진은 앞서 자신들이 수면 박탈 치료를 했던 환자들의 반응 결과를 다시 분석했다. 그러자 리튬을 섭취했던 환자들이 그런 처방을 받지 않은 환자들보다 반응이 더 지속적으로 남아 있을 가능성이 훨씬 높다는 것이 드러났다.

더 최근의 연구들[2]도 리튬이 뇌의 마스터 시계에 있는 세포들을 포함하여 많은 세포에서 하루 주기 시계를 작동시키는 데 관여하는 한 주요 단백질의 생산량을 늘린다는 것을 보여 주었다. 리튬은 리듬의 진폭을 증가시켰다. 낮잠을 잠깐만 자도 치료의 효과가 훼손될 수 있었으므로, 베네데티 연구진은 환자를 밤새 깨어 있도록 할 새로운 방법들도 찾기 시작했다. 그들은 조종사를 깨어 있도록 하는 데 밝은 빛이 쓰인다는 것을 알고서, 그 방법을 시도했다. 그러자 그 방법이 수면 박탈의 효과를 아주 오래도록 지속시킨다는 것이 드러났다. 물론 지금 우리는 밝은 빛이 뇌의 마스터 시계의 시각을 조정할 수 있을 뿐 아니라, 뇌의 감정 처리 영역의 활성을 더 직접적으로 증진할 수 있다는 것도 안다. 사실 SAD에 하는 역할과 별개로, 미국정신의학회는 아침의 광선 요법이 일반 우울증을 치료하는 데 항우울제만큼이나 효과가 있다고 결론지었다. 그 목적으로는 거의 쓰이지 않고 있지만 말이다. 광선 요법을 항우울제와 결합하면, 효과가 더욱 커진다.[3]

베네데티 연구진은 환자들에게 이 치료법들을 한꺼번에 적용해 보기로 결정했다. 즉 수면 박탈, 리튬, 빛. 그리고 그 결과는 유망해 보였다.

1990년대 말에 병원들은 환자들에게 으레 이 종합 치료법을 쓰고 있었고, 3중 시간 요법triplechronotherapy이라고 했다. 일주일 동안 하루 건너씩 수면 박탈을 하고, 아침에 환한 빛을 쪼이는 과정은 추가로 2주 동안 더 계속했다. 이 방법은 지금도 쓰이고 있다. "이 요법은 사람들의 수면을 박탈하는 것이 아니라, 수면-각성 주기를 24시간에서 48시간으로 수정하거나 늘리는 것이라고 볼 수도 있어요. 환자들은 이틀 밤마다 잠을 자지만, 잘 때는 원하는 만큼 오래 잘 수 있도록 해요."

손짓을 열심히 섞어 가면서 강한 엑센트를 넣어 영어를 구사하는 베네데티의 열성적인 태도를 보고 있으면, 그의 열정에 사로

잡히지 않을 수 없다. 데이터도 그의 열정을 증명한다. 1996년 이래로 그들이 치료한 양극성 우울증 환자는 약 1천 명에 달한다. 그들 중 상당수는 항우울제에 반응하지 않았던 이들이었다. 이 '약물 내성' 환자들 중 약 70퍼센트는 3중 시간 요법 치료를 받았을 때 1주일도 지나지 않아서 반응을 보였고, 55퍼센트는 한 달 뒤까지도 완화 효과가 지속되었다.

또 항우울제는 약효가 나타나는 데 한 달이 걸릴 수 있고 — 약효가 나타난다고 할 때 — 자살의 위험을 높일 수 있는 반면, 시간 요법의 항우울 효과는 즉시 나타나면서 자살 생각을 지속적으로 억제한다.

마리아는 1998년에 베네데티를 찾았다. 다른 정신병원에 입원했다가 마음의 상처를 입은 채였다. 그곳에서 그녀는 망상증 때문에 묶인 채로 지내야 했다.

그녀는 3중 시간 요법 치료를 받으면서 거의 10년 동안 우울증을 억제할 수 있었다. 그러다가 리튬을 끊었더니 재발했고, 다시 자살 시도를 했다. 그 뒤에 산라파엘레 병원에 재입원하여 3중 시간 요법 치료를 다시 받았다. 이번에는 다른 기분안정제를 투약하면서였다.

몇 차례 시도하자, 다시 효과가 나타났다. 이제 그녀는 우울증이 재발하려고 할 때마다 이 치료법을 써서 효과를 본다. "자정이 될 때까지가 내게는 가장 힘겨운 시간이에요." 깨어 있기 위해, 그녀는 청소처럼 몸을 움직이는 일을 한다. 자정 무렵이 되면 대개 더 정신이 또렷해지기 시작하며, 그러면 책을 꺼내어 읽기 시작한다. 처음에는 단어들이 제대로 눈에 들어오지 않을 수도 있지만, 그래도 계속 읽는다. 그러다가 오전 3시 반이나 4시쯤 되면 도시의 소음이 벽을 통해 들어오기 시작한다. 그러면 마리아는 찰흙 덩어리를 하나 집어서 빚고 싶은 충동을 느낄 수도 있다. 이는 치료법이 먹힌다는 것을 알려 주는 증표다. 아플 때면, 찰흙이 피부에 닿는 느낌을 도저히 견딜 수 없기 때문이다. "우울할 때는 마치 모든 것을 다 상자에 담아 치워 버린 것처럼 느껴져요. 생기를 되찾은 날에는 상자를 다시 연 것 같고요."

⁂

베네데티는 각성 요법이 꼭 의사의 관리하에 이루어져야 한다고 경고한다. 양극성 장애를 앓는 이들은 특히 그렇다. 조증을 촉발할 위험이 있기 때문이다. 물론 그의 경험상 항우울제가 촉발할 위험보다는 더 작긴 하다. 하지만 밤새 깨어 있는 것도 혼자서는 하기 어려우며, 일시적으로 우울증이나 혼란스러운 기분 상태로 빠져드는 환자들도 있다. 그러면 위험해질 수 있다. "그런 일이 일어날 때 환자에게 무슨 일이 일어나고 있는지 알려 줄 수 있도록 나 같은 의사가 곁에 있어야 합니다."

각성 요법은 다른 나라의 정신의학자들도 진지하게 받아들이기 시작하고 있다. 노르웨이 같은 나라에서 특히 적극적이다. 제약업계가 불가지론적 입장을 취하는 것은 이해할 수 있다. 아무튼 특허를 낼 수 있는 게 아니니까. 그러나 하루 주기 리듬이 정신질환에 어떤 역할을 하는지를 더 잘 이해하게 되면서, 여러 가지 가능성이 열리고 있다. 그 시계에 무엇이 잘못되었는지를 — 그리고 빛과 수면 박탈이 어떻게 시계를 수정하는지를 — 이해할 수 있다면, 이런 효과를 재현할, 아니 더 나아가 강화할 새로운 약물을 개발할 수도 있을 것이다.

이런 노력이 양극성 장애 쪽으로만 이루어지는 것은 아니다. 과학자들이 조현병, 주요 우울증, 강박 장애, 섭식 장애 같은 정신질환의 생물학적 토대를 파악하려면 아직 갈 길이 멀다. 그러나 그런 질환들이 뇌에서 세로토닌과 도파민 같은 신경 전달 물질의 농도 변화와 관련이 있다는 것과 이런 신경 전달 물질들이 하루 주기 시계의 통제를 받고 있다는 것은 알고 있다. 게다가 이 모든 질환은 하루 주기 시계의 교란, 즉 그 시계를 움직이는 유전자들 중 일부의 변이와 관련이 있다. 또 이런 질환들에 앞서서 수면 교란이나 하루 주기 리듬의 어긋남이 나타나곤 한다. 히스로 공항 인근의 병원에는 해마다 약 1백 명의 정신질환자가 입원한다. 그들은 장거리 비행에 따른 시간대 변화에 직접 반응하여 증상들이 촉발된 듯하다. 또 좋은 수면 습관이 정신 건강을 개선할 수 있다는 증거도 많아지고 있다.

☼

물론 하루 주기 리듬 교란은 뇌에만 영향을 미치지 않는다. 면역계에도 영향을 미치고, 심장 박동수나 소화 같은 신체 기능에도 영향을 미칠 수 있다. 모두 건강에 해를 끼치고 질병에서 회복되는 데에도 지장을 끼칠 수 있다. 플로렌스 나이팅게일은 아픈 사람에게 신선한 공기와 햇빛이 필요하다고 간파했지만, 현대의 많은 병원 건물은 전혀 다른 방향으로 설계되어 있다. 작은 창에 낮이고 밤이고 흐릿한 실내조명이 켜져 있는 경우가 많다. 그리고 앞에서 살펴보았듯이, 하루 주기 리듬 교란은 밤에 밝은 빛에 노출됨으로써 일어날 수 있는 반면, 낮에 밝은 빛을 접하지 못하면 세포와 조직의 하루 주기 리듬이 평탄해질 수 있다.

현재 영국의 집중 치료실intensive care unit, ICU 설치 기준에는 모든 환자의 방에 자연광이 들도록 하고, 밝기를 조절할 수 있는 인공조명을 설치하도록 권하고 있다. 그러나 이 지침을 따르는 병원에서도 낮에 침대 옆 조명은 대개의 사무실 조명과 비슷한 수준이다. 해 질 녘의 바깥 밝기보다 한참 흐리다.[4] 게다가 모르핀 같은 몇몇 약물은 하루 주기 시계의 시각을 바꿀 수 있고, 환자의 수면은 통증이나 걱정이나 소음 때문에 더 교란될 수 있기에 문제는 더 복잡해진다.[5] 그렇기에 입원 환자들이 종종 편평한 하루 주기 리듬이나 하루의 바깥 시간과 위상이 들어맞지 않는 리듬을 지니곤 하는 것도 결코 놀랄 일이 아니다. 현재 일부 학자들은 이

것이 치유와 회복에 얼마나 심각한 지장을 줄 수 있는지 연구에 착수했다.

방글라데시 다카르 스퀘어 병원의 심장 병동은 현대식 건물의 10층에 자리하고 있다. 심장 동맥 우회로 수술 등을 받고서 회복 중인 환자들이 머무는 곳이다. 도시 전체가 한눈에 보이며, 침대마다 창이 나 있다. 하지만 개인적으로 창을 가리는 환자들도 있다.

러프버러 대학교의 연구진은 환자들이 병동에 입원하고 퇴원하는 양상을 지켜보았는데, 조도를 100럭스 높일 때마다 입원 시간이 7.3시간씩 줄어든다는 것을 발견했다. 몇몇 연구들은 전망이 보이는 것도 차이를 만들긴 하지만, 햇빛이 회복 속도에 더 중요한 영향을 미친다고 말한다.[6]

심근 경색에서 회복되는 캐나다 환자들을 대상으로 한 대규모 연구에서도 밝은 병실에서 회복 중인 환자들의 사망률은 7퍼센트인 반면, 어두운 병실로 간 환자들의 사망률은 12퍼센트로 나타났다.[7]

이런 차이가 나타나는 이유는 동물 연구를 통해서 얼마간 드러나고 있다. 심근 경색이 일어난 후의 처음 며칠간은 심장이 어떻게 치유될지, 그리고 다시 심근 경색이 일어날 위험이 얼마나 되는지를 결정하는 데 아주 중요한 역할을 한다. 이 치유 반응에는 면역 세포가 수반된다. 생쥐들에게 모의 심근 경색을 일으킨 뒤에 정상 빛-어둠 주기와 교란된 주기로 나누어서 회복기를 갖도록 하자, 심장에 모여든 면역 세포의 수와 종류, 흉터 조직의 양,

그리고 궁극적으로 생존율에 상당한 차이가 나타났다. 하루 주기 리듬이 교란된 생쥐는, 병원에 입원해 있는 동안 그럴 수 있듯이, 심장 손상으로 사망할 가능성이 더 컸다.

우리는 심혈관계가 강한 하루 주기 리듬을 지닌다는 것을 안다. 혈압은 잠을 잘 때 가장 낮다가, 깨어나면 급격히 치솟는다. 상처가 났을 때 피가 굳도록 돕는 미세한 혈액 성분인 혈소판은 낮에 더 끈적거린다. 혈관을 수축시키고 심장을 더 빨리 뛰게 하는 아드레날린 같은 '싸움-도피' 호르몬의 농도도 낮에 더 올라간다. 이런 하루 주기 리듬의 변이는 하루 중 다양한 시기에 심근경색이 일어날 가능성에 영향을 미친다. 통계적으로 보면, 다른 시간보다 오전 6시에서 12시 사이에 일어날 가능성이 더 높다.

그러나 시간은 심장 손상으로부터 회복되는 능력에도 영향을 미칠 수 있다. 생쥐를 대상으로 한 후속 연구에서는 하루 중 몇 시에 상처를 입었느냐에 따라서, 다친 심장 조직으로 들어오는 면역 세포의 종류와 수에 차이가 있음이 드러났다.[8] 사람을 대상으로 한 연구에서도 환자가 오전보다 오후에 심장 수술을 받았을 때 생존율이 더 높아짐을 시사하는 결과가 나왔다.[9]

손상 반응이 하루 주기 리듬을 보이는 것은 심혈관계만이 아니다. 상처 치유에 핵심적인 역할을 하는 섬유아세포라는 피부 세포도 밤보다 낮에 더 효율적으로 활동한다는 것이 최근에 드러났다. 상처 난 부위로 세포들을 이동시키는 단백질들의 농도가 변동하기 때문이다. 밤에(생쥐가 깨어서 활동하는 시간대) 피부에 상처를

입은 생쥐는 낮에 상처를 입은 생쥐보다 치유 속도가 더 빨랐다.[10]

그리고 같은 연구진이 국제 화상 데이터베이스International Burn Injury Database의 자료를 분석했을 때, 화상을 낮에 입었을 때에 비해 밤에 입었을 때 낫는 데 약 11일이 더 걸린 것으로 드러났다.[11] 하루 주기 리듬에 따라서 몸에 생리적 변화가 일어나는 사례들은 많다. 바이러스는 낮보다 밤에 더 잘 증식하고 세포 사이로 잘 퍼진다. 알레르기 반응은 오후 10시에서 12시 사이에 가장 강하다. 관절의 통증과 뻣뻣함은 이른 아침에 가장 심하다.

하루 주기 리듬이 우리의 면역계에 이토록 강력한 영향을 미친다면, 병원 환경에서 아주 흔한 이 같은 리듬의 교란은 중병에서 회복되는 것을 방해할 수 있다. 같은 논리에 따르면, 환자들을 낮에는 밝은 빛을 쬐게 하고 밤에는 어둠 속에서 자도록 함으로써 이 리듬을 안정시키거나 강화한다면 회복 속도를 높일 수 있을 것이다.

저체중 미숙아를 연구한 결과는 이 개념의 가장 강력한 증거에 속한다. 신생아가 토막잠을 잔다는 것은 다 아는 사실이지만, 뇌의 마스터 시계는 임신 약 18주부터 자리를 잡기 시작하는 듯하다. 그때부터 하루 주기 리듬은 서서히 성숙한다. 그러나 예측 가능한 양상의 수면 리듬이 출현하기 시작하는 것은 생후 약 8주부터다. 발달하는 태아는 밝은 빛에 직접 노출되지 않지만, 생성되고 있는 하루 주기 체계는 모체 호르몬, 심장 박동수와 혈압 등의 하루 주기 변동 같은 단서들에 맞추어질 수도 있다. 그러나 아기가 미숙아로 태어난다면, 이런 신호들을 잃는다.

미숙아는 빛 12시간과 어둠 12시간으로 이루어진 자연광의 주기에 노출될 때, 발달이 가장 잘 이루어질 가능성이 크다. 최근 나온 한 보고서는 미숙아가 거의 어두운 곳이나 지속적으로 밝은 빛이 비치는 곳에 있는 경우에 비해, 이같이 빛과 어둠이 교대로 주어지는 환경에 놓여 있을 때 출생 후 병원에 머무는 시간이 단축된다는 결론을 내렸다. 또 이런 환경에 놓인 아기들이 체중도 더 많이 늘고, 눈 손상도 적고, 덜 우는 경향을 보였다.[12]

빛 노출이 성인 환자들에게 미치는 영향을 조사한 연구는 아기들에 대한 조사 연구보다 많지 않다. 하지만 병원의 조명이 우리 건강에 미치는 영향에 관심이 점점 커지면서 동일한 조치를 취하는 곳들이 늘고 있다. 런던의 왕립자선병원은 현재 응급의학과에 하루 주기 조명을 설치하고 있으며, 몇몇 나라의 병원에서는 이미 그러한 조명 시스템을 도입한 상태다.

코펜하겐 글로스트루프 병원의 의사들도 하루 주기 조명이 환자들의 회복과 예후를 개선한다는 증거를 제시했다. 그들은 뇌졸중 환자 재활 병동에서 하루 주기 조명 시스템이 미치는 영향을 조사해 왔다. 낮에는 밝은 청백색 조명을 쬐고 밤에는 어둑한 환경에서 주로 잠을 자도록 청색광을 빼고 흐릿하게 하는 방식이었다. 밤에 검사나 치료를 할 때는 호박색 조명을 켰다. "입원해 있는 동안 하루 주기 리듬을 안정시켜서 회복을 촉진시키는 것이 목표입니다." 이 연구 과제를 이끌고 있는 신경과학자 안데르스베스트Anders West의 말이다.

뇌졸중을 일으킨 사람 중 대략 세 사람 중 한 명은 직후에 우울증을 겪고, 네 사람 중 세 명은 피로에 시달리고 잠을 제대로 못 잔다. 인지 기능뿐 아니라, 회복과 생존에도 악영향을 미칠 수 있는 증상이다. 이제까지 축적된 데이터는 기존 병원 조명을 쓰는 병실의 환자들에 비해 하루 주기 조명 시스템 아래서 지낸 환자들이 더 탄탄한 하루 주기 리듬을 지니게 되고, 우울증과 피곤함이 줄어들었음을 제시하고 있다.[13] 베스트는 나에게 그 효과가 "항우울제를 투여하는 것에 맞먹는다"고 말한다. 병동의 간호사들도 환자들에게서 차이가 나타났다고 말한다. 섬망이나 치매를 앓는 환자들이 특히 그랬다. "지금 시간이 하루 중 몇 시쯤인지 더 감을 잘 잡는 듯해요. 더 차분해지기도 했고요." 2009년 이래 그 병원에서 일해 온 간호사 윌리 마리 슈바르즈닐센의 말이다.

☼

현재 치매를 완치하는 게 가능하지는 않지만, 하루 주기 조명을 써서 생체 시계를 강화하면 증상을 완화할 수 있고 삶의 질도 개선할 수 있다는 연구 결과들이 쌓이고 있다.

야간 각성night-waking은 치매 환자들(그리고 그 보호자들)에게 종종 문제를 일으키곤 한다. 결국에 환자들이 보호시설에서 생활하게 되는 주된 이유 중 하나일 정도다. 그들은 자다가 일어나서 돌아다니다가 넘어질 위험에 처할 뿐 아니라 — 우리의 균형 감각은 하루 주기 리듬의 통제를 받으며 낮보다 밤에 더 안 좋아진다 — 이러한 야간 각성은 섬망이나 착란과도 관련이 있을 때가 많다.

이와 관련된 일몰 증후군이라는 것도 있다. 치매 환자가 늦은 오후나 초저녁에 더 흥분하거나 공격성을 띠거나 착란을 일으키는 현상이다. 이 두 가지 현상도 하루 주기 리듬의 교란과 관련이 있음이 드러나 왔다.

외스 판 소메런Eus van Someren은 1990년대 중반에 하루 주기 시계와 알츠하이머병의 관계에 관심을 가지게 되었다. 나이가 들면서 하루 주기 리듬이 편평해지는 경향이 있으며, 그것이 노인이 잠이 더 짧아지고 자주 깨는 이유 중 하나임을 시사하는 연구 결과들이 몇 건 있다. 요양원 같은 시설에서는 이 문제가 더 악화되곤 한다. 사람들이 바깥에 덜 나가게 되고, 안전을 위해 하루 24시간 조명이 켜져 있기도 하기 때문이다.

판 소메런은 이 하루 주기 리듬 편평화와 이와 관련된 문제들이 알츠하이머병 환자들에게서 특히 두드러지게 나타난다는 사실에 흥미를 느꼈다. 그래서 더 깊이 조사해 보기 시작했다. 그는 시설에서 지내는 환자들, 특히 낮에 활동적이지 않은 이들이 하루 주기 리듬이 가장 밋밋하며, 낮의 길이가 점점 짧아질수록 그들의 수면 문제가 더 악화한다는 것을 발견했다. 더 최근에 연구자들은 날씨도 그런 사람들의 야간 각성에 영향을 미칠 수 있다는 것을 밝혀냈다. 화창한 날에 비해 흐린 날에 야간 각성이 상당히 더 많이 나타났다. 이 양쪽 사례에서 낮의 햇빛이 중요한 역할을 한다.

사람들은 나이를 먹을수록, 뇌의 마스터 시계가 받는 자극의 양이 줄어든다. 고령자가 주로 실내에 머무르는 경향이 있기 때문이기도 하지만, 눈의 수정체가 점점 혼탁해지고 눈동자가 좁아져서 빛이 덜 들어오기 때문이기도 하다. 그것만으로도 부족하다는 양, 백내장 환자들은 본래의 수정체를 인공 수정체로 대체하고자 할 때 청색광을 걸러내는 수정체를 택하곤 한다. 청색광이 노년에 으레 생기는 또 한 가지 질환인 황반 변성에 영향을 미친다고 생각하기 때문이다. 그 결과 이미 받는 자극이 적어진 마스터 시계에 햇빛 유입량이 줄어드는 유례없는 결과가 나타난다.

암스테르담의 네덜란드신경과학연구소에 있는 판 소메런은 1999년에 노인 요양원 12곳의 관리자들을 설득하여 임상 시험을 시작했다. 일부 요양원에는 밝은 조명을 추가로 설치하여, 흐린 날에 실외에서 접할 수 있는 수준까지 실내 조도를 높였고, 매일 오전 10시부터 오후 6시까지 계속 조명을 켜 두었다. 다른 요양원들에서는 평소 쓰던 실내조명을 그대로 썼다. 또 일부 사람들에게는 저녁에 멜라토닌 알약을 먹게 함으로써 하루 주기 리듬을 더욱 강화하려고 시도했다.

조명 변화로 치매가 치유된 것은 아니었지만, 3년 반 뒤 낮 동안 더 밝은 빛에 노출되어 있던 사람들은 인지력이 덜 퇴화하고 우울 증상도 덜하다는 것이 드러났다. 일상생활을 하는 능력도 덜 퇴화했다. 또 밝은 빛에다가 멜라토닌까지 투여한 이들은 흥

분을 덜 하고 잠을 더 잘 자는 것으로 드러났다.[14]

나는 그런 개입이 실제로 어떻게 이루어지는지를 알아보기 위해서 덴마크 호르센스에 있는 세레스Ceres 치매 병동을 방문했다. 온실에서 거주자 몇 명이 모여 앉아서 직원과 그림을 이용한 빙고 게임을 하고 있다. 위쪽에서 자연광에다가 청색광 조명까지 비치고 있다. 그 옆에서는 파란 드레스를 입은 노부인이 앉아서 흰색과 황갈색이 섞인 로봇 고양이를 쓰다듬고 있다. 고양이는 주기적으로 앞발을 핥고 귀를 씰룩거리고 머리를 돌린다. 실내 분위기는 차분하고 훈훈하다. 꾸벅꾸벅 졸고 있는 사람도 한 명 보인다. 하지만 대다수는 깨어 있고 나름 무언가를 하고 있는 듯하다.

야네 트뢴세는 병동의 요양 보호사다. 이곳의 하루 주기 조명 시스템 설치를 추진한 사람이다. 어느 날 그녀는 다른 유형의 정신질환들에 광선 요법이 효과가 있다는 신문 기사를 읽었다. 좀 더 찾아본 그녀는 빛이 자신이 돌보는 사람들 같은 환자들의 수면을 개선할 수 있지 않을까 기대하면서 연구가 이루어지고 있다는 것을 알았다.

하루 주기 조명을 설치한 뒤에 눈에 띄게 달라진 점 중 하나는 사람들이 더 사교적인 행동을 보이는 듯하다는 것이다. "낮에 더 정신이 더 또렷해진 양 보이고, 식사량도 좀 더 늘었어요." 또 흥분을 가라앉히기 위해 쓰는 수면제와 약물의 투여량도 크게 줄었다. 또 낮에 거주자들의 움직임을 추적하는 카메라들은 사람들이 빛이 더 밝은 곳에 옹기종기 모이는 경향이 있음을 보여 주었다.

치매 병동의 간호사들을 대상으로 한 설문 조사에서도 조명을 바꾼 뒤로 스트레스가 줄었음이 드러났다. "정말로 중요한 결과입니다. 환자들의 정신 건강 문제에 대처하는 방법과 관련이 있으니까요." 조명 시스템이 정신 건강에 미치는 영향을 연구해 온 옥스퍼드 대학교의 카타리나 불프Katharina Wulff의 말이다. 다시 말해, 조명은 간호 인력들이 자신들이 받는 스트레스를 환자에게 풀 위험을 줄일 수 있다.

그 치매 병동의 중앙통로에서 키우는 앵무새도 영향을 받는 듯하다. 새 조명이 설치되기 전에는 밤낮없이 짹짹거리고 꽥꽥거렸는데, 지금은 밤이 되면 조용하다.

☼

앞서 살펴보았듯이, 우리의 생체 시계가 몸과 마음에 어떻게 영향을 미치는지를 더 깊이 이해하고 하루 주기 리듬을 다시 맞출 때 정신의학, 신생아, 수술 회복 환자 병동에서, 그리고 요양 시설에서 사람들의 건강이 확연히 나아질 수 있다는 사실을 우리는 이제야 비로소 깨닫기 시작하고 있다.

그러나 우리 몸의 시계들을 점점 더 상세히 이해하게 되면서, 이 지식은 약물의 치료 효과를 더 높이고 부작용을 더 줄이는 방향으로도 쓰이기 시작했다.

이 시계들은 정말로 놀라울 만큼 다방면으로 영향을 미친다.

우리 유전자 중 거의 절반이 이 시계들의 통제를 받으며, 암, 알츠하이머병, 제2형 당뇨병, 심장 동맥 질환, 조현병, 비만, 다운증후군 등 지금까지 조사한 모든 주요 질병이나 증후군에서 해당 질병 위험과 강한 관련성을 보이는 유전자들의 활성이 하루 주기에 따라 변동한다는 것이 드러났다.

게다가 세계보건기구가 정한 필수 의약품 — 전 세계의 모든 병원에 구비된 250종의 약품 — 중 절반 이상은 생체 시계가 조절하는 분자 경로들을 표적으로 삼는다. 따라서 언제 투여하느냐에 따라서 약효가 더 발휘될 수도 덜 발휘될 수도 있다.[15]

흔히 쓰이는 진통제인 아스피린과 이부프로펜뿐 아니라, 혈압약, 소화궤양약, 천식약과 암 치료제도 그렇다. 약물 중에는 반감기가 6시간에 못 미치는 것이 많다. 즉 최적 시간에 투여하지 않으면 약이 최적 효과를 발휘해야 할 시간에 이미 몸에서 사라졌을 수도 있다는 뜻이다. 예를 들어, 혈압약인 발사르탄은 아침 일찍 먹을 때보다 저녁에 먹을 때 효과가 60퍼센트 더 높다. 콜레스테롤 수치를 낮추는 약물인 스타틴 중에도 저녁에 투여할 때 효과가 더 높은 것들이 많다.

그러나 이런 정보는 대개 학술지에서나 찾아볼 수 있을 뿐이다. 한 예로, 영국 국민의료보험 웹사이트에는 발사르탄을 '아무 때나' 투여해도 된다고 나와 있다. 제약업계도 약물의 투여 시점이라는 문제에는 아직 관심을 덜 갖고 있다. "대형 제약사는 하얀 알약을 하루에 한 알씩 먹게 하는 데 관심이 있지요. 그러면 약효가 오래 가고 하루 중 어느 때 먹느냐가 별로 중요하지 않게 되거든요." 맨체스터 대학교에서 하루 주기 리듬이 염증 질환에 미치는 영향을 조사하고 있는 데이비드 레이David Ray의 말이다.

그러나 몸이 시간에 따라서, 또 계절에 따라서 달라진다는 개념은 고대부터 있던 것이다. 중국 전통 의학은 신체 장기마다 가장 기운이 넘치는 시간대가 다르다고 본다. 허파는 오전 3시에서 5시, 심장은 오전 11시에서 오후 1시, 콩팥은 오후 5시에서 7시 사이가 가장 기운이 강하다는 식이다. 식사, 활동, 성관계, 수면도 이런 리듬에 맞추어야 한다고 조언한다. 인도 아유베다 의학도 비슷한 개념을 제시한다.

현대 의학을 믿는 이들에게는 그런 전통 의학들이 이런 리듬을 설명하는 방식이 비과학적으로 들릴 것이다. 중국 전통 의학이 심장이나 간의 리듬이라고 말하는 것은 오늘날 우리가 이 기관들을 이해하는 방식과 그다지 공통점이 많지 않다. 그러나 이런 고대 의학들이 우리의 생리 활성에 리듬이 있다는 점을 알아차렸다는 사실 자체는 매우 흥미롭다. 프란시스 레비Francis Levi가 약물의 투여 시점이라는 문제에 처음에 관심을 갖게 된 것은 분명히 그 때문이었다.

레비는 파리에서 의학을 공부했지만, 많은 동료가 환자를 사람이 아니라 사물처럼 다루는 것을 보고 좌절하다가 중국 전통 의학에 관심을 가지기 시작했다. 생물학적 리듬이 치료의 효과에 영향을 미칠 수도 있다는 개념에 흥미가 동한 그는 현대 과학의 도구들을 써서 더 깊이 조사해 보기로 결심했다.

많은 화학 요법 약물들은 빨리 분열하는 세포를 표적으로 삼는다. 그 말은 치료 과정에서 일부 건강한 세포들도 죽인다는 뜻이다. 이를테면 위나 창자 벽의 세포, 골수 세포 따위를 말이다. 화학 요법에 수반되는 욕지기와 식욕 감퇴 같은 불쾌한 부작용들 중 일부는 이 때문에 나타난다. 그러나 건강한 세포는 암세포와 몇 가지 측면에서 다르다. 그중 하나는 전자가 하루 중에서 특정한 시간에만 분열하는 반면, 적어도 몇몇 유형의 암세포에서는 하루 주기 리듬이 교란되어 있거나 아예 없다는 사실이다.

레비는 건강한 세포가 휴식을 취하고 있고 암세포만 분열하는 시간대를 찾아낼 수 있다면, 화학 요법 약물을 더 많이 투여하면서도 오히려 부작용은 더 줄일 수 있을 것이라고 생각했다. 너무나 급진적인 주장이었기에, 동료들은 하나같이 고개를 저었다. "점성술에 빠지지 말라는 핀잔까지 들었어요."

그래도 굴하지 않고 그는 안트라사이클린이라는 화학 요법 약물의 유도체인 새로운 항암제의 독성이 투여 시점에 따라 달라지는지 알아보기 위해 생쥐를 대상으로 한 일련의 실험을 설계했다. 그는 치료 기간에 생쥐들의 체중이 얼마나 빠지는지, 백혈구 수가 얼마나 달라지는지를 측정하여 평가했다. 그러자 생쥐들이 대개 잠을 자는 낮이 아니라 활동하는 밤에 투여를 했을 때, 약물의 독성이 더 강하게 나타난다는 점이 명확히 드러났다.[16] 난소암 여성들을 대상으로 한 후속 임상 시험에서도 오후 6시가 아니라

오전 6시에 투여할 때 욕지기와 피곤함 같은 부작용이 상당히 줄어들 수 있다는 것이 확인되었다.[17]

연구팀장이 옥살리플라틴이라는 새 항암제를 실험할 권한을 확보하면서 레비에게 중요한 기회가 찾아왔다. 옥살리플라틴은 지금은 진행성 대장암의 표준 치료제로 널리 쓰이는 대중적인 약물이지만, 1980년대 중반까지만 해도 독성이 너무 강해서 환자에게 쓸 수 없다고 여겨져 폐기될 약물 목록에 속해 있었다. 그러나 레비의 팀장은 그 약물이 효과가 있을 것이라고 확신했다. 환자가 견뎌 낼 수 있는 투여 방법을 찾아내기만 하면 된다고 보았다. 그 일은 레비에게 맡겨졌다.

이번에도 생쥐를 대상으로 최적 투여 시점을 찾아내는 일부터 시작하여, 임상 시험으로 나아갔다. 동물 실험 결과 옥살리플라틴을 한밤중에, 즉 생쥐가 가장 활발하게 활동할 때 투여하면 독성을 줄일 수 있다는 것이 드러났다. 이 결과를 사람에게 적용할 때, 그는 그냥 12시간을 더했다. 대략적이긴 하지만, 맞는 계산 같았다. 이윽고 옥살리플라틴과 다른 항암제인 플루오로우라실을 조합하여 투여하는 일련의 무작위 대조군 임상 시험들을 통해서, 이 약물들을 연속해서 투여하기보다는 하루 주기 리듬에 맞추어서 투여할 때 욕지기와 식욕 감퇴와 피부 반응 같은 부작용들이 무려 7분의 1로 줄어든다는 것이 드러났다.

하지만 이 결과를 믿지 못하겠다고 보는 이들도 있었다. 레비가 처음으로 옥살리플라틴으로 치료하기 시작한 환자 중 한 명은 진행성 대장암 환자였는데, 자신이 가짜 치료를 받는 것이 아니냐고 항의까지 했다. "이렇게 말하더군요. '날 속이는 거죠? 속임약을 처방하고 있는 게 분명해요. 부작용 증상이 전혀 없잖아요.'"

사실 그 환자는 일반적인 수준보다 훨씬 더 고용량으로 약물을 투여받고 있었다. 하지만 특수하게 고안된 펌프로 오후에는 옥살리플라틴을 투여하고 이른 아침에 플루오로우라실을 투여하자, 암 치료에 으레 수반되는 부작용 증상들이 거의 나타나지 않았다.

심지어 약물을 일반적인 방식으로 투여했을 때에 비해서 생체리듬에 맞는 방식으로 투여했을 때 종양이 더 줄어들고 생존 기간이 더 길어지는 등 약효가 더 증진된다는 연구 결과들까지 나왔다. 2012년에 남성 환자들을 대상으로 한 옥살리플라틴의 생체리듬 요법 사례들을 분석했더니, 기존 약물 투여 방식에 비해 생존 기간 중앙값이 3개월 늘어났다고 나왔다. 무슨 이유 때문인지 여성에게서는 양쪽 치료 방식이 별 차이를 보이지 않았다.[18]

그럼에도, 레비의 자료는 옥살리플라틴을 재검토할 가치가 있음을 제약업계에 확신시키기에 충분했다. 이 약물은 유럽에서는 1996년, 미국에서는 2002년에 승인을 받았다.

더 최근에 레비 연구진은 이리노테칸이라는 다른 항암제를 남성에게는 아침에, 여성에게는 오후/초저녁에 투여할 때 부작용이 더 적다는 것을 알아냈다. 암의 방사선 요법도 오후보다 아침에 받을 때 탈모가 훨씬 적게 일어난다. 머리카락은 아침에 더 빨리 자라기 때문이다.[19]

이런 하루 중 시간대 효과 차이는 암에서만 나타나는 것이 아니다. 예를 들어, 계절 독감 백신은 오전 9시에서 11시 사이에 맞았을 때가 6시간 뒤에 맞았을 때보다 방어 항체가 4배나 더 많이 생성된다는 것이 최근 연구로 드러났다.[20] 또 몇몇 의학 검사도 측정한 시간에 따라서 결과가 달라진다. 그래서 현재 많은 의사는 고혈압 여부를 진단할 때 24시간에 걸쳐서 혈압을 계속 측정한다.

지금까지 조사한 모든 조직에서 하루 주기 리듬이 존재한다는 점을 고려해 볼 때, 조사를 더 확대한다면 일중 시간 효과time-of-day effect가 다른 질병과 약물, 치료에도 나타날 가능성은 매우 커 보인다.

하지만 여전히 해결해야 할 문제들이 남아 있다. 성별 차이 외에도, 리듬의 정확한 시점은 개인별 차이도 보이며, 개인의 생체 시계가 정확히 몇 시를 가리키고 있는지를 빠르면서 간단하게 확인할 검사법은 현재 전혀 나와 있지 않다. 이 방법을 찾아낸다면, 단지 약물의 투여 시점을 최적화하는 차원을 넘어서 여러모로 유익하게 쓸 수 있을 것이다. 누군가의 리듬이 약해지거나 교란되어 있는지도 알아낼 수 있다. "환자의 생존에 영향을 미칠 수 있는 다른 모든 요인과 무관하게, 하루 주기 리듬이 교란될 때 암 환자들의 상태가 악화된다는 것이 드러나요." 레비의 말이다. '지연 작용delayed action' 약물, 즉 생체 시계의 바늘이 특정한 시각을 지난 뒤에야 생물학적으로 활성을 띠는 약물을 개발하는 것도 한 가지 대안이 될 수 있다. 현재 그런 약물의 시제품을 개발하려는 시도들이 이루어지고 있다.

또 하루 주기 리듬의 진폭을 빛을 대신하여 강화할 수 있는 약물을 개발하려는 쪽으로도 점점 관심이 쏠리고 있다. 또 하루 주기 시계의 시각을 더 빨리 조정할 수 있도록 돕는 약물을 개발하려는 시도도 있다. 그런 약물은 교대 근무에 적응하거나 시차증을 극복하는 데에도 도움이 될 것이다.

플로렌스 나이팅게일은 평균에 의지하기보다는 병세의 변동 양상을 관찰하는 것이 중요함을 역설했다. 평균은 오해를 불러일으키곤 한다고 느꼈다. 그녀가 약물이 작용하는, 따라서 우리를 낫게 해 줄 수 있는 신체 계통들의 하루 리듬을 알았다면 깊은 인상을 받았을 것이 분명하다. 확실히 그녀는 우리 몸이 나아질 수 있는 가능한 최상의 기회를 주기 위해 병원이나 요양원의 환경을 최적화하려는 노력을 고무했을 것이다. 그녀는 『간호 노트』에 이렇게 썼다. "흔히 의료가 치유 과정이라고 생각하곤 하지만, 그렇지 않다. 치유는 자연만이 한다. 간호가 해야 하는 일은 자연이 일을 할 수 있는 최상의 조건에 환자를 두는 것이다."[21]

빛, 수면, 타이밍. 이 세 가지는 보건 의료를 혁신시킬 가능성을 지닌 가장 기본적인 요소이다.

9장

시계의 미세 조정

매일 정해진 시간에 잠자리에 들고 하루 24시간에 걸쳐 규칙적으로 빛에 노출되는 생활을 마다할 사람은 없겠지만, 우리네 생활에서 이런 게 항상 가능할 수는 없는 노릇이다. 여행을 가서 시차증을 겪기도 하고, 교대 근무도 하기 때문이다.

그리고 우주에서 생활하는 우주 비행사보다 더 멀리 여행을 가거나 빛과 특별한 관계를 맺고 있는 이들은 없을 것이다. 따라서 신체적, 정신적 능력을 최적화할 방법을 알고 싶다면, 그리고 빛과 수면 조건이 열악한 상황에서 질병이나 부상 위험을 줄이고 싶다면, 미항공우주국NASA으로 가는 것이 최선이다.

우주에서 보는 해돋이는 어두컴컴한 곳에서 볼록하게 파란 줄무늬가 생기면서 시작된다. 밤과 낮의 경계를 표시하면서다. 줄무늬는 바깥으로 확장되면서 점점 폭이 넓어진다. 그러면서 아래쪽에 노란 웅덩이 같은 것이 형성되고 그 위쪽으로 새하얀 빛줄기가 뻗친다. 빛줄기는 빠르게 불타오르면서 열 갈래로 뻗은 황금빛 별이 된다. 별은 꾸준히 점점 더 밝아지며, 이윽고 반지처럼 지구 테두리를 감싸는 파란 줄무늬 꼭대기에 지금까지 본 가장 크고 눈부신 다이아몬드가 끼워진 모양이 된다. 이 빛나는 다이아몬드, 즉 태양이 점점 더 높이 떠오름에 따라서 지구의 구름과 만년설, 깊고 푸른 대양이 모습을 드러내기 시작한다. 그러나 우리 행성의 이 경이로운 광경은 오래 지속되지 않는다. 채 45분이 지나기도 전에 넓어지던 빛의 커튼은 다시 줄어들면서 밀려드는 어둠에 삼켜진다. 어둠은 마치 사라지는 해를 뒤쫓는 양 지구 전체를 뒤덮어 간다.

이 장관은 국제우주정거장에 있는 우주 비행사들의 눈앞에서 하루에 16번씩 펼쳐진다. 하늘에서 떨어지지 않기 위해, 시속 2만 7천 킬로미터의 속도로 지구를 돌고 있기 때문이다. 이 속도에서는 90분마다 지구를 한 바퀴 돌며, 그 말은 45분마다 해돋이와 해넘이를 본다는 뜻이다.

수리나 유지 관리를 위해 우주복을 입고 우주정거장 밖으로 나가서 표면 위를 걷는다면, 더욱 실감 나는 경험을 하게 된다. 해가 눈에 보일 때면 온도는 무려 121도로 치솟고, 해가 지면 영하 157도로 떨어진다. 우주복과 단열층이 온도 변화를 어느 정도 차단하긴 해도, 이런 극단적인 온도 변화를 여전히 예리하게 느낄 수 있다.

그러나 대개 우주비행사는 우주정거장 안에서 생활하며, 몇몇 작은 창과 전망대의 7장의 커다란 창에서 들어오는 빛 외에는 흐릿한 실내조명만을 접한다. 하루 주기 리듬 비동조는 국제우주정거장의 우주비행사들에게 큰 문제가 된다. 너무나도 특수한 빛-어둠 주기에 노출되기 때문이다. 국제우주정거장 내부는 지구의 대다수 실내 작업 환경보다 더 어두우며, 해가 뜨고 지는 일이 더 잦다는 점 때문에 상황은 더 복잡해진다. "잠자러 가기 직전에 전망대로 가서 해돋이나 해넘이를 본다면, 10만 럭스에 노출되는 겁니다." 휴스턴에 있는 존슨우주센터의 의료 담당자이자 항공군의관인 스미스 L. 존스턴Smith L. Johnston의 말이다. "빛이 너무나 강렬해서 한번 쬐기만 해도 2시간은 잠을 못 이룰 거예요."

게다가 국제우주정거장의 우주비행사들은 임무를 완수하기 위해 몹시 스트레스를 받는 상태에서 장시간 동안 일하곤 하며, 셔틀 도킹이 있거나 계속 늘어지는 건설 작업의 기술적 문제를 해결해야 할 때는 수면 일정을 갑작스럽게 바꾸면서 거의 '초치기 교대'를 해야 한다.

그러나 NASA의 우주비행사들이 우주에 있을 때 대처해야 할 문제가 하루 주기 리듬 비동조만 있는 것은 아니다. 그들의 훈련 계획은 8년 전에 미리 수립되며, 그들의 시간은 거의 분 단위로 짜여 있다. 훈련을 받기 위해 그들은 모스크바, 쾰른, 도쿄를 자주 오간다. "모스크바에 갈 때마다 시차증를 극복하겠다고 2주씩 쉴 여유가 없어요." 매사추세츠주 보스턴에 있는 브리검 여성병원의 수면 전문가 스티븐 로클리의 말이다.

NASA는 수면과 예방 의학을 극단적으로 진지하게 고려한다. 우주정거장을 짓고 거기로 쏘아 보낼 우주비행사를 훈련시키는 데 수십억 달러를 써 왔기에, 그리고 1986년 우주왕복선 챌린저호의 폭발 사고로 탑승자 7명이 전원 사망한 일이 어느 정도는 과중한 근무 시간과 수면 부족 때문에 일어났기에, 누군가가 일하다가 졸아서 문제가 일어나는 꼴을 보고 싶어 하지 않는다. "직업 운동선수를 제외하면, 해마다 우리 우주비행사들이 받는 수준의 건강 검진을 받는 사람은 아무도 없을 겁니다. 일단 우주비행사가 되면 그들은 대단히 가치 있는 고도로 훈련된 물품이 됩니다. 우리는 그들을 쏘아 올리기 위해 모든 일을 하니까요." 존스턴의 말이다.

NASA의 한 부서에서는 2016년부터 국제우주정거장에 최적화한 LED 조명 시스템을 설치하는 문제를 연구 중이다. 우주비행사들이 우주에서의 초치기 교대와 특수한 환경 조건에 빨리 적응할 수 있도록 수면과 각성도를 개선하도록 고안된 시스템이다. 침낭과 개인용품들이 있는 관처럼 생긴 각 선실 안에서, 이 새로운 조명은 세 가지 모드로 색깔과 밝기를 조절할 수 있다. 잠을 청할 때는 '수면 준비' 모드를 택한다. 그러면 빛스펙트럼에서 청색광이 제거된다. 아침에 일어나면, 청색광이 보강된 훨씬 더 밝은 빛으로 전환함으로써 하루 주기 리듬을 강화하고 각성도를 높일 수 있다. 이 모드는 일 때문에 수면 일정을 바꿀 필요가 있을 때 생체 시계의 바늘을 앞당기거나 뒤로 돌리는 데에도 도움을 준다.

낮의 나머지 시간에는 국제우주정거장 전체에 청백색 조명이 켜져 있다.

지상 기지에서도 비슷한 원칙이 적용된다. 관제센터의 직원이 야간 근무에 적응하도록 돕기 위해서다. "그 시간에 일하는 데 익숙하지 않은 이들도 있을 거예요. 그래서 90분마다 그들이 휴식을 취할 때 방에 들여보내서 트레드밀을 걷도록 하면서 청색광에 노출시켜요." 존스턴의 말이다.

우리는 NASA의 시차증 극복 방법으로부터 많은 것을 배울 수 있다. 그들은 그쪽으로 거의 예술적인 수준에 이르렀기 때문이다. 시차증과 이로 인한 수면 박탈은 집중력, 반응 시간, 기분, 다양한 정신적 능력에 지장을 초래한다. 로클리는 NASA의 위촉을 받아서 독자적인 시차증 극복 방안을 마련하고 있다. 우주비행사들이 언제 빛을 보고, 언제 빛을 피하고, 언제 멜라토닌을 섭취하거나 카페인을 이용하고, 언제 식사와 운동을 할지 등을 상세히 정해 놓은 방안이다.

일반적으로 표준 시간대를 1시간 가로지를 때마다 적응하는 데 하루가 걸리지만, 로클리는 빛을 쬐는 시각과 멜라토닌 섭취를 적절히 조합하면, 하루에 두세 시간씩 시간대를 옮겨가는 것도 가능하다고 주장한다. 이 말은 런던에서 뉴욕까지 시차증을 극복하는 데 사오 일이 걸리는 것이 아니라 이틀이면 된다는 뜻이다.

그러려면 스스로에게 두 가지 질문을 할 필요가 있다.

1) 자신의 생체 시계는 지금이 몇 시라고 생각하는가? 밝은 빛을 언제 피해야 하고 언제 적극적으로 쬐어야 할지를 — 또는 지니고 있는(영국에서는 현재 허용되지 않고 있다) 멜라토닌 알약을 언제 먹을지를 — 파악하려면, 자신이 떠나는 지역이 몇 시인지를 생각할 필요가 있다. 우리의 생체 시계는 현재 그 시간에 맞추어져 있기 때문이다.
2) 생체 시계의 시점을 앞당기려고 하는가, 아니면 늦추려고 하는가? 동쪽으로 가는 중이라면, 시점을 앞당기기를 원할 것이다. 이 말은 더 일찍 일어나는 새가 된다는 뜻이다. 즉 자신의 몸이 기존 시간대에서 밤이라고 생각하는 때에는 밝은 빛을 피하고 오전 6시 이후라고 생각하는 때에는 빛을 쬐라는 뜻이다.

서쪽으로 여행을 간다면, 생체 시계를 늦추고 싶을 것이다. 그 말은 더 밤 올빼미가 된다는 뜻이다. 즉 생체 시계가 밤이라고 생각하는 시간에 밝은 빛을 쬐고, 기존 시간대에서 오전 6시 이후에 빛을 피하라는 뜻이다.

양쪽 다 우리는 새 시간대에 맞는 수면 시간에 잠자리에 들고 깨어나야 할 것이다. 런던에서 도쿄로 비행하는 사례를 들어 보자. 도쿄는 영국보다 9시간 빠르다. 이 말은 생체 시계가 9시간 앞당겨지고, 영국의 기준으로 볼 때 극도의 종달새가 된다는 뜻이다. 오후 7시(영국 시간)에 비행기가 출발하여, 12시간이 걸린다

시차증을 최소화하는 방법

런던발 도쿄행처럼 동쪽으로 여행할 경우

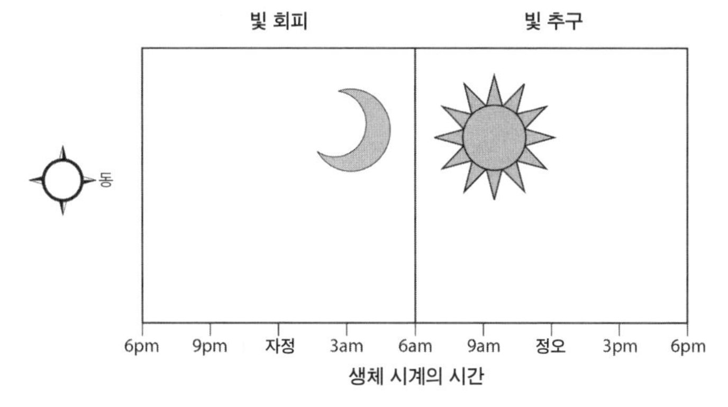

자신이 떠나는 시간대에서 오전 6시부터 오후 6시 사이에 빛을 쬐면 생체 시계가 앞당겨질 것이고, 그러면 동쪽으로 여행할 때 유용하다. 이 효과는 오전 약 9시에 가장 크다. 이 기간에 빛을 쬐고, 기존 시간대의 오후 6시부터 오전 6시 사이에는(특히 오전 3시경) 안대, 선글라스, 수면을 통해 빛 노출을 최소화한다. 그 시간이 새 시간대의 밤에 해당한다면 그렇다. 멜라토닌 알약이 있다면, 기존 시간대의 오전 1시 이전에 섭취한다.

런던발 뉴욕행처럼 서쪽으로 여행할 경우

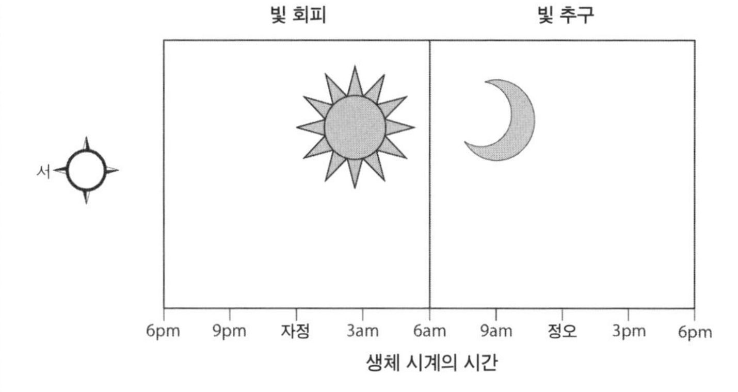

떠나는 시간대의 오후 6시에서 오전 6시 사이에 빛을 쬐면 생체 시계가 늦추어질 것이다. 그러면 서쪽으로 여행할 때 도움이 된다. 이 효과는 오전 3시경에 최대가 된다. 이 기간에 빛을 추구하고, 기존 시간대의 오전 6시에서 오후 6시 사이(특히 오전 9시경)에는 안대, 선글라스, 수면을 통해 빛 노출을 최소화한다. 그 시간이 새 시간대의 밤에 해당한다면 그렇다. 멜라토닌 알약이 있다면, 기존 시간대의 오전 1시 이후에 섭취한다.

고 하자. 그러면 일본에는 일본 시간으로 오후 4시에 도착할 것이다. 하지만 당신의 생체 시계에 중요한 것은 그 시각이 영국 시간으로 오전 7시라는 것이다. 따라서 시계를 앞당기려면 비행하는 거의 내내 빛 노출을 피하고, 비행이 끝나갈 무렵에만(영국 시간으로 오전 6시 이후) 빛을 추구해야 할 것이다. 그렇게 하는 한 가지 방법은 눈을 다 가리는 선글라스를 사서 공항에서부터 탑승할 때까지, 그리고 비행하는 내내 끼고 있는 것이다(기내는 인공조명 천지이기 때문이다). 비행하는 내내 안대를 끼고서 잠을 자려고 노력하는 것도 현명한 행동일 것이다. 멜라토닌은 시차증을 극복하는 데 도움을 줄 수 있지만, 제시간에 먹어야만 효과가 나타난다. 이 사례에서는 비행기에 타기 직전에 섭취해서 수면 신호를 강화하는 것이다. 오전 6시(영국 시간)부터는 안경을 벗고서 밝은 빛을 적극적으로 쬐어야 한다. 아마 지친 상태이겠지만, 희소식은 새 시간대에서 잠자리에 들기 알맞은 시간까지만 깨어 있으면 된다는 것이다. 잠자리에 들 때면, 밝은 빛을 피하고, 멜라토닌을 섭취하고, 잠이 푹 들기를 기대하자.

일본처럼 멀리까지 가면, 다음 날 아침에 추가 문제에 직면하게 될 것이다. 생체 시계가 두세 시간은 앞당겨질지 몰라도, 일본 시간보다 여전히 한참 뒤처져 있을 것이기 때문이다. 사람들은 종종 새로운 나라에 도착하자마자 밖으로 나가서 새 시간대에서 생활하기 시작하라는 조언을 받곤 한다. 하지만 이 사례에서는 그렇게 행동하면 역효과를 일으킬 것이다. 도쿄에 해가 쨍쨍할지 몰라도,

당신의 생체 시계는 여전히 밤이라고 생각한다. 당신은 생체 시계의 바늘을 앞당기고 싶지만, 지금 빛을 보면 시계는 늦추어질 것이다. 따라서 점심이 지날 때까지 선글라스를 다시 끼고서 빛을 피해야 할 것이다. 이 때문에 아주 장거리 여행을 할 때는 여행하기 며칠 전부터 생체 시계를 조정하려는 노력을 시작하는 것이 상당히 일리가 있다. 동쪽으로 여행할 예정이라면 잠자는 시간을 점점 앞당기고, 서쪽으로 갈 예정이라면 점점 늦추는 것이다.

이런 계산을 대신해 주는 앱들이 나오고 있다. 로클리도 하나 내놓을 예정이다. 하지만 생체 시계를 조정하는 데 정확히 얼마나 걸릴지를 놓고 과학자들 사이에 의견이 갈리므로, 이 앱들은 때때로 좀 상충하는 조언을 내놓는다. 그러나 이 모든 사례에 적용되는 원리는 동일하다. 중요한 것은 자신의 생체 시계가 생각하는 시간대다.

시차증 관리의 최전선에 있는 또 한 분야는 엘리트 스포츠다. 여기서는 잦은 여행이 당장 최고의 실력을 발휘하라는 요구와 충돌한다. 운동선수에게는 휴식과 수면이 대단히 중요하다. 세계 최고의 저명한 운동선수들은 휴식과 수면의 중요성을 잘 말해 준다. 특히 테니스 황제 로저 페더러Roger Federer는 하룻밤에 9~10시간을 잔다고 알려져 있다. 스포츠에서 문제가 되는 것은 하루 중

엉뚱한 시간에 몹시 졸리거나 말똥말똥한 것만이 아니다. 시차증도 하루 주기 리듬을 어긋나게 한다. 근육 세포의 시계가 뇌의 시계나 근육으로 향하는 연료 공급을 조절하는 조직에 있는 시계와 동조를 이루지 않는다면, 근육의 힘, 조화로운 움직임과 반응 시간도 지장을 받을 수 있다. 그러나 프로 운동선수는 경기에 뛰기 위해 전 세계를 돌아다닌다.

미국 농구 코치 독 리버스Doc Rivers는 생체 시계가 선수들의 실력에 중요하다는 점을 마침내 이해한 순간을 지금도 명확히 기억하고 있다. 여러 차례 우승을 한 자기 팀인 보스턴 셀틱스가 수비가 허술하다는 평판이 자자하던 피닉스 선스에 무참히 깨지는 모습을 지켜보다가, 그는 선수들이 술 취한 채 뛰고 있는 게 아닌가 하는 생각마저 들었다. 그 정도로 엉망진창이었다. 리버스는 너무나 화가 난 나머지, 심판진과 말다툼을 하다가 쫓겨났다.

하지만 몇 달 전 수면 전문가 찰스 사이즐러Charles Czeisler는 셀틱스가 바로 이 경기에서 질 것이라고 예측한 바 있었다. 보스턴에서 경기를 뛰고, 다음 날 밤에 태평양 연안의 포틀랜드로 날아가서 다시 경기를 뛰고, 곧바로 시간대가 다른 동쪽의 애리조나로 가서 선스와 경기를 치르는 경기 일정에 선수들이 녹초가 될 것이라고 보았기 때문이다. 사이즐러는 심지어 이 경기가 술 취한 이들의 농구와 비슷할 것이라고 경고하기까지 했다. 독 리버스는 그 말에 귀를 기울여야 했다. 결국 선스가 88대 71로 셀틱스를 이겼다.[1]

농구 같은 경기에서는 선수들의 속도와 반응이 밀리초(1000분의

1초)만 달라져도 결과가 크게 달라질 수 있다.

2016년부터 수면 전문가 체리 마Cheri Mah는 스포츠 채널 ESPN과 공동으로 '스케줄 경보schedule-alert'라는 프로그램을 운영했다. 선수들의 피로도를 토대로 경기의 승패를 예측하는 프로그램이다.

체리 마는 예측을 하기 위해 선수들의 수면과 신체 회복에 영향을 미치는 각 팀의 이동 일정표와 경기 밀도를 분석한다. 42번의 경기 중에서 어느 경기가 각 팀에 가장 불리한지를 예측한다. 그의 의도는 수면이 운동선수의 회복에 중요하다는 점을 인식시키려는 것이었다. 그런데 도박사들도 마의 예측을 토대로 돈을 걸곤 한다.

방송 첫해에 마의 예측은 69퍼센트가 맞았다. 그리고 유달리 심하게 불리하다고 판단한 17번의 '적색 경보' 경기에서는 예측의 정확도가 76.5퍼센트로 상승했다.

하지만 시차증이 운동선수의 실력에 영향을 미칠 수 있다는 개념이 전혀 새로운 것은 아니다. 이 개념을 처음으로 조사한 연구 중 하나는 1990년대 중반에 매사추세츠 대학교의 몇몇 신경학자들이 점심시간에 수다를 떨다가 시작되었다. 시차증이 몸에 어떤 영향을 미치는지를 설명할 자료가 없다는 사실에 좌절한 그들은 북아메리카 야구 경기 기록을 훑어서 동부와 태평양 연안 지역을 오가는 여행(세 개의 시간대를 가로지르는 여행)이 경기 결과에 어떤 영향을 미쳤는지를 조사하자는 쪽으로 방향을 틀었다.

일반적으로 동쪽으로 갈 때가 서쪽으로 여행할 때보다 더 힘들다고 본다. 동쪽으로 가면 더 일찍 자고 더 일찍 일어나야 하기 때문이다(본질적으로 하루를 더 줄이는 것이다). 우리 대다수는 본래 더 늦게까지 깨어 있으려는 성향이 있다. 아마 우리 생체 시계가 24시간보다 좀 더 길게 설정되어 있기 때문일 것이다. 이 성향 때문에 서쪽으로 여행할 때가 대처하기가 더 쉽다.

야구 경기 기록은 이러한 생각이 틀리지 않음을 보여 준다. 원정팀 — 홈구장이 아닌 곳에서 경기를 하므로 본래 더 불리한 경향이 있는 — 의 승률은 서쪽으로 원정을 갔을 때에는 44퍼센트인 반면, 동쪽으로 갔을 때에는 37퍼센트에 불과했다. 하지만 같은 시간대에서 경기를 했을 때가 승률이 가장 높았다. 원정팀의 승률이 46퍼센트였다. 최근에 또 다른 연구진은 이 발견을 토대로 규모를 더 확대하여, 지난 20년 동안 이루어진 46,000회가 넘는 야구 경기 결과를 분석했다. 그러고 나서 그들은 홈팀이 동부로 두 개의 시간대 이상을 날아가 경기를 하고 막 돌아와 시차증에 시달리고 있고, 원정팀은 같은 시간대의 지역에서 이동해 왔다면, 홈경기의 이점은 거의 남아 있지 않게 된다고 밝혔다.

마는 운동선수가 더 오래 숙면을 취할 때의 혜택도 정량적으로 분석해 왔다. 최근에 그녀는 야구선수의 수면 시간을 5일 동안 하룻밤에 6.3시간에서 6.9시간으로 늘리면, 인지 처리 시간이 122밀리초 빨라진다는 연구 결과를 내놓았다. 투수가 던진 빠른 공이 타자에게까지 가는 데 약 400밀리초가 걸린다는 점을 생각할 때, 공의 속도와 궤적을 평가할 시간이 상당히 더 늘어나는 셈이다.[2] 그녀는 또 다른 연구에서는 평소에 밤에 6~9시간을 자는 대학 농구선수들에게 10시간씩 자도록 하자, 자유투의 정확도가 9퍼센트 높아지고, 단거리 달리기 속도도 5퍼센트 향상되었다는 결과를 얻었다.[3] 이 정도 향상이 별것 아닌 양 느껴질지 모르지만, 프로 스포츠의 세계에서는 아주 사소한 차이로 승패가 갈리므로, 운동선수는 자신에게 조금이라도 유리하다면 이러한 변화를 기꺼이 받아들일 것이다.

수면과 하루 주기 리듬의 어긋남과는 별개로, 신체적 능력 자체도 하루 주기 리듬을 탄다. 체온과 각성도가 하루 주기로 오르내리는 것과 비슷한 양상을 띤다. 근육의 강도, 반응 시간, 유연성, 속도는 모두 늦은 오후나 초저녁에 정점에 이르는 경향이 있다.

스포츠의 세계 기록은 대부분 저녁때 나왔다. 수영 선수들은 저녁때 가장 빨리 헤엄치고, 사이클 선수들도 저녁때 지치지 않고 더 멀리 달린다. 축구, 테니스, 배드민턴 등 좀 더 기술이 요구되는 종목들에서는 좀 더 이른 시간인 오후에 최고 기록이 나오는 경향이 있다. 축구 선수들이 공을 띄워 상대의 머리 위로 차 넘기거나 두 발로 공을 떨어뜨리지 않고 계속 차고, 날아온 볼을 바닥에 떨어뜨리지 않은 채 저글링 하듯 몇 번 튀기다가 발리슛을 날리는 등의 고난도 기술은 오후에 가장 정확도가 높다. 아침에 최상의 실력을 발휘하는 운동선수는 거의 없다. 테니스 서브는 아침에 정확도가 더 높은 경향이 있긴 하지만, 속도가 더 빨라지는 것은 오후다.

물론 단순히 즐기거나 건강을 위해 단순히 운동하는 것이라면, 이런 하루 주기에 따른 차이가 별로 중요하지 않을 것이다. 그래도 이른 아침에 운동을 하면 부상 위험이 더 커질 수 있으므로, 준비 운동을 충분히 하는 것이 좋다. 그러나 경기에서 이기겠다거나 개인 최고 기록을 내고자 한다면, 하루 중 언제인지가 정말로 중요한 것으로 보인다.

또 국제 대회에서 경쟁하는 선수들에게도 중요한 고려 사항이다. 시간대를 가로지르면, 최고 실력을 발휘하는 시간대가 달라질 것이기 때문이다. 영국의 국가대표 럭비선수들을 예로 들어보자. 그들은 본래 저녁때 더 빨라지고 더 강한 힘을 내는데, 뉴질랜드로 날아가서 뉴질랜드 국가대표팀인 올블랙스와 경기를 할 때는 갑자기 아침에 더 나은 실력을 발휘했다. 적어도 생체 시계가 시차에 적응하기 전까지 그러했다. 그래서 많은 운동선수는 몸이 적응할 시간을 갖도록 주요 경기가 벌어지기 일주일쯤 전에 미리 해당 국가에 도착한다. 경기 시간에 뛰는 데 익숙해지도록, 훈련 일정도 미리 조정하는 편이 현명할 것이다.

경기할 때 머리가 가장 빠릿빠릿하게 돌아가기를 원한다면 말이다. 미국의 스키점프팀은 시차증을 적극적으로 활용한다는 소문이 있다. 스키를 타고 거대한 도약대에서 날아오를 예정이라면, 머리가 좀 멍한 편이 두려움을 극복하는 데 도움이 될 수 있다. "근육 기억에 맡기는 거죠. 뭘 해야 할지 생각하는 것보다 그편이 더 나을 때가 종종 있어요." 한 미국 스키점프 선수의 말이다.[4]

☼

시차증이 팀 전체에 미치는 영향을 관리하는 차원을 넘어서, 일부 스포츠 종목은 새로 출현하고 있는 더욱 복잡한 분야에까지 관심을 보이고 있다. 즉 선수들의 크로노 타입 관리다.

악력은 평균적으로 오후 5시 반에 최대가 되지만, 아침형인 사람은 그 시각이 좀 더 빠를 것이고 저녁형인 사람은 좀 더 늦을 것이다. 다른 신체적 및 정신적 능력들도 마찬가지다. 마는 이렇게 말한다. "코치에게 이렇게 말하곤 하죠. 낮 경기를 좀 더 잘 뛰는 선수가 있고, 밤 경기에서 실력을 더 잘 발휘하는 선수가 있다고요. 물론 그런 정보 때문에 어떤 선수가 경기에서 배제된 일은 한 번도 없었던 것 같지만요. 코치들은 선수들을 아주 오랫동안 지켜보았기 때문에, 누가 어떤 경기 때 실력을 제대로 발휘하지 못하는지 직관적으로 아는 듯해요."

당연히 NASA는 이 분야에서도 앞서 나가고 있으며, 이미 우주비행사들의 '크로노 타입'을 파악하고 있다. 선호하는 수면 시간을 토대로 아침형, 중간형, 저녁형으로 분류한다. 그리고 교대 근무 일정표를 짜거나 국제우주정거장에서 언제 특정한 임무를 수행할지 결정할 때 이 정보를 활용하곤 하는 것이다.

이런 방식이 모든 직장인에게 적용되는 세계를 상상해 보라. 올빼미형은 적절히 쉴 수 있도록 출근 시간을 늦출 수 있고, 업무 회의는 모든 팀원의 정신이 맑고 내용을 잘 이해할 수 있는 시간에 열린다면? 독일의 한 조용한 온천 휴양지의 주민들에게는 이 꿈 같은 이상향이 그리 멀리 있지 않은 양 느껴질지도 모르겠다.

10장
사회를 위한 시계

독일 휴양 도시 바트키싱겐의 관광 안내 책자의 표지에는 한 젊은 여성의 사진이 실려 있다. 그녀는 하얀 반바지에 분홍 셔츠 차림으로 강가의 햇살 가득한 바위에 평온하게 걸터앉아 손에 든 노트의 글씨를 읽고 있다. 그리고 안내 책자 표지의 왼쪽 위에는 다음과 같은 슬로건이 적혀 있다. '당신의 시간을 찾으세요Entdecke die Zeit.'

19세기에 바트키싱겐은 유럽의 귀족과 부르주아에게 인기 있던 휴양지였다. 휴식과 휴양을 위해 이곳을 찾아와 고풍스러운 건물들과 향긋한 장미 정원의 매력에 푹 빠진 채, 만병을 치유한다는 광물질이 풍부한 물을 마셨다(비록 이 물에서는 녹슨 못 맛이 났을 테지만 말이다).

현재 바트키싱겐은 다른 유형의 시간을 발견하는 일에 앞장서고 있다. 세계 최초의 크로노시티Chronocity라는 이름으로 이미지

변신을 꾀하고 있다. 체내 시간이 바깥 시간만큼 중요하며, 수면이 신성불가침한 것이라고 여기는 도시다.

지금까지 이 책에서 우리는 개인의 차원에서 빛과 더 건강한 관계를 맺을 수 있는 많은 방법을 살펴보았다. 하지만 우리 대다수는 근무 시간이나 등교 시간을 자유롭게 선택할 수 없다. 공공장소와 바깥 환경의 조명은 개인이 손댈 수 있는 여지가 거의 없다. 심지어 우리는 일광 절약 시간제 때문에 일 년에 두 번 생체 시계를 억지로 다시 맞추어야 한다.

그렇다면 어떻게 하면 우리의 생체 시계에 더 잘 들어맞도록 사회를 바꿀 수 있을까?

바이에른의 인구 밀도가 낮은 운터프랑켄 지역에 있는 바트키싱겐은 혁명을 시작할 만한 곳이라기에는 좀 부적절해 보일 수 있다. 그러나 지리적으로 보면 독일, 아니 사실상 유럽의 중심부에 해당하므로, 멀리 폭넓게 덩굴손을 뻗어 나갈 수 있는 개념의 씨앗을 뿌리기에는 여러모로 완벽한 곳이라고 할 수 있다.

이러한 생각은 2013년 바트키싱겐의 비즈니스 매니저인 미카엘 비덴Michael Wieden의 마음속에서 싹텄다. 비덴은 시간생물학 분야의 발전을 관심을 가지고 지켜보다가 그 분야의 원리들을 자기 도시에 적용하면 주민들에게 혜택이 돌아갈 뿐 아니라, 바트키싱겐을 경쟁 관계에 있는 다른 휴양 도시들과 차별화할 수 있다는 걸 알아차렸다.

바트키싱겐은 언제나 치유와 건강이라는 단어와 연관된 도시

였으므로, 이곳에서 사람들이 자연광 및 수면과 다시 관계를 회복하게 만드는 것이야말로 현대 사회를 치유하는 가장 좋은 방법이 될 수 있었다. 이곳으로 오는 휴양객들이 체내 시간의 중요성을 배운다면, 돌아가서 자신의 일상생활 속에서 그 배움을 실천할 수 있을 터였다.

비덴은 마찬가지로 이러한 생각에 푹 빠져 있던 시간생물학자인 토마스 칸테르만Thomas Kantermann과 접촉했다. 십대 때 선을 넘는 행동을 했다는 이유로 교장실로 종종 불려가곤 했던 칸테르만은 이제 이곳에서 넘어서고 싶은 새로운 장벽을 마주했다.[1] 칸테르만은 사회가 잠을 우선순위에 올리도록 혁명을 일으킬 준비가 되어 있었다.

두 사람은 곧 바꾸고 싶은 것들을 담은 선언문을 작성하는 일에 나섰다. 등교 시간을 늦추고, 아이들은 가능한 한 실외에서 교육하고, 아침에는 시험을 보지 않고, 회사들이 자유 근무 시간제를 채택하도록 장려하고, 크로노 타입이 늦는 사람들이 자신들이 가장 좋다고 느끼는 시간에 일하고 공부할 수 있도록 허용하고, 보건 의료 기관은 환자의 생체 시계에 맞추어서 약물을 투여하는 시간 요법에 앞장서고, 호텔은 손님들에게 다양한 식사 시간 및 퇴실 시간을 제시하고, 건물은 햇빛이 더 많이 들어오도록 설계해야 한다는 등의 내용이었다.

2013년 7월 칸테르만과 비덴은 바트키싱겐의 시장과 시의회, 칸테르만의 학계 동료들과 공동으로 도시에서 시간생물학 연구를 장려하고, 바트키싱겐을 "더 폭넓은 맥락에서 과학적 현장 연구를 구현할" 세계 최초의 도시로 만들겠다는 의향서에 서명했다.[2]

가장 논란이 있었던 대목은 바트키싱겐이 독일 전체와 결별하여 일광 절약 시간제를 폐지해야 한다는 제안이었다. 일광 절약 시간제는 저녁 햇빛을 더 오래 접할 수 있도록 여름 몇 달 동안 시간을 앞당기는 정책이다.

1884년부터 세계는 24시간대로 세분되었다. 각 시간대는 런던의 그리니치 천문대를 지나는 본초자오선을 기준으로 삼는다. 그래서 그 시각을 그리니치 표준시Greenwich Mean Time, GMT라고 한다. 게다가 세계 인구의 약 4분의 1은 1년에 두 번 시계를 다시 맞춘다(서유럽 주민의 대다수, 캐나다, 미국 주민의 대다수와 호주의 일부 지역이 여기에 포함된다).[3]

일광 절약 시간제를 처음 떠올린 사람은 벤저민 프랭클린으로 알려져 있다. 그는 일찍이 1784년에 컴컴한 가을과 겨울 저녁의 에너지 소비량을 우려했다. 지금도 조명은 세계 전기 소비량의 19퍼센트를 차지한다. 게다가 세계 이산화탄소 배출량의 약 6퍼센트를 차지한다. 그 점은 저녁에 가정에서 조명을 덜 써야 할 또 한 가지 이유가 된다.

그러나 일광 절약 시간제가 널리 알려지기 시작한 것은 1907년

윌리엄 윌렛William Willett이라는 영국인이 『햇빛의 낭비The Waste of Daylight』라는 소책자를 자비 출판하고, 정치인들을 설득하여 영국 의회에서 시계를 조정하자는 그의 개념이 논의되면서였다. 윌렛은 업무 시간을 해돋이 시각에 더 가깝게 맞추면 (적어도 도시에서는) 사람들이 실외 여가 활동에 참여할 생각을 더 갖게 되어서 신체적 건강이 증진되고, 술집에 틀어박히고 싶은 생각을 줄이고, 산업의 에너지 소비량을 줄이고, 저녁에도 군사 훈련을 할 수 있게 된다고 믿었다.[4]

안타깝게도 윌렛은 자신의 꿈이 실현되기 1년 전에 독감에 걸려서 세상을 떠났다. 영국은 1916년에 일광 절약 시간제를 채택했고, 1918년 미국이 그 뒤를 따랐다. 윈스턴 처칠은 이렇게 썼다. "윌렛은 여름 내내 맑게 갠 저녁마다 열정적인 젊은이들로 가득 들어차는 수천 곳의 운동장에 세워지기를 바랐을 기념비와 모든 사람이 갖기를 원하는 가장 멋진 묘비명 중 하나를 갖고 있다. '그는 자신의 동포들에게 더 많은 빛을 주었다.'"[5]

그러나 안 좋은 면도 하나 있었다. 그 변화를 격렬하게 반대한 존 밀른John Milne이 간파한 단점이었다. 그는 『영국의학회지』에 이렇게 썼다. "일 년에 두 번 특정한 시기에 노동자의 작업 효율이 얼마간 떨어질 것이다."[6]

시계를 봄마다 앞당기고 가을마다 늦춤으로써 우리는 또 다른 형태의 사회적 시차증을 만들고 있다. 가뜩이나 수면 부족에 시달리고 있는 집단인 미국 고등학생들을 조사해 본 결과, 봄에 시간을 조정한 뒤로 한 주 동안 하룻밤 수면 시간이 32분 준 것으로 드러났다. 반응 속도와 민첩성도 단기적으로 떨어지는 것으로 밝혀졌다.[7] 일광 절약 시간제가 시작된 한 주 동안 청소년들의 수학과 과학 성적도 떨어지며, 미국의 한 연구에서는 대학 입학 자격을 결정하는 데 쓰이는 SAT 점수도 일광 절약 시간제를 채택한 카운티가 채택하지 않은 카운티보다 매년 더 낮다는 사실이 드러났다.[8]

어른들을 조사한 바에 따르면, 서머 타임이 시작되어 수면 시간이 줄어들자 바로 그 전주보다 '인터넷 농땡이'를 부리는 시간이 6퍼센트 늘어났다. 즉 귀여운 고양이 사진을 훑는 식으로 근무 시간에 업무와 무관한 웹사이트들을 돌아다니면서 딴짓을 했다.[9] 또 교통사고 등 사건 사고의 사상자들도 늘어났다. 또 서머 타임이 시작된 주에는 미국 판사들이 동일한 범죄에 더 무거운 형량을 선고한다는 사실도 드러났다. 건강 측면에서 보자면, 이 시간 조정이 이루어질 때 심근 경색, 뇌졸중, 자살 시도, 정신병원 입원율도 증가하는 것으로 드러났다.

1980년에 독일이 일광 절약 시간제를 채택했을 때 후베르투스 힐게르스Hubertus Hilgers는 17세였다. 시골에 살던 그에게 이 제도는 오전 8시에 시작하는 학교에 늦지 않게 버스를 타려면, 오전 6시가 아니라 오전 5시에 일어나야 한다는 뜻이었다. "그렇지 않아도 밤에 자정이나 1시까지도 잠이 잘 안 와서 다음 날 아침에 정말로 일어나기가 힘들었는데 말이죠. 서머 타임이 시작된 반년 동안 필기는 점점 엉망이 되었고 성적도 떨어졌어요. 그러다가 정상 시간으로 바뀌니까 다시 나아지더라고요."

힐게르스는 현재 독일 사회 전체에 반기를 들고 영구 윈터 타임 — 그 자신은 '정상 시간'이라고 부른다 — 을 산다. 바트키싱겐에서 열차를 타고 조금 가면 나오는 에르푸르트라는 도시에서 그를 만났는데, 그는 나에게 암산 문제를 던져주었다. 그는 정신을 예리하게 해 준다고 주장하지만, 나로서는 고역이 아닐 수 없었다. 그를 대하는 이들 중에도 분명히 그렇게 여기는 사람들이 많을 것이다.

아무튼 일광 시간 절약제에 반대하는 그의 주장에 동조하는 이들도 많다. 2015년에 그는 정상 시간 지키기Beibehaltung der Normalzeit라는 온라인 청원을 시작했다. 그 청원에 온라인으로 동참한 사람이 55,000명이었고, 손수 자필 서명을 써서 보내 준 사람도 12,000명에 이르렀다. 중앙지들의 관심을 끌기에 충분했다. 곧 그 청원은 독일 전체에서 논쟁을 불러일으켰다.

바트키싱겐을 중심으로 진행되는 논의는 그 논쟁에 다시 불을 붙였다. 칸테르만과 비덴이 제안한 것처럼 일광 시간 절약제를 거부한다면, 바트키싱겐은 유럽에서 일광 절약 시간제에서 자유로운 도시로 알려지게 될 터였다. "그랬다면 모든 주민과 기업이 아주 유명세를 탔을 겁니다." 시간생물학자 틸 뢰네베르크의 말이다. 그도 연간 두 번 시간을 바꾸는 일을 걷어치우라고 주장한다.

일부러 그런 시간적 고립 상황에 스스로를 몰아넣는다는 것이 극단적으로 들릴지 모르지만, 선례가 있다. 50여 년 동안 미국 애리조나주는 다른 주들과 달리 봄에 일광 절약 시간제를 채택하지 않았다. 주 경계 안에 있는 나바호족 보호구역은 일광 절약 시간제를 채택하고 있지만. 그런데 또 나바호족 보호구역 안에 있는 호피족 보호구역은 주의 정책을 따라서 일광 절약 시간제를 채택하지 않는다. 가뜩이나 반항적인 주 내부에 겹겹이 반기를 든 지역이 있는 셈이다. 그리고 2005년 전까지 인디애나주 서부에서는 몇몇 카운티와 시만이 일광 절약 시간제를 채택하고 다른 지역들은 그렇지 않았다.

그런데 결국 바트키싱겐 시 의회는 일광 절약 시간제로부터 자유로운 도시가 되자는 안을 부결했다. 이렇게 그 도시가 일광 절약 시간제 반대 운동의 상징이 될 준비가 안 되어 있음이 드러나긴 했지만, 그 운동은 다른 곳에서 점점 활기를 띠고 있다. 예를 들어, 핀란드에서는 햇빛을 거의 여름 동안에만 접할 수 있지만, 그래도 그 시간 조정으로 사회적 시차증을 겪고 있다. 최근에 유럽연합위원회도 일광 절약 시간제 폐지를 제안했다. 비록 실제로 뭔가 바꾸려면 28개국 정부와 유럽의회의 지지를 받아야 하지만 말이다.[10] 한편, 영국 남부에서는 중앙 유럽 표준시Central European Time, CET로 아예 영구히 전환하기를 바랄 사람들이 많다.[11] 그렇게 되면, 영국에서는 해마다 윈터 타임으로 시계를 되돌렸을 때, 12월과 1월 초에 오후 4시면 어두워진다는 뜻이 된다.

이 모든 이야기를 통해서 드러나는 핵심 내용이 하나 있다. 우리의 생물학은 태양에 연동되지만, 사회가 시간을 준수하기 위해 쓰는 시계는 정치적 및 역사적 요인들이 뒤얽혀서 만들어 낸 그물에 영향을 받는다는 것이다.

독일을 예로 들어 보자. 독일 영토는 폭이 가장 넓은 곳이 경도로 9도 범위에 걸쳐 있다. 태양은 경도 1도를 지나는 데 4분이 걸린다. 그 말은 동쪽 국경이 서쪽 국경에 비해 해가 36분 더 빨리 뜬다는 뜻이다. 하지만 독일 전체는 동일한 시간대에 따르므로 — 그리고 TV와 라디오 쇼의 방영 시간, 등교 시간, 직장 문화도 동일하므로 — 모든 국민이 거의 동시에 잠에서 깨어날 것이라고 예상할지도 모른다. 하지만 뢰네베르크는 사람들의 크로노 타입 — 매일 정상적으로 일어나고 잠자는 시간 — 이 해돋이에 연동된다는 것을 보여 주었다. 평균적으로 서쪽으로 경도를 1도 지나갈 때마다 독일인이 깨어나는 시각은 4분씩 늦어진다. 이는 독일의 서쪽 끝에 사는 사람보다 동쪽 끝에 사는 사람이 평균적으로 36분 더 일찍 일어난다는 뜻이다.[12] 미국에서도 비슷한 양상이 드러났다.[13] 동일 시간대의 동쪽 끝에 사는 이들이 해가 더 늦게 뜨는 서쪽 끝에 사는 이들보다 더 종달새형인 경향이 나타났다.

바깥 시간과 체내 시간의 이 불일치가 아주 큰 사례도 있다. 스페인인들이 저녁을 그렇게 늦게 먹는 주된 이유 중 하나는 그들이 중앙 유럽 표준시의 가장 서쪽 끝에 살고 있기에 오후 10시가 사실 해돋이에 맞추어져 있는 그들의 체내 시계로는 오후 7시 반이기 때문이다.

영국이 시계를 독일과 프랑스의 시계와 일치하도록 앞당긴다면, 영국인은 저녁에 더 많은 햇빛을 받게 되겠지만, 아침에는 그렇지 못하므로 체내 시계는 더욱 늦추어진다. 그런데도 우리는 여전히 직장이나 학교에 가기 위해 매일 똑같은 시간에 일어나야 할 것이므로, 사회적 시차증이 더욱 심해질 수 있다. 그리고 중앙 유럽 표준시로 바꾼다는 것은 12월 중순에 해가 런던에서는 오전 9시에 뜨고 글래스고에서는 오전 9시 40분에 뜬다는 의미가 될 것이다. 그렇게 되면 많은 직장인이 아직 날이 어두컴컴할 때 사무실에 도착할 것이다. 그리고 런던에서는 오후 5시에 해가 질 것이다. 이 말은 오전 9시부터 오후 5시까지 표준 근무를 하는 직장인이 점심시간에 밖에 나가지 않는다면, 겨울 몇 달 동안 사실상 햇빛을 전혀 못 보고 지낸다는 의미다.

러시아는 2011년에 영구 서머 타임으로 전환했다가, 질병과 사고 위험이 증가했다고 하면서 겨우 3년 뒤에 갑작스럽게 원래 시간으로 돌아갔다.[14] 연방 하원 보건위원회 위원장 세르게이 칼라시니코프Sergei Kalashnikov는 서머 타임으로 바꾸자 컴컴할 때 출근하고 등교해야 하다 보니 스트레스가 증가하고 건강이 나빠졌다고 주장했다. 아침 교통사고 건수도 증가했다고 했다. 2014년 이래로, 적어도 러시아의 일부 지역은 영구 윈터 타임으로 전환했다. 그러나 현재 모스크바 시민들은 여름에 해가 일찍 뜨는 바람에 불면증이 왔다고 불만을 토로하고 있으며, 암막 블라인드의 판매량이 치솟았다. 이는 그 문제가 복잡하며, 해결하기가 쉽지 않다는 것을 보여 준다.

☼

하지만 개별 집단의 하루 주기 리듬 요구에 더 잘 부응하는 방법을 찾아낼 수만 있다면, 아마 일광 절약 시간제 논쟁을 좀 더 냉철하게 바라볼 수 있지 않을까?

십대 청소년이야말로 일찍 일어나는 새가 되라는 사회의 요구에 부응하기가 가장 어려운 집단에 속할 것이 분명하다.

따라서 바트키싱겐에서 야크 슈타인베르거 김나지움이라는 중등학교가 크로노시티 개념을 가장 열렬하게 일찍부터 받아들인 곳 중 하나라고 해도 그리 놀랍지 않을 것이다. 만 10세에서 18세까지의 학생 약 900명이 다니는 이 학교에서 상급반의 한 동아리가 설문지를 만들어서 등교 시간을 오전 8시가 아니라 9시로 바꾸기를 원하는지 학생들의 의견을 물었다. 대다수가 원한다고 답했다. 또 그들은 모든 학생의 크로노 타입도 조사하여, 매주 사회적 시차증을 얼마나 겪는지 파악했다. 학생들 중 약 40퍼센트는 사회적 시차증을 2~4시간 겪는다고 답했다.[15] 일주일에 4~6시간 겪는다고 한 이들은 10퍼센트에 달했다. 베를린에서 방콕까지 비행기로 왕복하는 것과 같은 시간이다. 참고로 성인의 거의 4분의 3이 일주일에 1시간 이상 사회적 시차증을 겪지만, 2시간 이상 겪는 사람은 3분의 1에 불과하다.[16]

앞서 살펴보았듯이, 10대 청소년은 생물학적 리듬이 본래 더 늦추어져 있기 때문에 사회적 시차증을 겪을 위험이 더 높다. 그래서 밤에 잠이 들기가 더 어렵다. 그래도 등교를 해야 하기에 아침에 일어나야 한다. 이 때문에 생기는 수면 부족을 보상하기 위해, 그들은 주말에 몰아서 잔다.[17]

십대 청소년이 더 늦은 크로노 타입을 가지고 있다는 것은 그들의 논리 추론 능력과 각성도가 어른보다 더 늦은 시간에 정점에 다다른다는 의미이기도 하다. 캐나다 연구진은 십대와 성인의 인지 능력을 오전과 오후의 중간 시간에 비교했다.[18] 오후 시간에 십대는 능력이 10퍼센트 더 상승한 반면, 성인은 7퍼센트 더 떨어졌다.

이 문제에 대처하는 한 가지 전략은 등교 시간을 늦추어서 청소년이 아침에 더 오래 잘 수 있도록 하는 것이다. 야크 슈타인베르거 김나지움의 학생들이 주장한 방식이기도 하다. 미국 중서부의 미네소타주는 그렇게 했을 때 어떤 혜택이 나타나는지를 앞장서서 조사한 지역 중 하나다. 미네소타의학협회가 모든 학군에 청소년의 수면을 개선할 조치를 취해야 한다고 촉구하는 공문을 보낸 것이 계기가 되었다. 그래서 미니애폴리스 교외 지역인 에디나의 몇몇 고등학교는 등교 시간을 오전 7시 20분에서 8시 반으로 바꾸었다.[19] 이 변화로 어떤 효과가 나타났는지를 조사한 미네소타 대학교의 연구진은 학생, 교사, 부모 모두 거의 만장일치로 그 조치를 환영한다는 것을 알고 놀랐다. 부모는 자녀가 그런 조치를 더 늦게 잘 핑계로 삼지 않을까 우려했지만, 학생들이 자러 가는 시간은 비교적 달라지지 않았다. 반면에 아침에 더 늦게까지 자기 때문에 전체 수면 시간이 늘어났다. 학생들은 낮에 피곤을 덜 느낀다고 했고 성적도 올라갔다고 생각했으며, 교사들은 학생들이 책상에 엎드려 자는 일이 줄어들었고, 수업에 더 집중하고 더 참여하는 모습을 보인다고 했다. 출석률도 높아졌다.[20]

이런 성공 사례가 알려지기 시작하면서, 다른 학교들도 등교 시간을 바꾸기 시작했다. 하지만 등교 시간 수정 전후를 적절히 비교 연구하여 그 조치로 실제 차이가 나타났는지를 확증한 사람은 아직 없었다. 소아과 의사인 주디스 오언스Judith Owens는 수면 의학에 관심이 많다. 어느 날 그녀는 딸이 다니는 고등학교에서 연락을 받았다. 등교 시간을 30분 늦추는 문제로 논의를 하는 중인데, 그랬을 때 어떤 혜택이 있을지 교직원들에게 강연해 달라는 요청이었다. 그녀는 그러겠다고 했고, 더 확고한 증거를 얻을 수 있을지 알아보기로 마음먹었다. "겨우 30분 갖고 뭐가 달라지겠냐고 생각한 사람이 많았죠. 그냥 학교 시간표만 엉망이 될 뿐이라고요." 오언스는 시험 삼아 석 달 동안 시행하면서 학생들의 수면과 기분이 얼마나 달라지는지 자료를 모으자고 제안했다.

나온 결과를 보고 오언스는 놀라면서 기뻐했다. 등교 시간을 겨우 30분 늦추었을 뿐인데, 학생들의 하룻밤 수면 시간이 45분이나 늘어났다. "30분 더 자니까 훨씬 낫다는 것을 느꼈고, 그래서 좀 더 일찍 자고 싶어졌다는 거예요. 그래서 수면 시간이 더 늘어난 거고요. 또 숙제할 때의 능률이 높아졌기에 더 일찍 잘 여유도 생겼고요."

7시간 미만으로 자는 학생들의 비율은 34퍼센트에서 겨우 7퍼센트로 낮아진 반면, 적어도 8시간을 자는 학생들의 비율은 16퍼센트에서 55퍼센트로 올라갔다. 또 학생들은 우울한 기분이 줄어들었고, 다양한 활동에 참여하려는 의욕이 더 생겼다고 했다.[21] 그런데 오언스를 정말로 후련하게 만든 것은 따로 있었다. 바로 딸인 그레이스에게 나타난 변화였다. "딴사람이 된 것 같았죠. 더 이상 아침에 딸을 깨우느라 한바탕 난리를 부릴 일이 없어졌어요. 아침도 먹고 갈 수 있었고, 아침을 상쾌하게 시작할 수 있게 되었어요. 그전까지는 아침에 일찍 일어나는 게 우리 식구 모두에게 고역이었는데 말이죠."

오언스는 연구 방향을 바꾸었고, 지금까지 나온 가장 나은 증거들을 토대로 미국소아과학회가 등교 시간 늦추기 정책을 제안하는 일에 관여하게 되었다. 2014년 학회는 정책 제안서를 냈다. 등교 시간을 8시 반 이전으로 정한 것이 청소년의 수면 부족뿐 아니라 하루 주기 리듬 교란의 주된 원인이라는 것이었다.[22]

그런데 얼마나 늦추어야 충분하다고 할 수 있을까? 영국 학교들은 대부분 등교 시간이 약 8시 50분 이후지만, 최근의 한 연구는 18~19세 청소년의 대부분이 훨씬 더 뒤에야 정신이 맑아진다고 느끼며, 따라서 오전 11시 이전에는 수업을 시작하지 않는 편이 낫다고 결론을 내렸다. 또 같은 연구진은 영국의 한 종합 중등학교에서 등교 시간을 오전 8시 50분에서 10시로 옮겼을 때 13~16세 학생들에게 어떤 차이가 나타나는지를 조사했다. 아파서 결석하는 횟수가 확연히 낮아졌다. 그전에는 전국 평균보다 약간 높은 수준이었는데, 등교 시간을 늦춘 뒤로는 전국 평균의 절반 수준으로 떨어졌다. 학생들의 성적도 올라갔다. 16세 때 치르는 GCSE에서 '양호good' 등급을 받은 학생의 비율이 그전에는 겨우 34퍼센트에 불과했다. 전국 평균은 56퍼센트였다. 그런데 등교 시간을 10시로 늦추자, 이 비율이 53퍼센트로 상승했다.[23]

한편 영국의 한 대학 준비 과정 — 런던의 남서부 끝자락에 있는 햄프턴코트 하우스 스쿨 — 에서는 수업을 오후 1시 반에 시작하여 7시에 마침으로써, 학생들에게 "더 독립심을 갖고 하루 일과를 짤" 수 있도록 한다.

성인 대다수가 영국보다 더 일찍 출근하는 미국 같은 나라들에서는 오전 10시에 수업을 시작하는 것조차 쉽지 않을 것이다. 고용주들의 태도도 더 유연해져야 할 것이고, 부모들의 마음 자세도 바뀌어야 할 것이다. 그러나 그렇게 바꾸었을 때 많은 학생에게 변화가 일어날 것임을 시사하는 자료가 많다.

✲

학교에서는 변화의 조짐이 나타나고 있지만, 직장에서도 변화가 일어나려면 아직 갈 길이 멀다. 개인의 크로노 타입은 쉬는 날의 수면 행동이 기준이 되며, 수면 시간의 중간 지점이 언제인지를 살펴보는 것이 가장 단순한 방법이다. 주말에 자정에 잠이 들어서 오전 8시에 깬다면, 수면 중간 지점은 오전 4시가 된다. 뢰네베르크는 인구 중 60퍼센트는 쉬는 날 수면 중간 지점이 오전 3시 반에서 5시 반임을 알아냈다. 그보다 더 빠른 이들도 일부 있지만, 그보다 더 늦은 이들이 훨씬 더 많다.

그러니 사람들이 오전 6시 반에 일어나서 8시나 9시에 맑은 정신으로 직장에 도착한다고 기대하는 것은 어느 정도는 사람의 본성과 맞서 싸우라는 의미다. 신체 능력과 마찬가지로, 정신 능력도 하루 주기로 오르내린다. 논리적 추론 능력은 오전 10시에서 정오 사이에 최대가 되는 경향이 있다. 문제 해결 능력은 정오에서 오후 2시 사이, 수학 계산 능력은 오후 9시경에 가장 나아지는 경향이 있다.[24] 또 우리는 점심 식사 뒤 오후 2~3시에 각성도와 집중력이 떨어지곤 한다. 그러나 이것들은 평균값이며, 따라서 종달새형은 올빼미형보다 문제 해결 능력이 몇 시간 더 일찍 정점에 이를 수도 있다.

이 분야의 연구는 이제 겨우 시작되었을 뿐이다. 일찍 일어나는 새와 같은 경향을 가진 관리자들은 더 늦게 출근하는 직원들을 자신과 수면 성향이 같은 직원들에 비해 덜 성실하다고 판단하고, 근무 평점을 더 낮게 매기는 경향이 있음이 밝혀졌다. 시드니 대학교 경영대의 경영학자 스테판 볼크Stefan Volk는 이렇게 말한다. "7시 반에 출근하는 상사는 당신이 8시 반에 들어오는 모습을 보면서 이렇게 생각합니다. '우리는 이미 1시간 전부터 일하고 있었으니까, 당신은 일을 1시간 덜 하는 거지.' 상사는 자신이 퇴근한 뒤에 당신이 3시간 더 일하는 것을 못 보니까요. 상사의 마음 자세도 관계가 있어요. 그는 아침에 훨씬 더 생산성이 높기에 모두가 그럴 것이라고 가정해요. 그래서 당신이 시간을 낭비하고 있다고 여기죠."

이런 개인별 차이를 더 인정하고 근무 시간을 달리하도록 허용한다면 더 공평한 근무 환경을 조성하는 데 도움이 될 뿐 아니라, 직장의 생산성도 높이고, 직원의 건강과 행복도 증진할 수 있다. "저녁형인 사람에게 오전 7시까지 출근하라고 강요하면, 9시까지 뚱한 표정으로 앉아서 커피를 마시면서 시간을 죽이고 있을 직원을 보게 될 뿐입니다. 그 직원은 일에 집중을 할 수가 없거든요."

이런 융통성 있는 접근법은 더 화목하면서 도덕적으로도 바람직한 직장 환경을 조성하는 데에도 기여할 수 있다. 수면이 부족하면 대뇌의 포도당이 부족해진다. 대뇌는 자제력을 담당하는 뇌 영역이다. 한 연구는 직원의 하룻밤 수면 시간이 6시간 이내가 되면, 영수증을 위조하거나 동료에게 마음을 상하게 하는 말을 내뱉는 등 비윤리적이거나 일탈적인 행동을 할 확률이 더 높아진다는 것을 보여 주었다.[25] 또 다른 연구에서는 사람들의 크로노타입에 따라서 비윤리적 행동을 저지르는 시각이 달라진다는 것이 드러났다.[26] 종달새형은 피곤이 쌓여 가는 하루가 끝나 갈 무렵에 비윤리적인 행동을 하는 경향이 있는 반면, 올빼미형은 그런 행동을 아침에 저지를 가능성이 더 컸다.

따라서 직원들에게 수면 선호 양상에 따라서 근무 시간을 선택하도록 하는 것이 한 가지 해결책이 될 수 있다. 그러나 과연 이에 수반될 것으로 예상되는 혼란을 감수하면서까지 그런 조치를 취할 가치가 있을까? 최근에 미국 연구진은 한 세계적인 IT 기업에서 3개월 동안 시험적으로 그런 시도를 해 보았다.[27] 직장 문화가 근무 시간 위주에서 결과 위주로 바뀌도록 도움으로써, 직원들의 수면, 그리고 일과 삶의 균형을 개선하려는 실험이었다. 직원들은 근무 시간을 어떻게 보냈느냐로 동료들을 판단하지 말고, 원하는 시간과 장소에서 일을 하도록 했다. 고객에게 완성품을 보내는 것 같은 구체적인 성과를 내놓기만 하면 되었다.

그러자 직원들의 평균 수면 시간이 하룻밤에 8분 늘어났다. 일주일 동안 거의 1시간씩 늘어난 셈이었다. 그러나 상쾌한 기분으로 깨어나는 날이 전혀 없거나 거의 없다고 말하는 직원의 수가 줄었다는 점이 아마 더 중요한 결과일 것이다. 예전에는 퇴근 시간의 교통 혼잡을 피하기 위해서 아침 일찍 출근하려 오전 4시 반에 일어나야 했던 한 직원은 이렇게 말했다. "재택근무를 할 때면 6시나 6시 반에 일어나서 7시에 일을 시작해요. ……지난 몇 년 동안 이만큼 잠을 자본 것은 처음이에요."

바트키싱겐에서 비덴은 현재 시간생물학 센터를 설립하는 일에 몰두하고 있다. 유럽 전체의 시간생물학 연구의 중심지가 될 곳이다. 크로노시티 계획의 지지자들은 이 센터가 그 계획에 활기를 불어넣고 권위도 부여해 줄 것이라고 기대한다. "시간생물학 교수가 이곳에 자리를 잡는다면, 지역 사회에서 강연을 하고 연구도 할 것이고, 그러면 관련 병원과 기업도 더 개방적인 태도를 보일 것이고, 건강 쪽으로도 더 큰 영향을 미치게 될 겁니다." 카이 블랑켄부르크Kay Blankenburg 시장의 말이다.

다른 방면으로도 몇 가지 성과가 있었다. 바트키싱겐의 관광과 온천 시설을 관리하는 슈타트바트는 현재 직원들에게 더 유연한 근무 환경을 제공한다. 한편 바트키싱겐 재활병원의 관리자 토른 플뢰거Thorn Plöger는 이 생각을 매우 진지하게 받아들여서 병원의 시계들을 모두 조정하기에 이르렀다. 어떤 시계는 시간이 좀 더 빠르고, 어떤 시계는 좀 더 늦도록 했다. 사람들의 반응을 불러일으키기 위해서였다. "사람들은 늘 시간 때문에 스트레스를 받죠. 이렇게 말하곤 합니다. '아홉 시네. 약 먹어야지.' '정오에 약속이 있어. 이만 가야 해.' 나는 그들에게 말했지요. '천천히 해요. 시간을 찾으세요.'"

반응이 괜찮았을까?

"아니요." 그는 좀 씁쓸하게 웃었다. "사람들은 이렇게 말했죠. '시계 좀 맞춰 놔요.'"

플뢰거는 한숨을 쉬면서 고개를 저었다. "독일에는 한 가지 문제가 있어요. 사람들이 늘 시계를 쳐다본다는 거예요." 그는 크로노시티 계획이 성공하려면, 사람들이 더 유연한 마음 자세를 가져야 한다고 설명한다. 일을 잘 끝내기만 하면, 언제 근무를 시작하는지는 상관없다는 태도를 보여야 한다는 것이다. 중요한 것은 체내 시계이지, 벽에 걸린 시계가 아니라는 것이다.

2017년 2월 플뢰거는 병원을 떠나서 바이에른의 뢴 유네스코 생물권 보전 지역의 관리자가 되었다. 면적 약 1,300제곱킬로미터의 굽이치는 야생 지역으로서 돔 모양의 사화산들이 널려 있는 곳이다. 비덴의 개념을 받아들이고 적용해 온 그는 이미 그 지역을 체내 시간을 앞세운 세계 최초의 지역으로 삼을 계획을 구상하고 있다. 빛 오염을 줄이는 것의 중요함을 설파함으로써(그리고 뢴 안팎의 도시와 마을을 설득하고) 사람들이 더 쉽게 잠들 수 있게 하고 밤하늘의 장관을 감상할 수 있도록 하는 정책을 수립하는 것이 이 노력의 핵심이 될 것이다.

빛이 단지 보게 한다는 차원을 넘어서 아주 많은 일을 한다는 사실을 사람들이 깨닫게 되면서, 다른 곳들에서도 비슷한 노력이 이루어지기 시작했다. 이 책을 쓰기 위해 취재를 하면서 나는 많은 곳을 다니면서, 빛과 수면을 대하는 우리 태도에 혁신을 일으키려고 애쓰는 비덴 같은 이들을 많이 만났다.

그들을 통해서 나는 산업화 이전의 과거로 돌아가지 않으면서도 우리가 밤과 낮과 더 건강한 관계를 맺는 것이 가능하다는 확신을 얻었다. 산업 혁명 이전에는 극단적인 빛과 어둠 앞에 생산성이 제한을 받고, 한 해 중 특정한 시기에는 삶이 불편했다. 생존조차 힘들어질 때도 있었다.

우리는 낮에 더 많은 시간을 실외에서 보내면서, 햇빛이 피부에 주는 생물학적 혜택을 양껏 받고, 체내 시계를 다시 맞추어야 한다. 그러나 모든 사람이 언제나 그렇게 할 수 있다고 주장한다면 어리석은 짓일 것이다. 때로는 너무 바빠서 점심시간에 한 블록조차 걸을 시간이 없다. 걷거나 자전거를 타고 출퇴근하는 것이 거의 불가능한 사례도 있다. 동쪽으로 난 커다란 창 앞에서 아침에 밝은 햇빛을 한껏 받으면서 식사를 한다는 것이 아예 불가능할 수도 있다. 따라서 우리는 낮에 집과 직장을 더 밝힐, 그리고 밤에는 조명을 더 어둡게 할 새롭고 혁신적인 방법을 찾으려는 노력도 계속해야 한다.

이미 조명회사들은 실내조명을 햇빛에 더 가깝게 만들기 위해 애써 왔지만, 미래의 조명은 개인별로 맞추어질 수도 있다. 감지기를 써서 개인이 앞서 24시간 동안 빛에 얼마나 노출되었는지를 파악하고, 소프트웨어로 수면 패턴을 추적할 수도 있게 될 것이다. 그러면 가정과 직장의 조명을 개인의 하루 주기 시계 리듬에 맞게 최적화하고 해의 움직임과 연동시킬 수 있게 될 것이다.

또 개인의 하루 주기 리듬을 추적하는 더 나은 새로운 방법을 개발하여 약물을 가장 효과가 발휘될 수 있는 시간에 먹을 수 있게 될 것이다. 아니면 체내 시계의 바늘이 특정한 지점을 지나야만 약물이 활성을 띠게 할 수도 있을 것이다.

그리고 우리는 아직 교대 근무 문제의 해결책을 찾아내지 못했지만, 하루 주기 리듬의 어긋남을 최소화하기 위해 할 수 있는 조치를 다 해야 한다는 것은 분명하다. 이 말은 잠을 충분히 자도록 일찍 잠을 청하는 것부터 근무 시간을 조정하는 것까지 다양한 시도를 해야 한다는 의미다.

우리는 회전하는 행성에서 진화했으며, 그 행성은 태양이라는 별의 빛을 통해 다듬어졌다. 그리고 비록 우리는 밤을 밝히기 위해 전등이라는 별을 만들었지만, 우리의 생물학은 여전히 그 모든 별보다 훨씬 더 장엄한 제왕의 움직임에 맞추어서 움직인다. 바로 우리 태양 말이다.

맺음말

✺

이 책을 쓰기 위해 취재를 시작했을 때 내가 처음 한 일 중 하나는 동짓날에 스톤헨지를 간 것이었다. 동짓날 방문객들은 몇 시간 동안 스톤 서클 안으로 들어갈 수 있다(다른 날에는 좀 떨어져서 지켜보아야 한다). 나는 2년 뒤 코츠월드 드루이드회Cotswold Order of Druids의 손님 자격으로 다시 스톤헨지를 찾아갔다. 해가 우리 몸과 우리 생태의 순환성에 미치는 영향을 2년 동안 조사했으니, 이 영적인 순환 고리를 닫는 것도 중요할 듯했다.

다우스의 고분을 만든 사람들처럼, 스톤헨지의 건축가들도 약 4,500년 전 이 상징적인 스톤 서클을 지을 때 동짓날의 태양을 염두에 두었을 것이 분명하다. 12월 21일 해가 저물 무렵에, 가장 큰 두 선돌과 그 위의 누운돌로 이루어지는 틀 안에 약한 황금빛 태양이 지평선 아래로 가라앉는 모습이 담긴다. 다음 날 아침에 좀 더 밝은 모습으로 부활할 준비를 하면서.

그들에게 동지가 중요했음을 뒷받침하는 또 다른 증거를 더링턴월스Durrington Walls라는 가까운 주거지 터에서 찾아볼 수 있다. 스톤헨지의 자매인 나무 기둥으로 이루어진 우드헨지Woodhenge가 있는 곳이다. 스톤헨지를 지은 이들이 짓는 동안 지내던 곳으로 보인다. 이곳에서 고고학자들은 고대의 집들 사이에서 돼지와 소의 뼈가 무더기로 들어 있는 구덩이를 발굴했다. 돼지의 이빨을 조사하니 모두 9개월 무렵에 죽었다는 것이 드러났다. 동지쯤이었을 것이다. 아마 그즈음에 각지에서 사람들이 모여들어서 돼지를 잡아서 축제를 벌인 뒤, 에이번강을 따라서 스톤 서클까지 행진을 하여 해넘이를 지켜보았을 것이다.

하지만 세월이 흐르면서 많은 것이 변했다. 이 고대 경관을 보존하기 위해 잉글리시 헤리티지English Heritage는 현재 방문객들에게 걷는 대신에 소형 버스를 타라고 요구한다.

우리는 세 명씩 나란히 서서 스톤헨지를 향해 행진한다. 펠트 망토를 두른 드루이드교와 이교도 무리에다가 초록 도토리가 하나 수놓아진 크림색 겉옷을 입은 나 같은 친구들이 섞인 각양각색의 무리다. 한 여성은 커다란 겨우살이 바구니를 들고 있고, 다른 이들은 손잡이에 동물의 뿔을 붙인 나무 지팡이를 들고 있다. 그리고 저마다 갖가지 켈트족 장신구를 달고 있다. 관광객들이 이 '전통' 행사를 찍기 위해 스마트폰을 꺼낼 때 나는 웃음을 억누른다.

내가 기억하는 것보다 훨씬 더 큰 돌들이 눈앞에 가까이 보인다.

여기저기 파이고 지의류로 뒤덮인 모습이 마치 우리가 들어가려는 공간을 둥글게 에워싸서 보호하고 있는 고대의 보초병들처럼 보인다. 우리는 행진하면서 돌을 따라서 시계 방향으로 돈다. 영국 민속춤인 모리스춤을 출 때 쓰는 종소리와 붉은 로브를 입은 사람이 워매드 음악 축제 때 샀다는 이름 모를 딸랑이 소리만이 들린다.

행렬에서 영국 제도의 옛 전통과 자연에서 영감을 얻은 온갖 장신구들을 찾아볼 수 있다. 한 바퀴 돌자, 드루이드 여제사장이 나무 지팡이를 든 두 남자에게로 향한다. 둘은 우리 입구를 막고 있다.

"뭘 하러 오셨나요?" 그들이 묻는다.

"조상들을 기리고자 합니다." 제사장이 답한다.

남자들이 뒤로 물러난다. 우리는 스톤 서클 안으로 들어가서, 그 안에서 다시 원을 만든 다음, 멈춰 서서 서로 손을 잡는다.

지난번에 왔을 때처럼 해는 잘 보이지 않는다. 하지만 하늘에서 끊임없이 내리는 이슬비를 통해 해의 존재를 느낄 수 있다. 어쨌든 해가 없으면 증발도 비도 없을 테니까.

제사장은 설교를 시작한다. 어머니 여신의 자궁에서 해가 부활한다는 이야기를 들을 때, 다우스 고분 안의 자궁 같은 방이 떠오른다.

사람들이 커다란 쟁반을 돌리면서, 쿠키, 말린 사과, 콘플레이크 케이크를 하나씩 집어 먹는다. 우리는 입을 벌리고 떨어지는 빗물을 받아 마신다. 누군가가 깜박 잊고서 주차장에 벌꿀술을 놔두고 왔다.

현대 드루이드교는 어떤 정해진 신앙이나 관습을 고수하지 않는다. 자연을 경배하는 데 초점을 맞추고 있긴 하지만, 많은 이들은 해가 동지마다 다시 태어나듯이, 영혼도 계속 환생한다고 믿는다. 이들은 해마다 8번 모인다. 태양의 일주와 그 영향을 받는 농사 주기의 주요 전환점들을 기념하기 위해서다. 새끼 양의 탄생, 가축의 짝짓기, 수확, 늦가을 가축 잡기 등등.

두 사람이 원 안으로 나선다. 한 명은 참나무 왕관을, 다른 한 명은 호랑가시나무 왕관을 쓰고 있으며, 둘 다 나무 지팡이를 휘두르고 있다. 그들은 서로 막대기로 찌르고 조롱을 하다가 이윽고 싸우기 시작한다. 군중이 응원을 한다. 일부는 '참나무왕'을 야유하고, 일부는 '호랑가시나무왕'을 헐뜯는다. 호랑가시나무왕이 바닥에 쓰러지고 항복하라는 요구를 받는다. "그러지." 그가 중얼거린다. 호랑가시나무 왕관이 젖은 풀 위로 굴러떨어진다. "하지만 다음번에는 내가 이길 거네." 다음번 결투 의식을 가리킨다. 6개월 뒤 하지 때 다시 벌어질 것이다. 겨울이 다가오는 그때에는 가을을 주관하는 호랑가시나무왕이 이길 것이다.

철벅거리면서 주차장을 돌아가다가 하늘을 올려다보니, 찌르레기 무리가 보인다. 무리를 지어서 휙 내려오다가 방향을 틀고 급강하하면서 나름의 동지 의식 행사를 펼친다.

며칠 뒤 비가 갠 뒤, 나는 밤하늘을 보기 위해 차를 몰고 윌트셔 시골로 향한다. 스톤헨지에서 돌을 던지면 닿을 만큼 가까이 있는 크랜본체이스Cranborne Chase는 영국에서 가장 어두운 곳에 속하며,

현재 밤하늘 보전 구역이라는 명칭을 얻기 위해 경쟁 중이다. 나는 서리 낀 풀밭에 담요를 깔고 누워서, 낯선 환경에 눈이 적응하기를 기다린다. 이윽고 적응하자, 방향을 파악하기 위해, 하늘을 훑어서 오리온자리를 찾는다.

예전에 친구가 말했다. 하룻밤에 별의 한살이를 다 관찰할 수 있다고. 오리온의 칼을 이루는 밝은 점들을 찾고 나니, 뿌연 성운도 보인다. 오리온성운이다. 새로운 별들이 탄생하는 곳이다.

오리온자리에 이어서 황소자리의 V자 얼굴도 보인다. 그 옆에 플레이아데스성단도 있다. 우리 조상들에게 아주 많은 영감을 준 차가운 느낌의 별 무리다.

베텔게우스도 있다. 우리 태양보다 600배 더 밝은 별이다. 태양 옆에 가져다 놓으면, 약 1만 배는 더 밝게 보일 것이다. 생애의 마지막에 다다른 별이다. 머지않아 베텔게우스는 연료가 고갈되고 자체 무게로 붕괴하면서, 폭발하여 눈부신 초신성이 될 것이다. 우리 태양도 언젠가는 비슷한 운명을 맞이할 것이다. 앞으로 약 50억 년 뒤, 태양은 거대하게 부풀어서 수성과 금성을 비롯하여 우리 행성까지 집어삼킬 것이다. 하지만 초신성으로 폭발하는 대신에 빠르게 흐릿해질 것이다.

베텔게우스는 별의 기준으로 보면 비교적 가까이 있다. 그러나 그보다 더 멀리 있는 별들도 있다. 거기에서 튀어나온 광자가 우주 공간을 달려서 우리에게 도달할 때면, 우리 인류, 아니 우리 행성 자체가 이미 사라지고 없을 수도 있다.

다음에 해나 별을 바라볼 때면, 그 광자들이 우리의 망막에 흡수되어 영웅적인 여행을 끝낼 때 우리의 생물학에 어떤 효과를 미치는지 생각해 보기를. 빛은 생명의 불꽃을 당겼고, 그 뒤로 죽 우리의 생태를 빚어내 왔으며, 지금도 우리에게 계속 영향을 미치고 있다. 우리는 태양의 아이들이며, 그만큼 햇빛을 필요로 한다.

감사의 말

이 책은 어느 정도는 내 어머니 이소벨 게데스로부터 영감을 얻었다. 내가 기억하는 한, 어릴 때부터 어머니는 줄곧 햇빛의 이용 가능성을 토대로 달력에 단층선을 그어 왔다. 어머니는 동짓날 어둠 속에서 날 깨우고 이슬비가 내리는 날 스톤헨지와 뉴그레인지로 해돋이를 보겠다는 나와 함께 갔다. 선사 시대 유적에 관한 수많은 이야기를 들려주었고, 이 원고의 귀한 첫 독자가 되어 주셨다.

또 이 책은 남편인 닉 플레밍의 환상적인 인내심과 육아 능력이 없었다면 쓸 수 없었을 것이다. 내가 스칸디나비아, 미국, 독일, 이탈리아로 취재를 다니는 동안 남편은 가정이라는 요새를 용감하게 지켰다. 그리고 (아주 긴) 첫 원고를 읽고서 수정하는 일을 도왔다. 또 글이 안 써져서 좌절할 때마다 용기를 북돋아 주었다. 또 닉과 우리 아이들 마틸다와 맥스에게 인사를 할 일이 하나 더 있다. 내 '어둠 실험'에 재미있게 동참하여 12월과 1월의 몇 주 동안 전등 없는 생활을 함께해 주었다는 점이다.

저작권 대리인인 캐롤라이나 서튼과 내 생각을 믿고서 책을 쓰라고 맡긴 프로파일북스의 레베카 그레이에게도 고맙다는 말을 전한다. 이 책을 쓰기 위해 다녀야 했던 취재 여행을 지원해 준 윈스턴 처칠 메모리얼 트러스트, 수차례의 해외여행 비용을 대준 웰컴 트러스트 모자이크의 문키트 루이와 크리시 자일스에게도 감사한다.

내가 랭커스터 카운티의 아미시파 공동체를 방문할 수 있었던 것은 메릴랜드 대학교의 시어도어 포스톨래치의 도움과 신뢰, 열정 덕분이었다. 그는 한나와 벤 킹도 소개해 주었다. 함께 다녀준 소냐 포스톨래치와 그녀의 뛰어난 운전 솜씨에도 감사한다. 그리고 집에 초청해 주고, 친구들과 식구들을 소개해 주고, 빛과 수면과 아미시파의 생활에 관해 쉴 새 없이 쏟아내는 질문들에 기꺼이 대답해 준 한나와 벤에게도 고마움을 전한다.

또 밀라노 산라파엘레 병원의 프란체스코 베네데티의 신뢰와 지원이 없었다면, 밀라노의 한 정신병동에서 밤을 보낼 수 없었을 것이다. 또 자기 병에 관한 사적인 이야기들을 들려준 환자들과 통역사 역할을 해준 이레네 볼레티니에게도 감사를 드린다.

BBC 퓨처의 리처드 피셔는 내게 전등 없이 살아갈 때 어떤 효과가 나타나는지 조사해 달라고 의뢰했고, 과학적 검사에 필요한 비용을 대 주었다. 그 실험의 설계와 자료 분석을 도와준 서리 대학교의 데르크얀 데이크와 나얀타라 산티에게도 큰 빚을 졌다. 멜라토닌 분석을 해준 크로노@워크의 마리케 고르딘과 데이터 해석을 도와준 조명연구센터의 마리아나 피게이로와 브리검 여성병원의 프랭크 시어에게도 감사한다.

과학 기자 생활을 하면서, 또 이 책을 위해 취재를 하면서 만났던, 기꺼이 시간을 내어 자신의 연구와 경험을 들려준 많은 연구자와 개인 들에게도 이루 말할 수 없는 큰 빚을 졌다. 비록 이 책에 이름이나 인용문이 실리지 않았다고 해도, 이루 가치를 따질 수 없는 통찰과 설명을 제공한 분들이 많다. 특히 애나 위즈저스티스, 데르크얀 데이크, 프루 하트는 이 책의 여러 장을 읽고, 내용이 과학적으로 정확한지 판단해 주었다. 또 고고학적 내용에 관해 이런저런 조언을 해준 앤드루 플레밍 시아버지께도 감사드린다.

하루 주기 리듬의 과학을 조사하면서 나는 무수한 학술지 논문과 책을 훑었다. 그중에 러셀 포스터와 레온 크라이츠먼의 『바이오 클락Rhythms of Life』과 『하루 주기 리듬Circadian Rhythms: a very short introduction』, 스티븐 로클리와 러셀 포스터의 『수면Sleep: a very short introduction』은 좋은 출발점 역할을 했다. 틸 뢰네베르크의 『체내 시계Internal Time』와 마이클 터먼의 『체내 시계를 재설정하라Reset Your Inner Clock』도 추천할 만한 책이다. 짬을 내어 인터뷰에 응해 주고 추가 질문에도 기꺼이 대답해 준 로클리, 터먼, 뢰네베르크 교수에게 감사를 드린다. 특히 시차증를 최소화하는 법을 세심하게 알려 줌으로써 여생을 그 공포로부터 벗어나게 해 준 로클리 교수에게 감사하고 싶다. 매슈 워커의 『우리는 왜 잠을 자야 할까Why We Sleep』도 대단히 유용한 책이었다.

햇빛이 피부에 미치는 영향은 『광화학과 광생물학: 비타민 D

생산 경로와 비타민 D 이외의 경로를 통한 UV 노출의 건강 혜택Photochemical and Photobiological Sciences: The health benefits of UV radiation exposure through vitamin D production and non-vitamin D pathways』이라는 논문 모음집을 주로 참조했다. 리처드 홉데이의 『치유하는 태양The Healing Sun』은 광선 요법의 역사를 잘 설명한 책이다.

또 나는 우리와 햇빛의 관계를 역사적으로 살펴보는 데도 말도 안 되게 많은 시간을 썼지만, 아쉽게도 그 내용의 대부분은 최종 편집본에 실리지 않았다. 하지만 이 흥미로운 주제에 관해 더 알고 싶은 독자에게는 로널드 허튼의 『해가 머무는 곳들Stations of the Sun』과 마이크 윌리엄스의 『선사 시대 신앙Prehistoric Belief』을 적극 추천한다. 또 백과사전처럼 방대한 지식을 곁들여서 인류가 햇빛과 맺어 온 관계를 역사적으로 개괄한 리처드 코언의 『태양 추적하기Chasing the Sun』도 좋으며, 전등의 발전 역사에 관해 더 알고 싶은 독자에게는 제인 브록스의 『인간이 만든 빛의 세계사Brilliant』를 추천한다.

마지막으로 이 책의 출판 및 홍보와 관련된 온갖 일들을 맡은 프로파일 출판사와 웰컴 컬렉션의 직원들에게도 감사드린다. 특히 담당 편집자인 프랜 배리와 세실리 게이퍼드, 교열을 맡은 수전 힐렌에게 고마움을 전한다. 숲을 가리는 나무들이 많았는데, 여러분 덕분에 말끔해졌다.

주

머리말

1 https://physoc.onlinelibrary.wiley.com/doi/full/10.1113/expphysi01.2012.071118.
2 Richard Cohen, *Chasing the Sun: The Epic Story of the Star That Gives Us Life* (Simon & Schuster, London, 2011), p. 292.
3 Q. Dong, 'Seasonal Changes and Seasonal Regimen in Hippocrates', *Journal of Cambridge Studies*, 6 (4), 2011, p. 128. https://doi.org/10.17863/CAM.1407.

1장 생체 시계

1 적어도 생쥐 연구 결과를 믿는다면. 최근의 한 연구에서는 생쥐가 대개 활동하는 시기에 비해 휴식 단계가 시작될 때 헤르페스바이러스에 감염되면, 바이러스의 증식률이 10배까지 더 높다고 나왔다. http://www.pnas.org/content/early/2016/08/10/1601895113. 다른 연구에서는 먹이에 든 병원균에도 더 취약하다고 나왔다. https://www.cell.com/cell-host-microbe/pdf/S1931-3128(17)30290-1.pdf.
2 https://www.ncbi.nlm.nih.gov/pmc/articles/PMC3022154/.
3 피터 코브니Peter Coveney와 로저 하이필드Roger Highfield, 『시간의 화살The Arrow of Time』(Penguin Books, London, 1990).
4 벤저는 하루 주기 리듬 연구의 창시자라고 널리 인정을 받고 있는 콜린 S. 피텐드라이Colin S. Pittendrigh의 연구에 영감을 받았다. 그는 초파리 고치를 완전한 어둠 속에 계속 놓아두어도 시계 장치가 작동하듯이 정확한

시간에 애벌레가 깨어난다는 것을 처음으로 관찰했다.

5 "자유 가동기free-running period"는 빛 같은 환경의 시간 단서가 없는 상태에서 생물의 내생적 리듬, 즉 미리 정해진 리듬이 저절로 되풀이되는 것을 가리키는 과학 용어다.

6 http://www.kentonline.co.uk/kent/news/lifelong-islander-harry-loses-ca-a49624/.

7 대부분의 시각장애인은 빛과 어둠의 차이를 파악할 수 있으며, 광원이 어디에 있는지도 알 수 있다. 완전 실명은 빛 지각 능력을 완전히 잃는 것이다.

8 https://www.tandfonline.com/doi/abs/10.1080/00140138708966031.

9 http://www.tandfonline.com/doi/abs/10.3109/07420528.2016.1138120. 또 이 연구는 부모가 '저녁형'일 때 자녀와 잠과 관련한 실랑이를 더 많이 한다는 것을 보여 준다. 그들의 자녀는 밤에 더 늦게 자려 하고, 아침에 깨어날 때 기분이 더 안 좋고, 깨우는 부모와 실랑이를 할 가능성이 더 높았다.

10 David R. Samson et al., 'Chronotype variation drives nighttime sentinel-like behaviour in hunter-gatherers', *Proceedings of the Royal Society B*, 284 (1858), 2017, 7, 12, doi: 10.1098/rspb.2017.0967.

2장 몸과 전기

1 전등의 역사는 제인 브록스Jane Brox의 『인간이 만든 빛의 세계사Brilliant』(Souvenir Press, London, 2011)에 상세히 실려 있다. 아주 잘 쓴 책이다.

2 Robert Louis Stevenson, *Virginibus Puerisque*, 1881.

3 Robert Louis Stevenson, *Virginibus Puerisque*, 1881.

4 Jim Horne, *Sleepfaring: A Journey through the Science of Sleep* (Oxford University Press, 2007).

5 Nicholas Campion, 저자와의 대화. 다음 책에 실린 캠피언의 서문에 이 개념이 더 상세히 나와 있다. Ada Blair, *Sark in the Dark: Wellbeing and Community on the Dark Sky Island of Sark* (Sophia Centre Press, Bath, 2016), p. xvii.

6 https://www.scientificamerican.com/article/q-a-the-astronaut-who-captured-out-of-this-world-views-of-earth-slide-show1/.

7 이 프로젝트에 관해 더 많은 것을 알고 싶으면 다음 사이트를 방문하라.

http://citiesatnight.org/.
8 https://www.extension.purdue.edu/extmedia/fnr/fnr-faq-17.pdf.
9 https://www.nature.com/articles/nature23288.
10 https://www.ncbi.nlm.nih.gov/pmc/articles/PMC4863221/.
11 도널드 J. 트럼프, 『억만장자처럼 생각하라Think Like a Billionaire』 (Ballantine Books, New York, 2005), p. xvii.
12 수면이 우리의 진화에 어떤 역할을 했으며, 기억과 감정의 조절에 어떤 역할을 하는지를 더 상세히 다룬 책인 매슈 워커의 『우리는 왜 잠을 자야 할까Why We Sleep』(Allen Lane, London, 2017), pp. 72-77 참조.
13 Russell Foster and Leon Kreitzman, Circadian Rhythms: A Very Short Introduction (Oxford University Press, 2017), p. 17.
14 http://www.cell.com/current-biology/abstract/S0960-9822(15)01157-4.
15 https://www.cell.com/current-biology/abstract/S0960-9822(13)00764-1.
16 http://www.cell.com/current-biology/fulltext/S0960-9822(16)31522-6.
17 HSE는 전기 부품을 조립하는 공장이나 자세히 들여다봐야 하는 작업장에서는 평균 조도를 500럭스로 하라고 권장한다.
18 http://www.sleephealthjournal.org/article/S2352-7218(17)30041-4/fulltext.
19 https://www.ncbi.nlm.nih.gov/pubmed/29040758.
20 https://www.ncbi.nlm.nih.gov/pubmed/28637029.
21 https://www.ncbi.nlm.nih.gov/pubmed/22001491.
22 http://www.sjweh.fi/show_abstract.php?abstract_id=1268.
23 http://www.sciencedirect.com/science/article/pii/S0165032712006982.

3장 교대 근무

1 아리아나 허핑턴Arianna Huffington, 『수면 혁명The Sleep Revolution: Transforming Your Life, One Night at a Time』(W. H. Allen, London, 2017).
2 분명히 수면 박탈이 지속되면 쥐에게 치명적인 듯하다. 계속 깨어 있게 하면 약 15일 뒤 사망했다. 먹이가 없어서 굶어죽을 때 걸리는 기간과 거의 비슷하다. 수면 부족으로 죽어갈 때, 생쥐는 체온 조절 능력을 잃고,

피부와 내장에 상처와 궤양이 생기고, 면역계가 망가진다.

3 https://www.ncbi.nlm.nih.gov/pmc/articles/PMC1739867/.

4 *Acute Sleep Deprivation and Risk of Motor Vehicle Crash Involvement* (AAA Foundation for Traffic Safety, 2016, 12).

5 https://www.ncbi.nlm.nih.gov/pmc/articles/PMC4030107/.

6 Foster and Kreitzman, Circadian Rhythms, p. 19.

7 2017년 6월 보스턴에서 열린 수면학회연합회Associated Professional Sleep Societies 연례 총회에서 애리조나 대학교의 시에라 B. 포부시Sierra B. Forbush가 발표한 연구 사례.

8 Till Roenneberg, 저자와의 대화.

9 Seth Burton, 저자와의 대화.

10 https://www.ncbi.nlm.nih.gov/pubmed/10704520.

11 https://journals.plos.org/plosone/article?id=10.1371/journal.pone.0015267.

12 http://www.pnas.org/content/115/30/7825.

13 Richard Stevens, 저자와의 대화.

14 https://www.ncbi.nlm.nih.gov/pubmed/8740732.

15 http://www.pnas.org/content/pnas/106/11/4453.full.pdf.

16 https://www.ncbi.nlm.nih.gov/pubmed/26548599.

17 https://onlinelibrary.wiley.com/doi/abs/10.1002/oby.20460.

18 Jonathan Johnston, 저자와의 대화.

19 http://www.cell.com/current-biology/abstract/S0960-9822(17)30504-3.

20 https://www.sciencedaily.com/releases/2017/08/170815141712.htm.

21 https://www.ncbi.nlm.nih.gov/pubmed/22621361.

4장 햇빛 의사

1 '햇빛 치료'의 흥미로운 역사에 관해 더 알고 싶은 독자에게는 다음 책을 적극 권한다. Richard Hobday's *The Healing Sun: Sunlight and Health in the 21st Century* (Findhorn Press, Forres, 1999).

2 플로렌스 나이팅게일, 『간호 노트Notes on Nursing: What it is, and what it is not』(CreateSpace Independent Publishing Platform, 2015).

3 https://www.ncbi.nlm.nih.gov/pubmed/15888127.

4 Hobday, *The Healing Sun*.
5 https://www.ncbi.nlm.nih.gov/pmc/articles/PMC3277100/.
6 Joseph Mercola, *Dark Deception: Discover the Truths about the Benefits of Sunlight Exposure* (Thomas Nelson, Nashville, Tennessee, 2008).
7 http://www.jbc.org/content/64/1/181.full.pdf.
8 Paul Jarrett and Robert Scragg, 'A short history of phototherapy, vitamin D and skin disease', *Photochemical & Photobiological Sciences*, vol. 3, 2017.
9 Victor Dane, *The Sunlight Cure: How to Use the Ultraviolet Rays* (Athletic Publications, London, 1929).
10 Jarrett and Scragg, 'A short history of phototherapy, vitamin D and skin disease', 2017.
11 Hobday, *The Healing Sun*.
12 https://www.thelancet.com/journals/lancet/article/PIIS0140-6736(16)31588-4/fulltext.
13 https://www.telegraph.co.uk/news/2018/01/12/no-light-end-tunnel-chelseas-new-1-billion-stadium/.
14 https://www.hindustantimes.com/delhi-news/in-adense-and-rising-delhi-exert-your-right-to-sunlight/story-zs0xLKVT8UKC05B5JfQi5M.html.
15 https://www.aaojournal.org/article/S0161-6420(07)01364-4/fulltext.
16 Ian Morgan, 저자와의 대화.
17 https://www.ncbi.nlm.nih.gov/pubmed/26372583.

5장 보호 인자

1 https://www.ncbi.nlm.nih.gov/pubmed/2003996.
2 https://www.newscientist.com/article/mg19325881-700-born-under-a-bad-sign/.
3 https://www.ncbi.nlm.nih.gov/pmc/articles/PMC4986668/.
4 http://journals.plos.org/plosbiology/article?id=10.1371/journal.pbi0.1000316.

5 다발성 경화증 외에 이 출생월 효과와 가장 강한 연관성을 보이는 것 중 하나는 제1형 당뇨병이다. 이 역시 자가 면역 질환의 일종이다. https://www.ncbi.nlm.nih.gov/pmc/articles/PMC2768213/.
6 이 숫자들은 주로 유럽인 후손들로 이루어진 나라에만 적용된다. 다른 나라들에서는 위도와의 연관성이 전혀 나타나지 않았다. 하지만 유럽인은 원래부터 유전적으로 MS 발병 위험이 높다. https://www.ncbi.nlm.nih.gov/pubmed/21478203.
7 이보다 더 이전의 연간 자료들은 일관성이 부족해서 유용하지 않다.
8 https://www.karger.com/Article/Abstract/336234.
9 https://www.karger.com/Article/FullText/357731.
10 https://www.sciencedirect.com/science/article/pii/B9780128099650000331.
11 https://www.ncbi.nlm.nih.gov/pmc/articles/PMC4861670/.
12 https://www.newscientist.com/article/mg22329810-500-let-the-sunshine-in-we-need-vitamin-d-more-than-ever/.
13 http://journals.sagepub.com/doi/full/10.1177/1352458517738131.
14 https://www.ncbi.nlm.nih.gov/pubmed/29102433.
15 https://www.ncbi.nlm.nih.gov/pubmed/4139281/.
16 Scott Byrne, 저자와의 대화.
17 https://www.omicsonline.org/open-access/uv-irradiation-of-skin-regulates-a-murine-model-of-multiplesclerosis-2376-0389-1000144.php?aid=53832.
18 https://www.ncbi.nlm.nih.gov/pmc/articles/PMC5954316/.
19 Richard Weller, 저자와의 대화.
20 한 연구에서 웰러 연구진이 실험 대상자들을 UVA에 22분 동안 노출시켰더니 확장기 혈압이 떨어졌으며, 빛을 없앤 뒤에도 그 효과가 30분 동안 유지되었다. https://www.ncbi.nlm.nih.gov/pubmed/24445737.
21 https://www.ncbi.nlm.nih.gov/pubmed/25342734.
22 https://www.ncbi.nlm.nih.gov/pubmed/26992108.
23 햇빛 회피자들도 흑색종에 걸릴 수 있다. 아마 유년기에 햇볕에 탔기 때문일 것이다.
24 기름진 생선도 비타민 D가 많은 식품이다. 게다가 기름진 생선에는 다른 영양 성분도 많이 들어 있다.

6장 어두운 곳

1 http://www.rug.nl/research/portal/files/3065971/c2.pdf.

2 http://www.five-element.com/graphics/neijing.pdf. p. 5.

3 Russell Foster and Leon Kreitzman, *Seasons of Life* (Profile Books, London, 2009), p. 200–201.

4 Foster and Kreitzman, *Seasons of Life*.

5 정신과의사들이 널리 쓰는 『정신질환 진단 통계편람Diagnostic and Statistical Manual of Mental Health Disorders』 5판(DSM-5)에는 계절 정동 장애가 우울증의 한 하위 유형이라고 실려 있다. 계절적 양상을 띠는 주요 우울증이다. 따라서 이 질환이라는 진단을 받으려면, 현행 주요 우울증이나 양극성 장애의 진단 기준을 충족시켜야 한다. 증상들이 계절적 양상을 드러낸다는 점만 다를 뿐이다. https://bestpractice.bmj.com/topics/en-gb/985.

6 계절 정동 장애의 전반적인 역사를 다룬 문헌. C. Overy and E. M. Tansey, eds, *The Recent History of Seasonal Affective Disorder (SAD)*. 2013년 12월 10일에 런던 퀸메리 대학교의 현대생명의학역사연구단History of Modern Biomedicine Research Group이 주최한 위트니스 세미나 내용을 기록한 것이다. http://www.histmodbiomed.org/sites/default/files/W51_LoRes.pdf.

7 https://jamanetwork.com/journals/jamapsychiatry/article-abstract/494864.

8 https://www.ncbi.nlm.nih.gov/pubmed/6581756.

9 https://www.ncbi.nlm.nih.gov/pubmed/2326393.

10 https://www.ncbi.nlm.nih.gov/pmc/articles/PMC4673349/.

11 https://www.arctic-council.org/index.php/en/about-us/member-states/norway.

12 https://www.ncbi.nlm.nih.gov/pubmed/8250679.

13 http://journals.sagepub.com/doi/10.1177/070674370204700205.

14 Overy and Tansey, eds, *The Recent History of Seasonal Affective Disorder (SAD)*, 2013.

15 https://theconversation.com/a-small-norwegian-city-mighthold-the-answer-to-beating-the-winter-blues-51852.

16 Kari Leibowitz, 저자와의 대화.

17 전반적으로 CBT와 광선 요법은 SAD 증후군을 줄인다는 면에서는 효과가 비슷하지만, 광선 요법에 더 빨리 완화되는 증상들(잠을 청하기 어려움, 지나친 졸음, 불안과 사회적 위축)도 있다. https://www.ncbi.nlm.nih.gov/pubmed/29659120.

18 https://www.ncbi.nlm.nih.gov/pubmed/26539881.

7장 한밤의 태양

1 http://www.pbs.org/wgbh/nova/earth/krakauer-in-antarctica.html.

2 Foster and Kreitzman, *Seasons of Life*, p. 221.

3 세로토닌의 재흡수를 차단한다. 세로토닌이 뉴런들이 만나는 부위에 더 오래 머물면서 더 효과를 미친다는 의미다.

4 'Sex differences in light sensitivity impact on brightness perception, vigilant attention and sleep in humans', S. L. Chellappa et al, in *Scientific Reports* 7, article no. 14215 (2017). 'Influence of eye colours of Caucasians and Asians and the suppression of melatonin secretion by light', S. Hrguchi et al, in *American Journal of Physics – Regulatory, Integrative and Comparative Physiology*, Vol. 292, issue 6.

5 이 연구들은 대부분 병원 같은 환경이라는 맥락에서 이루어졌다. 즉 조명이 하루 24시간 일주일 내내 켜져 있곤 하고, 소음도 마찬가지로 수면을 방해하는 환경이다.

6 아직 완벽한 것은 아니다. 현재 쓰이는 새벽을 모사하는 시계의 불빛은 낮의 햇빛보다 훨씬 흐리며, 그런 장치는 대개 사람들의 눈앞이 아니라 머리 뒤쪽에 놓인다. 즉 불빛이 눈에 덜 닿는다는 뜻이다.

7 자기 전의 따끈한 목욕은 비렘수면을 15~20퍼센트 증진시킨다. Walker, Why We Sleep, p. 279.

8장 치유하는 빛

1 신분 보호를 위해 가명으로 바꾸었다.

2 https://journals.plos.org/plosone/article?id=10.1371/journal.pone.0033292.

3 https://www.ncbi.nlm.nih.gov/pubmedhealth/PMH0021785/.

4 센트럴 맨체스터 파운데이션 트러스트Central Manchester Foundation Trust

의 집중 치료실 연구에서는 낮 시간의 평균 조도가 159럭스로 나왔다. 낮의 햇빛보다 10~1,000배 더 흐리다. 반면에 야간 조도는 평균 10럭스로서 달빛보다 약 50배 밝았다. 또 밤에 진료나 검사가 이루어지기 때문에, 몇 차례 밝은 빛(300럭스까지 달하는)도 쬐곤 했다.

5 https://www.ncbi.nlm.nih.gov/pmc/articles/PMC4507165/.

6 http://journals.sagepub.com/doi/full/10.1177/1477153512455940.

7 https://www.ncbi.nlm.nih.gov/pmc/articles/PMC1296806/?page=2.

8 https://www.ncbi.nlm.nih.gov/pubmed/27733386.

9 https://www.thelancet.com/journals/lancet/article/PIIS0140-6736%2817%2932132-3/fulltext?elsca1=tlpr.

10 http://stm.sciencemag.org/content/9/415/eaa12774.

11 http://stm.sciencemag.org/content/9/415/eaa12774.

12 http://www.cochrane.org/CD006982/NEONATAL_cycledlight-intensive-care-unit-preterm-and-low-birth-weight-infants.

13 2017년 베를린에서 열린 광선 요법과 생물학적 리듬 학회에서 발표된 자료.

14 https://jamanetwork.com/journals/jama/fullarticle/273623.

15 http://www.pnas.org/content/111/45/16219.

16 https://www.ncbi.nlm.nih.gov/pubmed/4076288.

17 https://www.ncbi.nlm.nih.gov/pubmed/2179481.

18 https://www.ncbi.nlm.nih.gov/pubmed/22745214.

19 https://www.ncbi.nlm.nih.gov/pubmed/22745214.

20 https://www.ncbi.nlm.nih.gov/pmc/articles/PMC4874947/.

21 전체 인용문은 이렇다. "흔히 의료가 치유 과정이라고 생각하곤 하지만, 그렇지 않다. 의료는 기능의 수술이다. 진짜 수술이 팔다리와 장기의 수술인 것처럼. 양쪽 다 오로지 방해물을 제거하는 일만 할 수 있을 뿐이다. 어느 쪽도 치유는 할 수 없다. 치유는 자연만이 한다. 수술은 팔다리에 박힌 총알을 제거하는데, 그 총알은 치유의 방해물일 뿐이다. 상처의 치유는 자연이 한다. 의료가 하는 일도 그렇다. 장기의 기능이 방해를 받게 되면, 우리가 의료라고 알고 있는 것은 자연이 그 방해물을 제거하는 일을 돕는다. 하지만 그뿐이다. 그리고 양쪽 사례에서 간호가 해야 하는 일은 자연이 일을 할 수 있는 최상의 조건에 환자를 두는 것이다." *Florence Nightingale: The Nightingale School*, Lynn McDonald, ed., Wilfrid Laurier University Press, Waterloo, Ontario, 2009, p. 683.

9장 시계의 미세 조정

1 http://www.espn.co.uk/nba/story/_/id/17790282/the-nba-grueling-schedule-cause-loss.
2 2017년 보스턴에서 열린 수면학회에서 발표된 내용.
3 'The effects of sleep extension on the athletic performance of collegiate basketball players', C. D. Mah et al, *Sleep* 2011; 34(7): 943-50.
4 Kevin Bickner, 『월스트리트 저널』의 벤 코언과 한 인터뷰, 2018, 2, 7.

10장 사회를 위한 시계

1 칸테르만이 2016년 흐로닝언에서 한 테드 강연.
2 https://www.theatlantic.com/health/archive/2014/02/the-town-thats-building-life-around-sleep/283553/.
3 일 년 내내 해돋이와 해넘이 양상에 별 변화가 없는 적도 가까이에 있는 나라에서는 이런 전화가 더 적게 온다.
4 일부 위도대에서 일찍 일어나는 농민들은 DST로 아침 햇빛을 못 보게 된다.
5 Winston Churchill, 'A Silent Toast to William Willett', *Finest Hour* (Journal of the International Churchill Society), 114, 2002 봄.
6 https://www.bmj.com/content/1/2632/1386.
7 https://www.ncbi.nlm.nih.gov/pmc/articles/PMC4513265/.
8 http://psycnet.apa.org/record/2010-22968-001.
9 https://www.ncbi.nlm.nih.gov/pubmed/22369272.
10 https://www.bbc.co.uk/news/world-europe-45366390.
11 2010년 한 의원이 발의한 법안에 제시된 계획에 따른다면, 영국은 계속 일광 절약 시간제를 적용할 것이며, 따라서 3월 말에서 10월 말까지 사실상 이중으로 서머 타임을 적용하는 셈이 될 것이다.
12 https://www.cell.com/current-biology/pdf/S0960-9822(06)02609-1.pdf.
13 여기서 1도마다 2분이 차이가 나는 듯하므로 — 미국 인구가 너무나 도시 지역이 집중되어 있기 때문에 자료의 정확성이 떨어질 가능성이 있긴 하지만 — 같은 동부 시간대에 속해 있어도 메인주와 인디애나 같은 서

쪽 주는 40분 차이가 난다. 저자가 『뉴사이언티스트』에 쓴 기사 참조. https://www.newscientist.com/article/2133761-late-nights-and-lie-ins-at-the-weekend-are-badfor-your-health/.

14 원래 러시아 의학 한림원이 보고서에서 시간 변경의 이유로 제시한 것은 시간을 바꾸자 심근 경색 환자가 1.5배 증가하고, 자살률이 66퍼센트 증가했다는 것이다.

15 사회적 시차증은 근무일(또는 등교일)의 수면 중간 지점과 쉬는 날의 중간 지점의 시간차라고 정의된다. 근무일에 오후 11시에 잠자리에 들고 오전 7시에 일어나고(수면 중간 지점은 오전 3시), 주말에는 오전 2시에 잠자리에 들어서 오전 10시에 깬다면(수면 중간 지점은 오전 6시), 일주일에 3시간의 사회적 시차증을 겪는 것이다.

16 https://www.sciencedirect.com/science/article/pii/S0960982212003259.

17 십대 청소년은 성인보다 잠을 더 많이 자야 하며, 따라서 토요일 아침에 억지로 깨우지 말고 모자란 잠을 보충할 수 있도록 하는 것이 중요하다. 매일 좀 더 일찍 잠자리에 들고, 햇빛 노출을 최대화하고, 저녁에는 청색광 노출을 최소화하도록 장려하는 쪽이 훨씬 더 낫다.

18 https://www.sciencedirect.com/science/article/pii/S0262407917317700.

19 https://www.ncbi.nlm.nih.gov/books/NBK222802/.

20 https://conservancy.umn.edu/bitstream/handle/11299/4221/CAREI%20SST-1998VI.pdf?sequence=1&isAllowed=y.

21 https://www.ncbi.nlm.nih.gov/pubmed/20603459.

22 http://pediatrics.aappublications.org/content/pediatrics/early/2014/08/19/peds.2014-1697.full.pdf.

23 https://www.frontiersin.org/articles/10.3389/fnhum.2017.00588/full.

24 Foster and Kreitzman, *Circadian Rhythms*, p. 15.

25 http://mikechristian.web.unc.edu/files/2016/11/Christian-Ellis-SD-AMJ-2011.pdf.

26 http://journals.sagepub.com/doi/abs/10.1177/0956797614541989?journalCode=pssa

27 https://www.ncbi.nlm.nih.gov/pubmed/29073416.

찾아보기

ㅂ

ㅈ

ㅊ

ㅋ

ㅌ

ㅍ

옮긴이 이한음

서울대학교에서 생물학을 공부했다. 전문적인 과학 지식과 인문적 사유가 조화된 번역으로 우리나라를 대표하는 과학 전문 번역자로 인정받고 있다. 저서로는 『투명 인간과 가상 현실 좀 아는 아바타』, 『위기의 지구 돔을 지켜라』 등이 있으며, 옮긴 책으로는 『바디: 우리 몸 안내서』, 『우리는 왜 잠을 자야 할까』, 『알고리즘, 인생을 계산하다』, 『인간 본성에 대하여』 등이 있다.

햇빛의 과학

우리의 몸과 마음을 빚어내는 빛의 비밀

발행일 2020년 3월 16일 초판 1쇄

지은이 린다 게디스

옮긴이 이한음

발행인 안성열

펴낸곳 해리북스

출판등록 2018년 12월 27일 제406-2018-000156호

주소 경기도 파주시 재두루미길 70 페레그린 209호

전자우편 aisms69@gmail.com

전화 031-955-9603

팩스 031-955-9604

ISBN 979-11-969618-0-0 03440

이 도서의 국립중앙도서관 출판예정도서목록(CIP)은 서지정보유통지원시스템 홈페이지(http://seoji.nl.go.kr)와 국가자료종합목록 구축시스템(http://kolis-net.nl.go.kr)에서 이용하실 수 있습니다. (CIP제어번호 : CIP2020006432)